我国建筑工业化实践与经验文集

陈振基
深圳市建设科技促进中心　　主编

中国建筑工业出版社

图书在版编目（CIP）数据

我国建筑工业化实践与经验文集/陈振基，深圳市建设科技
促进中心主编. —北京：中国建筑工业出版社，2016.11
ISBN 978-7-112-20070-2

I. ①我⋯ II. ①陈⋯ ②深⋯ III. ①建筑工业化—中国—
文集 IV. ①TU-53

中国版本图书馆 CIP 数据核字（2016）第 269771 号

建筑工业化是近年来国家和地方大力推广的方向，并出台相关鼓励政策。中国建筑工业化由于体量大、需求多，国外的经验还不能完全照搬，需要根据国情走出一条自己的路，期间不可避免会走弯路和需要探索。本书总结国内特别是深圳市企业、工业化专家在工业化建筑领域的成功经验，这些大企业、专家都是在此领域的领军人物，获取了大量的经验，走在国内的前列。以前这些经验散落在不同地方，现在通过专家挑选、整理、收集成文集，希望对国内工业化建筑发展起到推进作用。

责任编辑：徐晓飞　辛海丽
责任设计：谷有稷
责任校对：王宇枢　刘梦然

我国建筑工业化实践与经验文集

陈振基
深圳市建设科技促进中心　　主编

*

中国建筑工业出版社出版、发行（北京海淀三里河路 9 号）
各地新华书店、建筑书店经销
北京红光制版公司制版
北京云浩印刷有限责任公司印刷

*

开本：787×1092 毫米　1/16　印张：19¼　字数：467 千字
2016 年 12 月第一版　　2016 年 12 月第一次印刷
定价：**50.00** 元
ISBN 978-7-112-20070-2
（29549）

前　言

　　建筑工业化是指用现代工业生产方式来建造房屋，像生产其他工业产品一样，用机械化手段生产建筑定型部品。

　　目前我国传统住宅建设仍以手工操作为主，面临社会资源和能耗高、生产效率低、工程质量和安全堪忧、劳动力成本逐步升高等问题，与国家可持续发展的要求不符。而采取工业化方式，可以确保建筑的质量、加快建设速度、改善劳动条件、大幅度提高劳动生产率，应该是我国建筑业的发展方向。

　　建筑工业化在我国提出至今已有半个多世纪，进程依然缓慢。一方面由廉价劳动力和巨大建设市场等经济环境所决定，另一方面大部分工程人员对工业化设计和施工不熟悉、成功经验总结不多，很多处在摸索阶段。

　　近年来随着我国新型城镇化的逐步推进、"一带一路"战略的落地，建筑业迎来了全新的变革时期。国家和地方政府出台一系列政策优惠和财务激励，为建筑工业化带来春天，市场前景广阔无边，但也存在着一系列技术和经验的缺陷，给建筑工业化带来负面效应，如成本过高、质量不能保证，也有片面将建筑工业化理解为预制，造成大量预制厂投产，生产过剩甚至不久倒闭。

　　本文集针对以上工业化过程中带来的问题，汇集了国内相关经验和成熟的技术，涉及国家政策、历史、各地经验、国外技术、部件生产方法、BIM 使用等多方面，供从事建筑工业化的同仁参考和学习。本文集有两个特点，一是权威性和成熟性，文集来源于国内知名专家已发表的著作；二是实用性，文章都是实际工程中解决问题后的总结。

　　感谢文集中各地作者同意出版其代表性作品，感谢深圳市建设科技促进中心和建筑产业化协会的支持，感谢哈尔滨工业大学深圳研究生院查晓雄教授和学生的帮助。由于工业化建筑涉及内容多，很多技术尚处于研究阶段，文集中不足之处难免，真诚欢迎各界同仁提出批评和建议，共同为我国的建筑工业化作出贡献。

　　本文集参编人员：岑岩　邓文敏　魏泽科。

陈振基

2016 年 8 月于深圳

目　　录

建筑产业现代化及其发展[1]

叶 明

住房和城乡建设部科技与产业化发展中心

各位领导、与会的各位嘉宾，大家下午好！首先感谢本次会议给我提供这样一个机会与大家一起交流。今天跟大家交流的题目是"建筑产业现代化及其发展"。这个题目之前还有一个住宅产业现代化，前不久刘志峰部长提到住宅产业现代化。住宅产业现代化也好，建筑产业现代化也好，我认为这两个本质上没有什么区别，只是范围的不同，另外角度上可能也有些不同。所以我今天的题目叫"建筑产业现代化"，大家也可以把它当成是住宅产业现代化。

今天跟大家交流五个方面。一是建筑产业现代化背景与状况。二是建筑产业现代化的内涵特征。三是新型建筑工业化核心与技术。四是新型建筑工业化模式与途径。五是现阶段发展面临问题与对策。

第一部分，关于建筑产业现代化的背景与状况

从我们国家建筑产业现代化发展的现状说起。当前我国房屋建造整个生产过程中，高能耗、高污染、低效率、粗放的传统建造模式仍然普遍，建筑业仍是一个劳动密集型产业，与新型城镇化、工业化、信息化的发展要求相差甚远。

从生产方式的角度来说，我认为主要表现在以下几个方面：一个是施工建造工艺、工法落后、技术集成能力低。二是现场施工以手工操作为主，工业化程度低。三是项目以包代管、层层转包，工程管理水平低。四是依赖农民工劳务市场分包，工人技能素质低。五是设计、生产、施工相脱节，整体综合效益低。尤其是设计、生产、施工的脱节问题，这是传统的生产方式带有的普遍性问题，由此造成房屋建造的整体质量不高，整体效益偏低。

这些因素归纳起来集中在四个方面，核心还是生产方式问题，这四个方面造成质量效益不高的原因，一个是技术集成，我认为我们的技术集成能力是偏低的。从单一的技术来讲，我们的单一技术水平跟其他发达国家比起来不落后，甚至有些单一技术超过了一些发达国家。这么多年来，在住宅建设中，在新技术、新材料的推广应用、研发方面，我们国家的进步是非常快的。但是主要问题是技术的集成问题。

从管理的方法来说，我认为是粗放的。刚才前面谈到的项目以包代管、层层分包转包、设计和施工的脱节，这些问题都是管理方面的问题，管理的方法很粗放。从劳动力的素质来看，综合素质是偏低的。从生产手段、生产资料来看，也是落后的。从生产要素的这四个要素来说，大体上归纳起来在这四个方面，由此造成我们的房屋建造质量和效益是低的。

生产方式决定了生产质量、效益和资源消耗的水平，其实根源是生产方式。生产方式决

1　此文发布时间为 2014 年 12 月——编者注。

定了质量、决定了效益、决定了消耗程度。所以当前不管是建筑产业现代化也好，还是住宅产业现代化也好，关键问题是如何转变发展方式，这是一个很重要的前提和大的背景。

当前国家对此是非常重视的。我们从国家政策发展要求来看，去年开始出了一系列的文件，一系列的信号，我们从中可以看出来国家的重视程度。比如去年年初的1号文件，绿色行动方案，其中第八项工作就明确提出要推进建筑工业化。去年年底部里的建设工作会议，十项重点工作，其中第七项就明确提出要促进建筑产业现代化。去年10月俞正声主席亲自主持全国政协双周协商会，提出"发展建筑产业化"的建议。去年下半年以来，中央多次批示要加强以住宅为主的建筑产业现代化的一些要求。

今年我们也可以看到有一系列发展要求。今年4月在国务院出台的新型城镇化发展规划当中也明确提出，要大力发展绿色建材，强力推进建筑工业化。今年5月国务院印发的《2014－2015年节能减排低碳发展行动方案》中，明确提出要以住宅为重点，以建筑工业化为核心，加大对建筑部品生产的扶持力度，推进建筑产业现代化。今年7月部里出台的《关于推进建筑业发展和改革的若干意见》在发展目标中明确提出转变建筑业发展方式，推动建筑产业现代化的要求。今年9月，陈政高部长出席了会议，部署了六项重点工作，其中第四项工作就明确提出要大力推进建筑产业现代化。

我摘录了两个文件，一个是今年9月的《关于推进建筑业发展和改革的若干意见》，其中第十六条就是推动建筑产业现代化。还有《工程质量治理两年行动方案》里面第四条提出大力推动建筑产业现代化。这里边有三层目标要求。第一个目标要求是，到2015年底除西部少数省区外，全国各省区市要具备相应规模的部品建设能力。第二层目标要求是，新建政府投资工程和保障性安居工程应率先采用建筑产业现代化方式建造。第三个目标要求是，全国建筑产业现代化方式建造的住宅新开工面积占住宅新开工总面积比例逐年增加，每年比上年提高2个百分点。刘志峰副部长也在很大篇幅中提到了建筑产业现代化，应该说方方面面的声音让我们感受到这一点。

从现状来看有这么几个方面：

首先是建筑产业现代化发展的方向越来越明确，其实这个事情从国家层面上我们能感受到，从地方层面上我们更能够感受到热度。我们大致统计了一下，全国大概有20多个省市都针对建筑产业现代化，或者住宅产业现代化，出台了一系列的政策和措施。最近深圳市政府出台了三个百分之百的政策措施，百分之百的纯装修，百分之百的保障性住房，百分之百的商品房也要纳入产业现代化中来。我们看到像北京、上海这些城市在推进建筑产业现代化方面的一些措施和力度也非常大，表明发展方向越来越明确了。

第二，试点的带动效果也越来越明显了，我们分别设立了八个试点城市，这些园区也好、企业也好，试点城市也好，在建筑产业现代化发展过程中确实起到了引领和示范作用。

第三，全国的技术标准越来越完善了，工业化建筑的评价标准计划在今年12月底进入审批阶段。

第四，产业的聚集效应越来越凸显，我感触很深，我在住宅中心已经干了十几年，多年来我一直跟房地产企业在打交道，现在我感到不仅仅是房地产企业，而是整个建筑业都动起来了，现在建筑业对产业化工作也关心得越来越多了，过去我们找建筑业，建筑业是不理我们的，所以产业的聚集效应是越来越凸显了。

第五，建设了一大批预制混凝土构件工厂。我去年年底统计大概31家，从今年年初到年底大概又增加了20多家，加起来大概接近60家。

第六，建成了一大批装配整体式混凝土结构建筑。

各地出台了一系列政策措施主要围绕这六个方面。

从发展的背景和现状来看，有这么几个特点：

一是建筑产业现代化处在发展的初期阶段。

二是建筑产业现代化是重要的历史机遇期。

三是建筑产业现代化已得到业界广泛共识。

四是建筑产业现代化得到各方面大力推动。

五是建筑产业现代化发展的速度越来越快。

有人把今年叫做建筑产业现代化的元年，我觉得叫元年也有它的道理，今年确实是各个方面都动起来了。

第二部分，建筑产业现代化的内涵与特征

建筑产业现代化和住宅产业现代化其实本质上没有什么不同，不管是建筑产业现代化也好，还是住宅产业现代化也好，都离不开建筑工业化。

下面我跟大家重点谈一下建筑产业现代化的基本内涵。我认为建筑产业现代化是以绿色发展为理念，以住宅建设为重点，以新型建筑工业化为核心，广泛运用现代科学技术和管理方法，以工业化、信息化深度融合对建筑全产业链进行更新、改造和升级，实现传统生产方式向现代工业化生产方式转变，从而全面提高建筑工程的效率、效益和质量。

建筑产业现代化内涵丰富、范畴广泛，涉及技术、经济、管理的全方位。建筑产业现代化是生产方式的变革，是不断发展的过程。

这里边有两个概念，"产业化"、"工业化"的区别。我认为产业化是整个产业链的产业化，工业化是生产方式的工业化。我们在谈到工业化的时候，希望能够在生产方式的角度上考虑。产业化更多的是在产业链的范畴，所以工业化应该是产业化的基础和前提，也就是说只有工业化达到了一定的程度，才能够实现产业现代化。我们国家"十八大"政府工作报告中也提到，走新型工业化道路，实现我国的现代化。其实核心还是要走什么路的问题，要走新型工业化道路，来实现现代化。其实我们建筑产业现代化也是要走新型建筑工业化的道路，实现我们的建筑产业现代化。道路都是相通的。

还有一个概念很重要，传统生产方式和工业化生产方式的区别，这是建筑产业现代化很重要的一个内涵。这个概念我们首先要搞清楚什么叫传统生产方式，什么叫工业化生产方式。我认为传统的生产方式从设计的阶段来说，设计跟施工、生产的脱节就是传统的生产方式。发达国家整个的设计和施工、生产是一体化的，我们国家是设计关起门来搞，施工是照图施工，基本上是分开的。在设计过程中，根本不考虑施工的效率，不考虑施工的因素，我认为这就是设计阶段的传统生产方式。而工业化的生产方式是采用信息化的方式协同设计，和部品建造、装饰装修是紧密结合的。此外，施工阶段还是以现场湿作业为主，手工操作为主，工人流动性非常大。而工业化的生产方式设计和施工是一体化的，构件生产是工厂化的，现场施工是装配化的，施工队伍是专业化的。我们传统的生产方式就是毛坯房，二次装修，工业化的生产方式这种装修是和主体结构同步设计、同步施工。验

收阶段工业化的生产方式是一体化的管理，以追求整体效益最大化。从对比来看，我们不难理解什么是传统的，什么是工业化的。

新型建筑工业化的概念，很重要的是它是一个生产方式的变革，是一个传统的生产方式向工业化生产方式转变的过程。新型主要还是区别于以前20世纪七八十年代的建筑工业化，再就是新时期信息化与建筑工业化的深度融合。比如我们城市化现在也是新型城镇化，有时代的概念，有时代的内涵。所以我觉得我们的建筑工业化也应该是新型建筑工业化。

新型建筑工业化的特征主要体现在五个方面：一是建筑设计标准化，二是部品生产工厂化，三是现场施工装配化，四是结构装修一体化，五是过程管理信息化。这五化到现在为止还是站得住脚的，有些专家和学者也对这五化增加了内涵，比如精细化、集约化，这五化是核心。我们在表述什么是建筑工业化的时候，不要用最初的提法，用像造汽车那样去造房子，这样是不对的。我们要突出以定型设计的基础，一个是标准户型的设计。就住宅而言，要注重标准户型，其实万科就那么几个户型，恒大的项目也就那么几个户型，像这些成熟的开发商已经逐步走向了一些定型的户型，包括我们到我国香港地区和新加坡看，就那么几个户型在组合、在变化。构件、部品、厨卫设施也是定型的，我想这个定型是我们整个建筑标准化最重要的基础，其实它是走到了内涵式发展当中最重要的前提。

最近看到有些地方用一些预制率、预制构件等等来代替产业现代化发展，我觉得这是不够全面的。我认为装配化是新型建筑工业化的一个表征，不全面。其次，我认为新型建筑工业化不等于传统的生产方式＋装配化，其实这又是一层意思。这也是我在这几年的体会。走在前面的一些企业通过这几年的时间，投入了大量的人力、物力、财力进行科研，研制出一些预制装配式的技术、施工工艺和工法，结果在施工过程中仍然是采用传统生产方式，没有重视管理上的一些问题，仍然是传统的手段、传统的方式来施工。所以我认为新型建筑工业化不等同于传统生产方式＋装配化，也会造成了成本偏高等一系列的问题。

新型建筑工业化等于什么呢？等于现代科学技术＋企业现代化管理。就是生产力＋生产关系。对新型建筑工业化最大的诠释就是：没有技术就没有产品，没有管理就没有效益。

这部分的结论是：建筑业必须要走新型工业化道路，逐步以现代化技术和管理替代传统的劳动密集型的生产方式。现在不是想不想改变传统生产方式，而是新时期的经济社会发展和现代工业化的浪潮已经把我们推到必须要面对和改变的前沿。尤其是人力成本提高的现实，信息化发展的现实，使得我们必须要改变这种传统的生产方式。同时建筑产业现代化也不是在传统生产方式上的修修补补，应该是生产方式的变革。它的发展涵盖着全系统、全产业链的全过程，这种生产方式的变革必将带来一系列的变化，是系统性、根本性、革命性的，是治本的，不是治标的。

生产方式变革也必然带来工程设计、技术标准、施工方法、工程监理、管理验收的变化。其次，由于生产方式的变革，必然带来管理体制、实施机制、责任主体等等的变化。

发展的重要性和必要性。建筑产业现代化是解决一直以来房屋建设过程中存在的质量、性能、安全、效益、节能、环保、低碳等一系列重大问题的有效途径，是解决一直以来房屋建设过程中建筑设计、部品生产、施工建造、维护管理之间的相互脱节、生产方式落后问题的有效途径，也是解决当前建筑业劳动力成本提高，劳动力和技术工人短缺以及改善农民工生产方式的有效途径。

第三部分，新型建筑工业化的核心与技术。一个是技术创新，一个是管理创新

我重点说一下技术体系的建立，必须要有四项支撑条件。一是标准化、一体化、信息化的建筑设计方法，二是与主体结构相适应的预制构件生产工艺，三是一整套成熟适用的建筑施工工法，四是切实可行的检验、验收的质量保障措施。

关于工业化建筑的评价标准，这个标准我是主编，正在编制。这本标准的评价体系还是基于一条主线就是生产方式，什么是工业化建筑？工业化建筑用什么来评价？核心就是你是不是采用的工业化的生产方式，工业化的生产方式如何体现呢？我们是从这么一个构架来的，一个是设计阶段的评价，一个是建造过程的评价，一个是管理与效益的评价。设计阶段的评价占权重是50%，经过我们认真的比较，这个权重应该加大。而建造过程的权重占30%。管理与效益评价占20%。我们编制了一年多的时间，基本上已经差不多了，争取明年上半年要出台。

第四部分，新型建筑工业化的模式与途径

模式就是管理创新的问题。管理创新的目标就是创新发展模式，整合优化整个产业链上的资源，解决设计、制作、施工一体化问题，使其发挥最大化的效率和效益。在我们发展初期是多种模式并行，一个是以房地产发展为龙头的资源整合模式，像以万科为代表的，就是技术研发、应用平台、资源整合。万科这些年来高举住宅产业化的大旗，发挥了示范引领作用，功不可没，也确实是有它的代表性和商业模式。另外一种是设计、开发、制造、施工、装修一体化建造模式，远大就是这样。还有一种是以施工总承包为龙头的施工代建模式。还有一种是以工程总承包（EPC）为龙头的全产业链发展模式，重点要发展EPC模式。为什么要发展EPC模式呢？是通过工程总承包的模式打通设计跟施工，打通设计跟制造、跟构件生产和施工全产业链，只有通过这样一种模式才能成功。

目前还存在很多的瓶颈，概括起来有这么几个方面：突破先期成本提高的瓶颈，突破管理体制上的瓶颈，突破企业管理运行机制上的瓶颈。

第五部分，当前存在的主要问题和对策

问题我就不说了。对策：首先要建立推进机制，加强宏观指导和协调工作；二是遵循市场规律，不能盲目地用行政化手段推进；三是要研究体制机制，体制机制是可持续发展的保障；四是要培育龙头企业，发挥龙头企业的引领和带动作用；五是要激励技术创新；六是要加强职业技术培训。

以上是个人对建筑产业现代化的粗浅的理解和认识，很多地方也不是很成熟，仅供大家参考。谢谢大家。

我国建筑工业化发展历程与现状[1]

杨嗣信[2]

"建筑工业化"的问题早在 20 世纪 70 年代就开始提出，迄今已有 40 多年历史，应该指出，这 40 年来我国建筑业在工业化的道路上走过弯弯曲曲和崎岖不平的路程，从总体上来说还是有一定进展的。特别是近 30 年来我国建筑工程的发展规模之大、数量之多居全球第一。近几年我国房屋建筑的施工面积和竣工面积均有惊人的增长。据统计，2006 年全国在施面积已达到 41 亿 m²，竣工面积为 18 亿 m²，到 2012 年全国在施面积已增长到 98 亿 m²，竣工面积达 35 亿 m²，7 年翻了一番。2013 年上半年总产值（建筑工程）已达 6 万亿元，同比增长 19.3%，在施面积 78 亿 m²，同比增长 15.2%，对外承包 437 亿美元，增长 19.2%，并且我国每年新建房屋面积的总量占到世界总量的一半。

象征着全球建筑业高水平的超高层建筑，无论是数量和高度有一半以上都在中国，如 632m 高的上海中心大厦、597m 高的 117 大厦等。据 2012 年统计，我国已建成超过 152m 的超高层建筑达 470 座，正在兴建的还有 332 座，另有 516 座正在规划中。从以上增长速度和发展情况来看，除与我国经济迅速发展和建筑材料工业有较快发展有关外，也应该肯定这与"建筑工业化"的发展是分不开的，只是有时我们叫得响、有时调子低、有时甚至无声无息，但 40 年来总是时快时慢地在无形中发展，我们可以列举很多事实证明这一点。例如体力劳动最强的土方工程早已消灭了人工挖填土，混凝土工程也都基本上消灭了现场人工后台上料、前台手推车运输的落后手工劳动操作，而以商品泵送混凝土来替代；垂直水平运输从 20 世纪 90 年代开始现场已基本消灭了人工手推车和大井架、卷扬机等运输方式，而以塔式起重机、汽车吊和小翻斗来替代，各类专业公司如装饰、幕墙、土方、防水、混凝土搅拌等纷纷建立，预制装配工艺迅速发展，混凝土构件厂有一段时期犹如雨后春笋，各类加工厂如钢结构加工、玻璃幕墙、铝合金制品、钢筋加工等也都纷纷建立。随着墙体改革和大模板剪力墙结构体系的不断发展，一些重体力劳动的砌筑、抹灰等湿作业工程大大减少，空调、通风及水电等专业的工厂化水平也大大提高，以上这些翻天覆地的变化都是由于"建筑工业化"逐步发展所带来的，这些大好局面和伟大成果应该予以肯定。

可以说，我国建筑工业化的发展是在不知不觉地随着建筑施工的每一个分部、分项工艺，各项施工的新技术、新工艺、新材料、新机具的不断改革创新，也包括施工机械、建材工业及建筑、结构设计部门和管理体制等各方面的具体创新、改革和发展所形成的综合成果。实践证明，我国"建筑工业化"正是不自觉地随着上述诸部门创新、改革、通力协作在默默发展着。

---

1 原载《城市住宅》杂志 2014 年 5 月刊；
2 原任北京市建工集团总公司总工程师。

在肯定这 40 年"建筑工业化"发展成绩的同时,应该看到还有许多不足之处,主要表现在忽冷忽热、缺乏具体步骤、指导不力、抓得不紧,未能及时在发展过程中进行总结分析,只是听其自然发展,缺少指导性的方针政策。最典型的是北京在 1976 年装配化建筑就已经搞得轰轰烈烈,在前三门 40 多万平方米的高层住宅建筑中搞起了外墙预制板、预制楼板及小型构件,内承重墙采用大模板施工的现浇混凝土剪力墙结构,非承重内墙隔断采用预制加气不抹灰条板,当时轰动全国。迄今 30 多年过去了,大家仍认为这种体系是符合我国实际的一种"建筑工业化"体系。后来由于三大原因,一是预制楼板与内墙节点的抗震问题;二是预制外墙板拼缝处的空腔防水问题;三是工程造价问题,这种体系一下子被"枪毙"了,连预制构件厂都消灭了。其实以上三大问题当时只需稍加研究是完全可以解决的,只要将楼板改为叠合板,将外墙板拼缝的空腔防水改为空腔与材料相结合的综合防水即可。至于造价问题目前北京商品房每平方米已涨到 3~4 万元,而由于装配化增加的费用仅 1%左右。当时只需加分析,从政策上采取措施,这些问题是完全可以解决的,这个历史教训在我国发展"建筑工业化"的道路上应该是十分沉痛的。尽管在过去 30 多年中"建筑工业化"取得了一定的成果,但如果当年能把北京前三门这种半装配化的工业化体系肯定下来、不断发展,那建筑工业化水平一定比今天有更大的进展。

今后到底应该如何发展"建筑工业化",我过去已发表过几篇文章,最近听说不要提"建筑工业化",而提"建筑现代化"。其实这个叫法太原则、空洞,类似一种口号,因为"现代化"用在哪个领域都可以,对建筑业没有针对性,还是"建筑工业化"比较切合实际,关键是内容,要确定建筑工程的发展方向、目标、方针政策和措施。

"建筑工业化"总的目标还是以提高劳动生产率、改变目前落后的手工操作和高空危险性较大的作业、消灭工人笨重体力劳动、减少现场作业、大大提高工厂化机械化和装配化水平为目的,在技术和管理方面继续改革创新,达到加快施工速度,降低工程成本,提高劳动效率,确保工程质量安全和绿色施工,达到或接近国际先进水平。

近几年建筑工人的工资快速提高,预计今后还会继续上涨,20 世纪末一般建筑工程造价中的人工工资只占 10%左右,现在恐怕要超过 25%。听说美国 20 世纪一般建筑工程的人工费占 40%左右,总之实行"建筑工业化"是建筑业必由之路。

1. 建筑工业化的推进途径

如何推进建筑工业化?首先要发展工厂化和装配化,因为在工厂制作可以改变生产条件,大大提高机械化和自动化水平,尤其是建筑物量大面广的结构构件,宜尽量在工厂内生产(包括 RC 及钢结构构件),但也必须从实际出发具体分析。如建筑外墙板(包括承重和围护外墙板)在工厂内预制运至现场安装,具有巨大优势,在工厂内一次制成装饰结构和保温三合一的外墙板运到现场安装,外立面即可完工亮相,大大减少了施工工序、劳动力、多次外脚手架的搭拆和长时期的高空危险作业,减少现场作业,消灭了砌筑、抹灰等笨重体力劳动,加快工程进度,做到现场文明绿色施工。内承重墙(剪力墙)则完全不同,近年来普遍采用的大模板、钢筋点焊网片、商品混凝土和混凝土泵及布料杆等,除振捣外几乎全部都是机械作业,机械化水平已经很高了,这套工艺已经达到了工业化施工水平,还有利于抗震,减少由于墙体装配连接带来的一系列复杂工艺,所以现浇混凝土工艺不一定不是"建筑工业化"。至于非承重内隔墙还是采用预制轻质混凝土圆孔条板,也不排除整块预制墙板在结构施工时插入，关于 RC 楼板的工艺在地震区还是采用叠合楼板，以解决墙板节点整体性问题，在非地震区仍可采用预制楼板，但需改进墙体与楼板的节点现浇。楼板施工重点要解决模板工艺，因模板大量消耗木材等物资资源，又费工、费时，改革模板工艺就可以在 RC 楼板施工的工业化方面迈进一步。至于现浇楼板、剪力墙等钢筋施工，应采取工厂预制的点焊钢筋网片，钢筋成型加工一律由工厂生产。近几年我国已大规模在众多高层或超高层工程的核心筒部位推广了液压爬模，这也是一种模板工业化施工很好的体系，建议以后还应该在 RC 剪力墙结构的高层住宅建筑中推广应用。对于一些小型构件如楼梯、阳台等更应该全面采用预制装配工艺，减少现场作业。

钢结构工程本来就是工业化水平很高的结构体系，发展钢结构对实现建筑工业化十分有利，尤其是我国钢材资源丰富，更应充分利用这有利条件。在钢结构施工方面仍有许多问题需要改进，如钢管混凝土柱优点较多，工艺简单，优于型钢混凝土，应进一步推广；量大面广的钢结构住宅 20 多年前就搞试点，迄今未能推广，关键是用钢量较大和造价问题。最近北京市门头沟区正在搞一幢用钢管混凝土柱、钢骨架、发泡水泥作预制外墙板的高层钢结构住宅试点，这是一条新思路，值得进一步探索。总之，在实现"建筑工业化"的征途中千万别忽视钢结构的巨大优势，这也将大大有利于"绿色建筑"和"绿色施工"的发展。

RC 无梁楼盖也是"建筑工业化"的重要体系之一。新规范对这种体系在地震区进行了限制（高度不超过 30m），这种体系 30 年前就在美国大量推广，可见其优势，其施工特点是楼板可采用工具式大型飞模，楼板钢筋采用点焊网片，外墙为轻质挂板，内隔断为轻钢龙骨石膏板，RC 柱子采用快速整体支、脱模。这种体系除外墙板是预制装配、内隔墙是干作业外几乎全是现浇 RC 构件，但其工业化施工水平却是非常高的。

RC 框架结构实现工业化施工，宜先从三合一预制装配外墙板，剪力墙采用大模板快速整体支、拆柱模，RC 叠合楼板和预制装配内隔墙（或干作业）等方面抓起。

总之，RC 结构施工要实行工业化还是采用预制装配与现场现浇相结合的施工工艺，尤其是地震区和高层建筑。这要从我国实际出发。建筑工业化不在于预制装配或现场现浇，关键是要提高劳动效率和机械化水平。

在装饰、机电施工工业化方面，过去我的有关文章中都已涉及，总的精神是取消或大大减少现场湿作业、消除砌筑抹灰等强体力劳动，减少手工作业，最大程度地实行工厂预制、现场组装的工艺。门窗全部在工厂制作并组装成整体运至现场整体安装，外门窗也要在预制外墙板的生产厂内安装完成后再出厂，卫浴、厨房宜采取标准模数式设计，采用标准部配件和定型设备，有条件最好采用厕、厨匣子结构，在厂内整套组装好后运至现场整体安装。装饰和机电虽然工作量不如结构大，但品种复杂，工序频繁，相互交错，并且不少项目在工厂内预制有诸多不便，需进一步探索。

专业化施工也是"建筑工业化"的重要组成部分，尽管目前已有不少专业公司，但是远远不够。如模板、钢筋、混凝土这些主体结构以及防水等重要分部项，都没有成立"一包到底全分包"一条龙服务的专业公司，还只是局部分包（如混凝土工程中的商品混凝土供应），这对工业化施工的发展会影响很大。

"建筑工业化"不仅是施工问题，而且与建筑、结构设计关系也极大。设计是龙头，应该为"建筑工业化"创造条件，尤其是前面讲到的结构体系施工，施工单位不能也无权决定或修改结构设计，就是一些建筑构件做法也都要经过设计认可。因此要求设计单位应该把"建筑工业化"揉在建筑结构设计的全过程中，为"建筑工业化"创造条件。例如，如何在标准构件规格少的前提下还能满足各类建筑（住宅）造型和平面布局的要求，厕、厨平面可否能定型几种尺寸，另外保障房亦宜考虑搞标准住宅设计，最大限度地实现设计标准化。

此外，建筑材料的生产也要考虑"建筑工业化"的发展。要不断研究新材料、新制品，淘汰落后不适应"建筑工业化"的建材和制品。例如自从禁止使用黏土陶粒以后，轻质混凝土的骨料一直是个空白，找不到合适的轻质骨料，而预制装配化和保温节能恰恰需要大批轻质混凝土骨料。这类重大问题亟待建材部门进行科研攻关，加以解决。

建筑机械也是实行"建筑工业化"的重要主角。建筑机械部门应集中力量开展科研工作，除解决一些重大建筑机械问题外，更需要重视装饰阶段需用的小型、手提式机具，以替代手工操作，提高劳动效率。

2. 从实际出发稳步实施工业化

总之，任何一项改革、创新绝不是孤立的，必然与其他有关领域的创新改革密切联系，只有这样才能使某一项的改革创新获得成功，这是事物发展的必然规律。国家和地方政府的主管部门也应该担负起指导引领和协调发展"建筑工业化"这项重大改革工作的任务，并通过政策有计划有步骤地去实行"建筑工业化"。应该指出：这是一个长期复杂的过程，是与整个国家的经济和其他工业的发展密切关联的，不能凭主观意志，必须在一定时期内分阶段实现。根据我国实情，宜从量大面广的住宅工程着手，在住宅工程中又应优先从保障房住宅着手，从多层及20层以下的高层住宅着手，采用预制装配和现浇相结合的RC剪力墙半装配式结构。在非地震区也可以采用全预制楼板或全装配住宅。至于框架-剪力墙结构，宜先从医院、学校、办公楼、酒店等工程抓起，进行局部装配化，如采用三合一外墙预制墙板、叠合楼板、小型RC构件和预制内隔墙条板等。如果先做到这几点，就能使我国在发展RC"建筑工业化"方面迈出一大步。

当前我国不少大型建筑工程集团企业都有自己的房地产公司和设计部门，他们既具有设计能力，也有搞房地产开发的资本实力，又具备强大的施工力量，完全可以实现设计施工一体化。遗憾的是不少集团公司原来的许多大型构件厂都已关闭，需重新投资新建。近几年，万科等开发商都已纷纷自觉地推进住宅"建筑工业化"和"产业化"，像这样的大企业完全可以扩大经营范围，成立自己的设计和施工企业，自己创办RC构件厂、钢筋加工厂、钢构件加工厂和厕浴、厨房所需的部配件等各种加工制造工厂，甚至还可以发展有关建材生产企业，真正成为一个具有强大综合实力的庞大建筑集团企业。这样的企业将具有强大的竞争能力，不仅可以获取较大的经济效益，还可以为发展"建筑工业化"做出贡献。

中国建筑工业化的沿革与未来[1]

陈振基

【摘要】本文企图以笔者的亲身经历，总结和展望我国的建筑工业化道路。第一节讲新中国成立初期的情况，第二节讲唐山大地震对工业化的影响和预制技术的全面崩溃，第三节是现浇混凝土的兴起和预拌混凝土的发展，第四节是装配整体式建筑的复苏，第五节讲新时期发展建筑工业化的问题。欢迎读者批评指正。

1 建筑工业化的初期——1950～1976 年

20 世纪 50 年代，我国完成了第一个五年计划，建立了社会主义工业化的初步基础，开始了大规模的基本建设，建筑工业快速发展。当时在全面学习苏联的政治形势下，我国的设计规程，包括建筑设计、钢结构、木结构和钢筋混凝土结构设计规范全译自俄文，直接引用。国家级的设计院都聘有苏联专家，设计水平和国际接轨，标准化和模数化被广泛应用。在工业建筑方面，苏联帮助建设的 153 个大项目大都采用了预制技术。各大型工地上，柱、梁、屋架和屋面板都在工地附近的场地预制，在现场用履带式起重机安装。可以说，那时工业建筑的工业化程度已达到很高的水平，只是墙体则还是用小块红砖手工砌筑。工业化的效果明显，使得国家认为要开展基本建设，必须先建设建筑基地，所以在 1955 年就在位于百万庄的北京工业建筑设计院下面成立了建筑基地设计院（即后来的东北建筑设计院建材分院），刘义基、陈松潮、吴正直都是这个设计院的骨干，笔者 1956 年曾在该院进修半年。1956 年，国务院发布《关于加强和发展建筑工业的决定》指出："为了从根本上改善我国的建筑工业，必须积极地有步骤地实行工厂化、机械化施工，逐步完成对建筑工业的技术改造，逐步完成向建筑工业化的过渡。"建筑工业化的方针，基本特征是设计标准化，构件生产工厂化，施工机械化（当时称之为三化）。标准构件在混凝土构件工厂内预制，到现场用机械安装。建筑工业化推动了建筑装配化与建筑机械化的发展。

后来国家开始建设城镇，在居住建筑中也推行预制装配化，各种构件中标准化程度最高的当属空心楼板。开始时使用简单的木模，在空地上因陋就简翻转预制，待混凝土达到一定强度后再把组装成的圆芯抽出，预制场的投资极低，技术落后，手工操作繁多，效率和质量低下。百十来公斤的成品用人力抬起顺着脚手架抬上楼层就位，根本无需吊装设备。后来多个大城市开始建设正规的构件厂，典型的如北京第一和第二构件厂（后来的榆构公司），用机组流水法以钢模在振动台上成型，经过蒸汽养护送往堆场，成为预制装配化的示范。此时全国混凝土预制技术突飞猛进发展，全国各地数以万计的大小预制构件厂

---

1 原载《混凝土世界》2013 年 12 期；2015 年 12 月 31 日修改；2016 年 7 月 25 日再修改。

雨后春笋般出现，成为住宅装配化发展的物质基础。东欧的预制技术也传至我国，北京市引进了东德的预应力空心楼板制造机（康拜因联合机），在长线台座上一台制造机完成混凝土浇筑和振捣、空心成型和抽芯等多个工序。这实际上是后来美国 SP 大板的雏形。20 世纪 70 年代由东北工业建筑设计院（现中国建筑东北设计研究院有限公司）设计了挤压成型机（也称行模成型机）在沈阳试制成功，开创了国内预应力钢筋混凝土多孔板生产新工艺，后在柳州等地推广应用。

墙体的工业化起始于 20 世纪 50 年代上海的硅酸盐砌块和哈尔滨的泡沫混凝土，它们是我国墙材革新的始作俑者，是颠覆传统红砖的先驱。

上海的粉煤灰硅酸盐砌块以上海电厂排出的工业废渣——粉煤灰和炉渣为主要原料，掺入适量的石灰石膏，经过搅拌后浇注成型，饱和蒸汽养护后脱模成为砌块，可以代替当地稀缺的黏土砖砌成墙体。这种砌块高 380mm，重量在 100kg 以内，可以用轻便的起重设备（当时叫"少先吊"，以示小巧之意）安装。上海建筑科学研究院集中了当时强大的科技力量，沈旦申、吴正严、王福元、郑华和中国建科院建材室的余永年、水翠娟等，研究这种砌块的生产工艺、材料性能，配合设计院进行力学实验，做了出色的贡献，使得上海从 20 世纪 60 年代到 80 年代三十年内建造了 1500 万 m² 的住宅，成为上海市多层住宅建筑的主要墙体材料。

哈尔滨低温建筑研究所可能是我国最早从事建筑材料研究的专业机构，黄兰谷等人在学习苏联技术的基础上开展了泡沫剂和泡沫混凝土的研究，发现这种轻质墙体比红砖有更好的热工性能，可以大大降低墙体重量。在当时社会还没有节能节材认识的形势下，可以说这是难能可贵的。1959 年苏联拉古钦科薄壁深梁式大板结构思想传入我国，其要点是把分室隔墙视作薄壁深梁的受弯构件，一改过去受纵向压力的设计思想。哈尔滨工业大学结构教研室朱聘儒大胆应用这种构思，建筑材料教研室的黄士元、陈振基、徐希昌等人配合试验轻质隔热材料，成功试制了复合预制外墙板，并建成了一栋盒子示范建筑。

20 世纪 60 年代在北京发展了多种大板建筑，其中有以小块砖为原料的振动砖墙板、以粉煤灰硅酸盐为原料的粉煤灰大板、受力层和绝热层复合成的复合大板，以及大板和红砖结合的内板外砖体系等。这些工业化住宅在北京和沈阳等地盛行一时，为解决城市居民的住房困难作出了一定的贡献，以北京为例，就建了前三门小区、水碓子小区、天坛小区、首钢小区等。图 1 所示的照片是 20 世纪 80 年代建造的装配式住宅，多为六层，也有高层的。

但是，政治上的动荡必然会反映到技术的发展上。1959 年开始的"大跃进"也给预制技术带来了恶果。在"破除迷信，解放思想"口号影响下，许多结构构造被简化了，构造配筋被取消了，技术监督成为虚设，规范被视为"条条框框"，许多伪科学、伪技术被神化了，这给后来中国的技术大倒退下了伏笔。

这个时期是我国历史上装配式建筑起步时期，哈尔滨工业大学、同济大学、清华大学、重庆建筑工程学院和西安冶金建筑学院也都先后成立了混凝土预制专业。这个专业的许多毕业生后来在有关行政部门、设计院和研究所担当了领导。同时，新中国成立初期派出的留学生毕业后陆续回国，学这个专业分配到中国建筑科学研究院混凝土所的有龚洛书、吴兴祖、韩素芳，分配到同济大学的有庞强特，分配到重庆建筑工程学院的有

(a)

(b)

图 1　装配式住宅

蒲心诚。他们后来都成为我国混凝土学术界的带头人。

这个时期的发展特点可以归纳为：

1. 主要技术来源是苏联，和国际平均水平的差距不大。在建工部苏联专家组的影响下，建工部起草的《关于加强和发展建筑工业的决定》以国务院的名义发布，在新中国的历史上首次明确了建筑工业化的方向。

2. 大规模基本建设中彰显了预制技术的优越性，对节约三大材料（当时对钢筋、木材和水泥的统称）起了积极的作用。

3. 科学研究跟不上建设的速度。许多技术没经过科学的验证和分析，多种专用材料（如绝热材料、密封材料、防水材料等）的性能尚不过关，造成外墙渗漏、墙体冬季室内结露，使得这个时期建造的预制装配式建筑物质量低劣，饱受诟病，后来因使用质量不佳而很多被拆除。

2 唐山大地震后预制装配化的停顿——1976~1982年

1976年7月28日凌晨3点42分，唐山市丰南一带发生里氏7.8级大地震。短短23s内，唐山被夷成废墟，68.2万间民用建筑中有65.6万间倒塌和受到严重破坏，造成24万人死亡，43.5万人受伤。

正如笔者2008年在深圳市建科院内部刊物《建科之声》所写的"'安得广厦千万间，大庇天下寒士俱欢颜，风雨不动安如山'是杜甫的诗句，也是建筑人一生的志向。不料一场空前大地震惊醒了自己，痛苦的不单是同胞失去了亲人，尽毁家园，也为那些'广厦'不但没有'大庇天下安如山'，反而成了地震杀人的元凶而汗颜。"

20世纪70年代中国城市主要是多层的无筋砖混结构，即以小块黏土砖砌成的墙体承重，而楼板则多采用预制空心楼板。这种结构无法抵御垂直及水平的地震作用。特别是楼板间没有任何拉结，搭在墙上的支承面又少得可怜，于是墙体剪切破坏，楼板塌下，睡梦中的居民被本来应该庇护他们的建筑压死。

再者，20世纪50~70年代中国的装配式建筑学的是苏联的技术。苏联共产党中央和部长会议在1955年召开了一次"全苏混凝土及钢筋混凝土会议"，大力提倡使用装配式混凝土结构和配件。本文作者在1957年翻译和出版了会议6个分组会中的2个工作组资料。今天翻阅这些资料来看，会议目标主要推动装配式，会议报告也着重讨论结构形式、设计和制造、材料和设备，很少谈到节点构造和抗震问题，只是在一个分组会议最后的建议中提到要制定地震区采用装配式结构的设计标准和有必要召开一次研究在地震区使用装配式结构的问题。可见苏联那时对抗震的经验是很匮乏的。事实上，我们预制建筑物的水平构件基本没有任何拉结，简单地用砂浆铺坐在砌体墙上，无配筋的砌体墙和无拉结的水平楼板造成了95%以上的建筑物倒塌。

大地震后人们的直觉是无筋砖混结构和预制楼板不抗震。预制楼板被称为"要命板"、"棺材板"。各地声讨预制构件的浪潮此起彼伏，全国建筑业开始加强注意抗震。北京、天津一带已有的砖混结构统统用现浇圈梁和竖向构造柱形成的框架加固。全国划分了抗震烈度区，颁布了新的建筑抗震设计规范，修订了建筑施工规范，规定高烈度抗震地区废除预制板，采用现浇楼板；低烈度地区在预制板周围加现浇圈梁，板的缝隙灌实，添加拉筋。此时工业化受到严重打击，全国数千座民用建筑的预制厂倒闭或转产，改为生产预制梁柱、铁路轨枕、涵洞管片、预制桩等制品。

这个时期的特点可以归纳为：

1. 这次大地震正值国家"十年浩劫"，科学技术被极端蔑视，灾后国家没有组织任何技术调查，抗震救灾的政治意义远压倒建筑技术的探讨，导致片面和绝对地否定了推行几十年的装配式技术。

2. 尽管也有人注意到，小块砖砌成的无配筋砌体墙无法承受水平地震作用，预制楼板简单地搁置在砌体墙上是导致楼板倒塌的主要原因，但是国人习惯的形象思维模式的特点是模糊性，重视直观和经验，通过直觉得到粗浅的印象，不作周密详细的分析，一棍子把预制装配化的工业化建筑全盘否定了。

3 现浇混凝土的兴起和预拌混凝土的发展——1982～2008 年

这段时间，国外现浇混凝土被介绍到我国，建筑工业化被解释为现浇混凝土的机械化。砖石砌体被抛弃后，用大模板现浇配筋混凝土的内墙应运而生，现浇楼板的框架结构、内浇外砌和外浇内砌等各种体系纷纷出现。从 20 世纪 80 年代开始，这类体系应用极为广泛，因为它解决了高层建筑用框架结构时梁柱和填充墙的抗震设计复杂的问题，而现浇的配筋内横墙、纵墙和承重墙或现浇的筒体结构则形成了刚度很大的抗剪体系，可以抵抗较大的水平荷载，因此提高了结构物的最大允许高度。外墙则采用预制的外挂墙板。这种建筑结构体系将施工现场泵送混凝土的机械化施工和外挂预制构件的装配化高效结合，发挥了各自的优势，因而得到了很快的发展。

图 2　北京住宅

在某些情况下，无法解决外墙板的预制、运输或吊装，可以采用传统的砌体外墙，这就是内浇外砌体系。20 世纪 90 年代初至 2000 年前后，由于城市建设改造的需要，北京大量兴建的高层住宅基本上是内浇外挂体系，而起初的内浇外挂住宅体系是房屋的内墙（剪力墙）采用现浇混凝土，而楼板则用工厂预制整间大楼板（或预制现浇叠合楼板），外墙是工厂预制混凝土外墙板，开始是单一的轻骨料混凝土，后来为提高保温效果，逐渐改为中间层用高效保温材料，采用平模反打工艺，墙板外饰面有装饰的条纹，这种内浇外挂墙板承受 20%～30%的水平地震作用。

2002 年国家颁布行业标准《高层建筑混凝土结构技术规程》JGJ 3—2002，按北京地区抗八度地震设防要求，混凝土预制构件的应用受到许多制约[①]，建筑高度不超过 50m（一般为 16 或 18 层以下），后来住宅高度不断提高，开发商建造 20 层以上的高层住宅也逐年增加。由于预制混凝土楼板或预制外墙板节点处理问题繁琐和为了进一步提高建筑整体性，就用现浇混凝土楼板取代了预制大楼板和预制承重的混凝土外墙板。在近 15 年里，这种住宅体系是当时的主要选择，成为现浇混凝土和预制混凝土构件相结合的重点时期，为北京的住宅建设作出重要贡献，尤其是三环、四环路和前三门区域内（图 2）建成大量此类住宅，至今可以见到这样的高层住宅，成为北京一道亮丽的景观。

大模板现浇混凝土建筑的兴起，推动了中国预拌混凝土工业的发展。

以前混凝土基本是"自给自足"的"小农经济"方式，没有成为市场供应的商品。20

---

① 抗震要求提高整体性，因此抛弃预制装配式，这是个误区，环太平洋地区上百栋装配式建筑震而不倒就证明了这一点。请参考深圳市住房和建设局与亚洲混凝土协会合编，本文作者主编的《国外工业化建筑的经验文集》

世纪 80 年代国内经济体制改革有突变，十二届三中全会提出发展商品经济。我们建筑业的混凝土也乘这个机会走向市场，面向全社会供应。那时的叫法是"商品混凝土"，以示与单位内部自用的混凝土不同。北京、上海、天津、无锡、沈阳等大城市率先开始社会化供应，大模板体系的混凝土完全由专业的搅拌站供应，定时定量，搅拌站配备了搅拌车运输、泵车输送浇注，技术逐步成熟。预拌混凝土作为一个独立的新兴产业真正开始起步发展。

工厂化的发展使预拌混凝土在我国大、中城市（尤其是东部地区）的年生产能力达到 3000 万 m^3 以上，部分大城市的预拌混凝土产量已达到现浇混凝土总量的 50％ 以上。

预拌混凝土的发展推动了混凝土技术的进步。搅拌站的规模趋于大型化、集团化，装备技术、生产技术和管理经验趋于成熟，泵送技术的使用普及，混凝土的强度等级有所提高，掺合料和外加剂的技术飞快发展。

虽然没有精确的统计数字，但现浇混凝土结构在大中城市的高层建筑比例应在 80％ 以上。随着施工现场湿作业的复苏，现浇技术的缺点日益彰显，即使使用钢模，然而支模的手工作业多，劳动强度大，特别是养护耗时长，施工现场污染严重，工序质量对结构质量影响颇大。

这个时期的特点可以归纳为：

1. 由于对抗震性能的重视，对装配式建筑节点从怀疑到抗拒，以及高层建筑的需要，建筑界把竖向承重体系设计成现浇结构，其他外墙围护结构和水平楼板设计成装配式部件，出现了一种新的建筑体系。

2. 在新的建筑体系中，现浇混凝土的使用推动了预拌混凝土的发展，出现了一个新兴行业——预拌混凝土工业，带动了混凝土技术的飞跃发展。

3. 现浇混凝土墙体比手工砌筑的墙体确实优越，但也有许多明显的缺点，不能满足日益增长的施工现场文明程度和对建筑质量、节约材料、加快施工速度的要求。建筑界迫切要求提出建筑工业化程度更加高的体系。

4　装配式混凝土建筑的整体性

20 世纪末期中国的住房问题出现了极大的问题：商品房价格上涨过快，城市化的结果使得很多移居城市的人买不起房，甚至住不起房，在很多城市里出现了蜗居和蚁族。这种情况引起了市场和政府的重视。

另一方面，中国的劳动市场也发生了变化，简单的体力劳动力资源紧张，建筑业出现了人工短缺现象。有识之士认识到，长期以来，我国的建筑业以现场手工作业为主的传统生产方式不能再继续下去了，建筑工业化的问题重新摆在了人们的面前。

从建筑业转型发展的观点出发，用大工业化市场的方式建造房子，实现设计标准化、构配件工厂化、施工机械化和管理科学化的所谓"四化"，再次进入人们视线。

除了注意已有的建筑工业化方式外，人们特别注意减少劳动力用量、保证房屋施工质量和降低浪费节约资源等新课题。在新形势下，装配式结构的优势明显优于其他工业化建筑体系。但是装配式结构体系整体性能差，不能抵御地震破坏的阴影仍然笼罩在建筑界，为了有别于过去的全装配式，出现了一个新的体系，在 2008 年前后得到了一个新的名称——装配整体式结构。最早形成法规文件的是深圳市住房和城乡建设局 2009 年发布的深圳市技术规范《预制装配整体式钢筋混凝土结构技术规范》SJG 18—2009。

装配整体式结构的特点是尽量多的部件采用预制件，相互间靠现浇混凝土或灌注砂浆连接措施结合，使装配后的构件及整体结构的刚度、承载力、恢复力特性、耐久性等类同于现浇混凝土构件及结构。

装配整体式结构在发展中也有分支。一种如图3所示，使用现浇梁柱和现浇剪力墙，另一种把剪力墙也做成预制的或半预制的。前者可称为简单构件的装配式，只涉及本文作者分类的标准通用件和非标准通用件，不涉及承重体系构件；后者则做到了承重构件的预制，预制率有很大提升。中国香港在很长时间内推行现浇剪力墙，预制率只能达15%～25%。后来采用了预制剪力墙和立体预制构件，在葵涌一个公屋项目中把预制率提高到了65%。

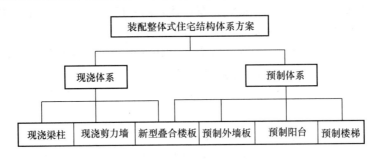

图3　装配整体式结构发展

上海从来是建筑科技力量最强的城市之一，经过两年时间的编写，2010年发布了由同济大学、万科和上海建科院等单位联合编制的《装配整体式混凝土住宅体系设计规程》DG/TJ 08—2071—2010，其中对装配整体式混凝土结构的定义是："由预制混凝土构件或部件通过钢筋、连接件或施加预应力加以连接并现场浇筑混凝土而形成整体的结构。"

这种结构体系是50年前学苏联装配式建筑的一种提升，是经过多次痛苦的地震灾害后的总结，也适应了新发展时期对高层装配式建筑的需要。

5　新时期如何发展建筑工业化

随着国家对保障性住房建设的重视，给建筑工业化提供了绝佳的发展机会。面对繁重的保障性住宅建设任务，笔者提出新时期发展建筑工业化的几点意见：

1. 回顾我国建筑工业化的发展历史，也参考我国香港地区和新加坡的经验，装配整体式混凝土结构可能是建造保障型住宅最好的结构体系。我们没有必要把时间和精力过多消耗在体系的研究上，已有成功的经验可以拿来为我采用。"空谈误国，实干兴邦"，这句话也适用于建筑工业化的推进中。

2. 建筑工业化不要简单地理解为内浇外挂，把成本极高的预制外墙板当成最重要的预制构件，外墙板是工业化建筑中最复杂的部件，不但每个单元可能有多种外墙尺寸、开洞大小和装饰要求，而且南北方地区由于隔热保温要求不同，无法做成标准设计。工业化建筑部品的发展应该由易到难，由简到繁，参考笔者提出的工业化发展路线，从通用标准件（楼板、楼梯及内墙板）开始，进而研究专用非标件（外墙板和立体构件），最后试用结构承重构件，走一条符合国情的内墙板—楼梯和楼板—外墙板—立体构件—结构承重构件的发展道路。

3. 要用更宽阔的思路审视和评价建筑工业化。现在流传一种认识，即建筑工业化就是预制装配化，许多省市都把重点放在推广装配式或整体装配式钢筋混凝土结构体系上，有的文件甚至规定了最低预制装配率，于是建了许多部品预制厂。据不完全统计，全国新上的部件生产线有上百条，总投资达数十亿元。这是典型的对建筑工业化的片面理解。没有设计的标准化，不要急着搞生产的工厂化。也许，大城市可以这样搞，等待日后的订单，但中小城市能这样干吗？难道中小城市建筑工业不要改造和进步吗？笔者认为，工业化不应该等同于构件预制化，举凡使用工厂生产的标准部品，包括门窗、龙骨、板面、钢筋骨架和钢筋网、预拌混凝土，乃至预制砌块，即使尚未组成为部件，但已是 1995 年建设部印发的《建筑工业化发展纲要》提到的"系列化的通用建筑构配件和制品"，也应归为工业化制品，也是值得推广的。按此思路推进，我国城乡将出现众多的建筑配件和制品工厂，生产标准化的产品供市场选用。建筑设计将转为按工厂的产品目录组合，所有（或大部分）的部品为大批量生产的工业化产品，现场则是机械化的拼装，不论高低层住宅，均为工业化建筑，我国的建筑业面貌将大大改观。

4. 政府要通过顶层设计，建立推进建筑工业化的路线图和时间表。要尽快组建统观全局的政策体系。政策体系中应解放思想，敢于创新，勇于提出突破性的考核和奖罚制度，改变目前预制件要征税的税收制度。技术层面上要在本地保障型住宅建设标准基础上，建立标准化体系，力求把标准化构件适用于通用的标准化住宅；要促进生产链体系的完善，可以考虑学习美国 PCI 的做法，把行政推动转变为行业推动，成立有权威和常设机制的学会，把设计、研究开发、构件生产、机电部件、施工安装等行业科学整合起来，形成完整的建筑工业化的产业链。

5. 抓好示范工程。建筑工业化不能依靠某个发展商或建筑商的试点工程作榜样，要确定政府主导的保障型住宅示范工程，从立项和规划设计开始，全过程地按照现代化的模式组织实施。示范工程中不妨预拨一定比例的科研经费，组织各专业机构参与这个巨大的系统工作的试验。

住宅产业现代化的现状及未来发展趋势[1]

文林峰

住房和城乡建设部住宅产业化促进中心

非常高兴看到有关住宅产业化的各类型的企业，积极地参加我们的交流大会，我代表本次会议的主办单位住房和城乡建设部科技与产业化发展中心、住宅产业化促进中心，感谢中国建筑设计研究院为我们提供了非常好的会议场地，以及对我们本次会议的大力支持，我们再次以热烈的掌声感谢他们。

因为时间关系，我想给大家简单地介绍一下我们当前住宅产业化发展的机遇与挑战。在座都是来自建筑行业，最近几年经常听到关于住宅产业化方面的相关信息，那么为什么产业化现在那么热？全国各地上至中央领导下至地方的一把手这么重视产业化的发展？我想简单的由五个方面解释我们推进产业化的重要性。

第一方面，我想从我们整个国家"十八大"以来特别强调的两型社会建设的需要出发，也就是资源节约型、环境友好型这个目的。我们说这两个词感觉好像很大，其实跟我们的生活是一直相关的，我们在座的代表可能大部分都是北京的，昨天晚上我在外面回来的时候，发现雾霾特别严重，回家的时候戴着口罩在屋里面换气，空气质量问题已经严重地影响到人类的生命安全。就我们建设领域来说，对减少雾霾要做出我们行业的贡献，必须通过产业化这样一个路径来实现。我们最近两年各个地方做了大量试点项目，积极推进产业化，对经济效益、环境效益、智慧效益进行分析，分析的结果发现，现在在发展初期经济效益并不是特别的明显，但是社会效益、环境效益是有目共睹，非常的突出。就是在节能减排这个方面，产业化是我们行业的一个重要的路径。这也是我们很多省市的领导重视产业化的一个重要原因。这和我们国家大的发展趋势、发展形势是密切相关的，这解释了我们为什么要推产业化，因为它是节能减排非常重要的抓手。

第二方面，推进产业化是我们行业转型升级的一个必要的路径。行业发展了几十年，从数量到质量，越来越重视品质的提高。怎么提高建筑的质量，现在全国正在进行建筑质量安全行动计划，现在主要是通过检查督导，全社会行动起来共同参与。但这些都只是治标，怎么能彻底地解决我们这个行业的质量问题、安全问题？产业化是一个非常重要的路径，最简单的一个说法，我们过去在建筑市场有层层转包的问题、挂靠的问题，这也是我们治理行动中重点打击的。如果我们推进产业化，很多承担项目的大开发商或施工单位说，产业化的项目分包不出去，只能是谁中标谁来干，因为这种新的技术、新的体系由很多小的分包或者劳务单位做不了。就是说我们产业化从工厂制造到现场装配严格地去套标准体系，很难再有假冒伪劣的东西出现，这个是我们转型升级的一个重要路径。

第三方面，推进产业化为什么引起政府的重视，这也是形成一个城市一个区域新的经

---

1 摘自保障性住房建设材料、部品采购信息平台。

济增长点的一个重要抓手。刚才刘处长在主持的时候也说到，沈阳是我们住宅产业化推进比较快的城市，它经过 3 年的试点，2014 年升级为示范城市。它产业化的出发点就是把产业化作为城市转型升级新的经济增长点的一个重要抓手，用建筑产业化来带动全产业链的招商引资，从供给和需求双向来拉动。供给来说有 3 个几十平方公里的建筑产业化的产业园，从内外来进行产业链的招商引资，这个规模是非常大的。从需求来说，把全市的保障房、新建的商品住房三房以内的包括公共建筑都要按产业化的方式来建设，给那些入园的企业生产制造施工以及建材部品企业提供了大量市场需求的机会，提前实现靠产业化迁移产值的发展目标。我们现在很多城市积极地申报住宅产业化试点城市，也是从培育新的产业链、培育新的经济增长点这个目的出发的，因为我们推产业化有很多建材的企业产业链确实是非常长的，到最后的循环经济都是在我们产业化的链条里面。

第四方面，也是最重要的一点，就是企业如何持续创新能力、市场竞争能力。我们看到很多大企业观望了几年，最近一两年下决心转型走产业化的发展道路，因为不管是国内还是进军国际市场的话，大部分项目都是按预制装配式的方式。那么我们中国过去特有的现浇的这种方式，可能在一些欧美国家很难拿到这样的项目，国内的一些城市现在也越来越重视从试点到全面推广，如果你再不了解产业化这种体系，你就很难在新的市场中占有机会。现在北京市政府已经通过会议纪要的形式，要求新建的 10 万 m² 以上的住宅小区，要 60%按照产业化的方式来进行建设，2014 年年底的时候已经有几个地块都是按照这样的条件来公开的招投标。现在有一些北京的开发商，中标后在北京就去寻找能够承担产业化方式的大型施工建造企业。如果谁这方面有一些技术、经验的积累，他就能够迅速地在这种平等竞争中走出去，能够更好地发挥他的优势。所以说，这是一个企业寻找新的竞争机会的更好发展平台。我们也看到不仅是行业内的，还有很多行业外的企业在转型升级的时候，也往产业化的方面去发展，这个趋势也是越来越明显。举例说，长沙三一集团是世界上最大的混凝土机械制造企业，原来占了机械设备的市场份额的 40%以上，现在要进军到产业化的预制构件生产设备领域。上个月我们去跟他们老总座谈，他现在是雄心勃勃，不仅是要生产设备而且要亲自来盖房子，要进入施工领域。为了长远的发展目标，像这样的企业越来越多，我们这些企业能不能看清这个行业的发展趋势及转型，往这方面去靠，往这方面去集成，我想这个是非常重要的。

第五方面，跟我们城镇化的发展密切相关。在中央层面上，最近两年来出台了一些大的、宏观层面的政策，包括城镇化发展规划、大气污染防治条例等等，里面都提到了建筑产业化、住宅产业化方面的重要内容。就是我们要把现场的农民工都变成产业工人，解决他们进城以后生产生活一系列的问题，通过产业工人提高我们行业的技术水平，也是保证质量的一个重要途径。

所以从宏观层面上这五个方面来说，我们推进产业化就是蓬勃发展、正逢其时，这个趋势已经非常清晰、非常明朗。住建部最近两三年来，也在推进产业化方面做了大量的工作，下一步也在积极地储备一些宏观的经济政策、技术政策。比如说，我们正在研究推进建筑产业现代化的发展纲要，"十三五"的住宅产业发展规划，以及以城市为载体的国家住宅产业化试点城市和基地企业的管理办法等等一系列的文件，都在紧锣密鼓的研究中。从技术政策说，近几年推进力度也是逐年加大，像已经出台的《预制装配式混凝土设计规程》，还有 2015 年上半年可能就要出台的《工业化建筑评价标准》，也受到全行业高度关注。现在各个地方正在做试点，什么样的项目能够纳入工业化建筑范畴里面，怎么去进行评价，怎么去核算？大家现在算的方法五花八门，所以同样的项目算的预支也可能有很大的差别。很多地方出台了推进产业化的优惠政策，什么样的项目能够获得这些奖励，获得政府的补贴？这都需要有一些明确的衡量标准。这个《工业化建筑评价标准》经过两年多轮的行业专家认真讨论，即将颁布实施。这个标准会把我们行业发展混淆的容易迷茫的一些问题进行一个清晰的梳理。另一个技术方面的政策就是建筑产业化的标准体系，这个也是非常重要的。现在试点示范项目的发展已经远远超越了过去传统的标准规范的速度，标准规范已经相对滞后。现在我们有了一个重点任务，在梳理下一步要推广预制装配式的钢结构各类型的产业化项目，都需要新出台一些新的标准规范。这是从中央层面的经济政策和技术政策来积极地进行储备进行研究，有些即将出台。从地方政府来说，力度比中央层面的更大一些，各地有越来越多的城市积极地申报住宅产业化试点城市，同时也出台了强有力的推进政策。刚才说到北京的保障房新建商品房，都要按照产业化的方式，深圳也有这样的政策，所有新建保障房、拆迁安置房、新建商品房都必须按照产业化的方式来建设。像长沙、潍坊、合肥、上海、沈阳等等越来越多的城市从单个的试点项目已经开始向全市普遍推广。这样的发展方式的转变，与其对应的优惠政策也越来越多，形成了一个以试点城市为基础的，从点到面全面推广的一个良好的开始。从地方出台的政策、试点的情况来说，这个趋势是非常明显的，所以，下一步我们这个行业怎么去往产业化方面去转型，应该有巨大的市场机遇。刚才也说到，很多在产业化方面探索超前的企业。这两年来有更多的市场份额，这些企业也发展得更好，包括起点比较早的设计单位，包括今天所在的中国建筑设计研究院，他们也是有很多试点示范的项目，稍后他们会作一些详细的介绍。深圳、上海、北京、沈阳的一些设计单位，都在这方面做得比较超前。由于各地在推产业化的时候，很多传统的设计单位做不了，那么这些设计单位就有了巨大的市场份额，他们就呈现了跨越式的发展机遇。一大批的施工企业，包括像远大这种设备制造商，后来转型预制构件生产，它们也在这一轮的产业化发展中获得了更多的市场空间。昨天长沙的相关人员来住建部汇报的时候，就说到仅长沙市一地，三年内将有900万 m² 的预制装配式建筑，大部分都是由远大承担的，所以他的市场发展空间就非常大。有很多企业都在这种机遇中获得更好的市场发展空间。以上就是住宅产业化发展给企业带来的巨大发展机遇，我们也希望大家多了解产业化发展趋势，发展的技术，怎么和产业化发展更好地结合。第二方面，我想给大家介绍一下我们现在发展产业化面临的挑战，或者说遇到的一些瓶颈。我总结有五个问题。第一个问题就是市场的接受度。相对来说市场的接受还是欠缺或者说是不足。这需要各地方政府，通过公共建筑、保障房或者是强力的政策去推进。从开发商自觉自愿地接受产业化这样一个新的建筑方式来说，还没有形成一个普遍的态势，市场开发度相对低一些。主要的障碍表现在成本问题。在产业化发展的初期，他的成本或者跟现浇的持平或者略高于现浇的成本，很多开发商怕麻烦，觉得成本不可控，所以接受度相对要低一些。同时还有在产业化发展初期的技术成熟度问题。昨天有些开发商就表示，想简单地试一下，只做水平面的构件，竖向的就不做了，他还怕影响到整个房屋的质量安全。这就是因为他们对整个行业发展的不太了解，同时也是受到一些宣传推广的各方面障碍的影响。长沙新出台的政策就是，如果消费者买了产业化的项目或者买了全装修的项目，可以享受 80 元/m² 的补助，从市场反向从消费者的角度来推进产业化的发展。这是我讲的第一个瓶颈，就是市场接受度还是相对弱一些的。第二个瓶颈就是技术的成熟度也是相对薄弱。我们说这么多年来不同的制度体系，都在进行试点示范，包括我们的规程也明确这些技术体系。但是从整体来说，如果我们一个城市一个区域要大规模推进的话，有没有一种技术非常成熟，一下子就是几百万平方米的推广，这还是需要一定的技术储备。目前我们整个行业的技术储备还是相对薄弱，我们也希望下一步，随着各地方试点示范项目的逐渐增多，尽量地推广一些相对成熟的技术。因为试点示范项目的推广也能培养我们行业的人才，能够形成一些适合规模推广的技术体系。本周我参加住建部工程质量安全监管司的行业管理座谈会，现在也是工程质量安全监管司非常重要的两大任务，一个是开发设计，一个是产业化。那么产业化方面怎么抓？各方面的专家领导包括大师级的专家都在提，通过住建部梳理出几种相对成熟的适合推广的产业化的技术体系，指导全国各地的规模推进，这也是非常紧迫的任务。我们希望一些试点城市加快这方面的研究力度。第三个瓶颈就是产品的集成度，这方面也是相对薄弱。现在是更多地强调预制装配式结构方面的体系研究，但总体来说我们在行业推广的时候关注前端的结构体系较多，在后面的整个全产业链的产品集成相对弱一些。今天也邀请了几个产品的企业在会上进行交流，他们的产品不一定是行业里面最好的、最适合的，但他们愿意把产品拿出来和我们产业化进行对接，这个我们是非常欢迎的。希望在全产业链的打造过程中，包括从设计到工厂生产、施工装配、装修、后续的维修、养护管理再到拆除重建的整个全过程，我们都需要全产业链的集成整合，这也是我们下一步的工作重心。我们也给一些试点城市提出要求，希望他们在下一步的工作中，更关心整个房屋成品住宅各方面产品技术整体进行整合，这就是产品的集成度问题。第四个瓶颈也是最重要的一个问题，就是能力的匹配度。推进产业化现在最薄弱的就是能力不足的问题。产业化是一个全产业链，我们现在设计的能力、工厂生产的能力、施工装配的能力、整个产品集成的能力，最后拿出一个非常好的高品质的、高性能的、能够远远超出我们现浇方式的建筑产品来，这个产品能力是严重不足。我们在这两年中加大了宣传培训交流的力度，下一步也可能在大学的教材特别是高职高专等职业教育的教材中加大力度，包括这种资质的考试，来增加这方面内容。有很多城市已经成立了职业技术的培训部门，做一些工法实验，这是越来越重要的工作。很多企业有生产的能力，但是施工方面谁去和他匹配，我们那么多传统的单位还不具备预制装配式水平。所以，这方面既是机遇也是挑战，谁占领了先机，等于有了这方面的市场空间。我们有一次开现场交流会的时候，有一个传统的施工企业马上就看到了这方面的市场机遇，当时就打电话给他们的总部，说成立一个产业化的专门的施工队伍，专门研究预制构件的装配式施工，然后去承接这样的项目。这个市场空间是非常大的。最后就是制度的跟进度还不够。我们产业化还是一个新型的事物，跟我们传统一些管理的机制与相关的标准规范都密切相关，但是在发展中，法律法规的技术和监管的机制都没有同步跟进，包括我们说的预制构件的生产，谁来进行把关，是工信部门还是建设部门，这个职能怎么划分？一些隐蔽的部件、隐蔽的工程，到最后验收的时候怎么去做？解决这些事情，都需要制度的跟进。现在北京、上海一些城市也在加快研究这方面内容，我们在发展过程中有以上五个瓶颈或不足，概括起来就是：市场的接受度、技术的成熟度、产品的集成度、能力的匹配度，以及制度的跟进度。这些都是需要我们加大力度解决的问题。由于时间的关系我跟大家简单地介绍一下当前发展的形式，还有我们行业发展面临的一些困境，也希望在座的各位专家、企业家，能够共同携手，共同研究，把我们的产业化事业做大做强，也希望在座的企业能够进入产业化的发展机遇，为自己带来更好更大的发展空间。谢谢大家。

中国住宅工业化发展及其技术演进[1]

刘东卫　伍止超

中国建筑标准设计研究院有限公司

【摘要】 通过对我国住宅工业化与技术发展的回顾与研究，将我国住宅工业化的发展划分为创建、探索和转变 3 个阶段，并对每个发展阶段的设计与标准、主体工业化技术、内装部品化技术和工业化项目实践等方面做出系统解析，以期为未来我国住宅工业化发展与探索提供有益的启示。

住宅工业化是住宅生产方式的变革，其核心是实现由传统半手工半机械化生产方式转变成现代住宅工业化生产方式。20 世纪中期以来，伴随着公共住宅的大规模建设，西方及日本发达国家颁布实行了住宅生产工业化的产业政策，制定了住宅生产工业化促进制度，推动了住宅工业化发展和技术进步，大力推进了住宅产业现代化快速发展。经过数十年努力，住宅建设实现了工业化生产，并给住宅建设带来了根本性变化。

我国住宅工业化始于 20 世纪 50 年代中期，伴随着解决居住问题的思路，住宅工业化历经了漫长而曲折的发展道路。20 世纪末至 21 世纪初的 10 年期间，由于我国住宅产业化方针政策的推动和住宅技术发展的需求，我国住宅工业化生产、研究与实践又进入了一个新的发展时期。政府对住宅产业化的新技术、新产品、新材料的推广应用取得了一定成效，许多民营企业对住宅工业化技术问题也进行许多尝试，其建设实践也进一步推动了住宅工业化技术的发展。

由于认知水平、社会经济、产业政策和技术研发等诸多因素的制约，使我国住宅工业化历经数十年发展，并未取得长足的进步，目前我国住宅工业化仍处于生产方式的转型阶段。我国住宅的工业化道路该如何走，有没有一种可行的技术发展模式，即成为社会普遍关注的问题，也是行业各界的热烈讨论的话题，其核心问题是对住宅生产工业化发展的基本理念认识模糊和技术途径理解偏差，严重制约了我国住宅工业化及技术的发展。本文从住宅生产方式发展的角度，反思我国住宅工业化及其技术的发展问题，深入认识我国住宅工业化的经验与教训，希望对推动我国住宅工业化发展起到积极作用。

在我国社会经济发展宏观背景下，从住宅工业化生产方式发展及技术发展的角度来分析，20 世纪 50 年代以来住宅工业化及技术发展过程可划分为 3 个时期。

1　1949～1978 年：住宅工业化及技术的创建期

新中国成立初期，城市住宅严重短缺，在引进了苏联的经验后，我国推行了"发展标准化生产、机械化施工和标准化设计"的建筑工业化思路，国家组建了从事建筑标准设计

1　本文改编自《建筑学报》2012 年第 4 期。

的专门机构，开展了设计标准化的普及工作，进行了砌块结构、钢筋混凝土大板结构等多类型住宅结构体系与技术的研发与实践。本阶段住宅建造技术以大量建设且快速解决居住问题为发展目标，重点创立了住宅结构体系和标准设计技术，简单易行部分采用预制构件的砖混结构体系住宅大量建设。20世纪70年代，随着西方发达国家的工业化技术经验的系统性引进，促进了构件预制化技术的研究工作，也推动了早期住宅工业化试验项目建设工作。

1.1 住宅标准设计的出现

我国在引进住宅标准设计的概念后，设计效率极大提高。20世纪50年代中期开始，由国家建设部门负责，按照标准化、工厂化构件和模数设计标准单元，编制了全国6个分区的标准设计全套各专业设计图（图1）。在苏联专家的指导下北京市建筑设计院设计了第一套住宅通用图。1956年，城市建设总局举办全国楼房住宅标准设计竞赛，并向全国推广了中选方案。

1.2 部件预制化与工业化住宅体系的初创

本时期住宅多为砖木或砖混结构，大多采用施工简便的预制楼板。大型砖砌块体系是先期的工业化住宅体系，于1957年在北京洪茂沟住宅区应用（图2），其后进一步出现了PC大板体系。20世纪60年代以后，在北京、上海、天津等城市，进行了PC大板体系住宅规模性建设（图3）。

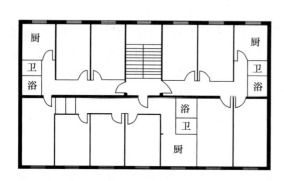

图1 华北301住宅标准设计

图2 北京洪茂沟住宅区

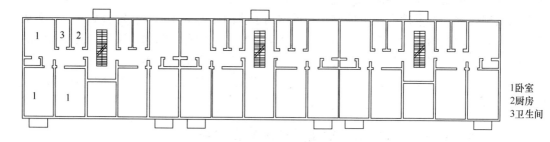

1卧室
2厨房
3卫生间

图3 上海陶粒混凝土大板住宅标准层平面

1.3 多类型住宅结构工业化体系与标准通用图的普及

20世纪70年代，在全国"三化一改"（设计标准化、构配件生产工厂化、施工机械化和墙体改革）方针下，发展了大型砌块、楼板、墙板结构构件的施工技术，出现了系列化住宅体系。除了砖混体系的大量应用，还发展了大型砌块体系、大板（装配式）体系、大模板（"内浇外挂"式）体系和框架轻板体系等（图4）。1973年，最早的PC高层住宅——北京前三门大街高层住宅在北京建成（图5），共26栋采用了大模板现浇、内浇外板结构等工业化的施工模式，首次试用高层PC技术进行大批量建造。

图4　多类型住宅结构工业化体系（左起：砌块、大板、大模板、框架轻板）

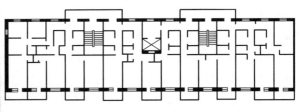

图5　北京前三门大街高层住宅及标准层平面

此时期标准图集的制定由各地方负责实施，各地成立了专业部门来推进住宅标准设计的工作。这种标准化设计方法的图集，成为所有城市住宅建设和构件生产的技术依据。

1.4　北京80·81系列住宅的推行

1978年，北京市响应邓小平视察前三门大街住宅后，对改进住宅设计提出的要求，陆续编制了21类89套组合体的住宅通用图和试用图，称之为"北京80·81系列住宅"，在标准化基础上力求多样化，设计出使用方便、经济适用的居住空间。1980年，《北京市大模板建筑成套技术》通过鉴定，北京市颁布了《大模板住宅体系标准化图集》。大模板住宅体系作为80·81系列住宅的组成部分被大量采用，其成果在北京五路居住区、西坝河东里小区、富强西里小区等住宅区建设中推广。

1.5　工业化"建筑体系"概念与国外住宅工业化的研究

20世纪70年代末，城市建设被提上日程，住宅建设量不断加大。此时，西方国家的住宅建筑工业化的经验与成就，成为我国研究与借鉴的对象，同时将国外住宅工业化"建筑体系"概念引进国内。法国、苏联、日本、西德和美国等国家的建筑工业化发展及特点被系统地研究。

1.6　砖混住宅结构体系与技术的开发

1978年，砖混结构一直在全国最为广泛采用，住宅工业化基本思路在砖混住宅体系的发展中得以较好的体现。"一五"期间，通过砖混住宅通用图，提高了砖混住宅的标准化水平。20 世纪 60 年代以后，楼板、楼梯、过梁、阳台、风道等大量构件均已预制化，形成了砖混住宅结构的工业化体系。

2 1979～1998 年：住宅工业化及技术的探索期

20 世纪 80～90 年代，由于建设技术水平不能适应住宅数量需求，解决住宅数量与工程施工质量相矛盾的问题已成为当务之急，全社会逐渐形成了通过提高设计质量来解决工程质量的指导思想，建设系统多次举办全国住宅方案设计竞赛，建设部也启动了城市住宅小区建设试点工作。本阶段住宅工业化技术以改善居民居住生活的内部功能和外部环境问题为发展目标，以提高工程质量为中心，多方面、系列化地进行了住宅技术和理论体系的综合研究、部品技术的系统应用和整体性实践的项目尝试。

2.1 国外 SAR 理论的研究与实践

1980 年，国内在学习 N·J·哈布瑞肯 SAR（支撑体）理论的基础上，围绕住宅设计中的标准化、多样化做出了许多研究尝试。1986 年，南京工学院在无锡进行了支撑体住宅的研究性实践，将住宅分为支撑体（包括承重墙、楼板、屋顶等）和可分体（包括内部轻质隔断、组合家具等）两部分。20 世纪 90 年代，天津市建筑设计院也通过开发 TS 支撑体体系（Tianjin Support Housing）进行了实验性建设。

1980 年建成的天津"80 住"砖混结构住宅在较大范围内探索了住宅设计标准化与多样化的标准设计（图 6）。1984 年全国砖混住宅方案竞赛中脱颖而出的清华大学退台式花园住宅系列设计方案（图 7），在采用"基本间"相互组合基础上，展现了设计多样化的可能。

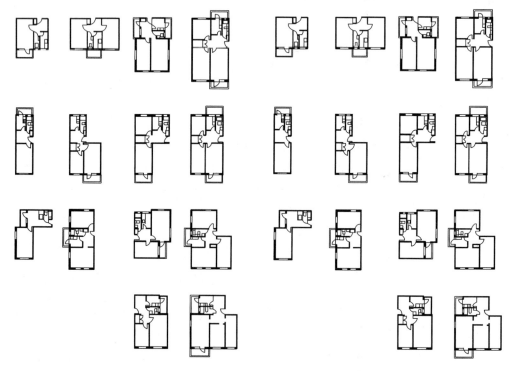

图 6 天津"80 住"砖混结构住宅   图 7 清华大学退台式花园住宅

1985 年起，基于依托技术进步实现城镇住宅建设战略，建设部开展了城市住宅小区建设试点（1985～2000 年）和小康示范工程（1995～2000 年）一系列住宅小区建设样板工作。两大系列住宅小区建设样板工作把全国住宅建设的总体质量推进到一个新水准，极大地提升了住宅建设技术的理念与方法，有效地推动了新技术成果的传播和交流，并通过这一系列的样板工程将体系化建设科技成果推向全国。

2.2 中日 JICA 项目开拓性研究的先导

1988 年，中国政府和日本政府共同合作的第 1 个住宅建设领域的"中日 JICA 住宅项目"在北京正式启动，4 期工程历经 20 年：第 1 期 JICA 住宅项目的"中国城市小康住宅研究项目"（1988～1995 年）、第 2 期 JICA 住宅项目的"中国住宅新技术研究与培训中心项目"（1996～2000 年）、第 3 期 JICA 住宅项目的"住宅性能认定和部品认证项目"（2001～2004 年）、第 4 期 JICA 住宅项目的"推动住宅节能进步项目"（2005～2008 年）。这个项目得到了中日两国政府的高度重视，伴随着我国住宅的大量建设时代，一系列创新开拓性研究得以全方位展开，这些成果为我国的住宅建设发展提供了强有力的研究保障和技术支持。

2.3 模数标准与住宅标准设计的发展

我国先后在 1984 年、1997 年编制及修编了《住宅模数协调标准》（表 1），提出了模数网络和定位线等概念，对我国住宅设计、产品生产、施工安装等的标准化具有重要的影响。与此同时标准设计作为国家、地方或行业的通用设计文件，成为促进科技成果转化的重要手段。1988 年编制的《住宅厨房和相关设备基本参数》和 1991 年发布的《住宅卫生间相关设备基本参数》，为推动住宅设备设施水平的进步做出了贡献。20 世纪 80 年代中期编制的《全国通用城市砖混住宅体系图集》和《北方通用大板住宅建筑体系图集》等，既扩大了住宅标准设计的通用程度，也发展了系列化建筑构配件。标准设计作为国家、地方或行业的通用设计文件，成为促进科技成果转化的重要手段。

我国建筑模数标准的演变 表 1

标准代号	标准名称	类别	实施时间
GBJ 2—86	建筑模数协调统一标准	一	1987.07.01
GBJ 100—87	住宅建筑模数协调标准	二	1987.10.01
GBJ 101—87	建筑楼梯模数协调标准	三	1987.10.01
GB 5824—86	建筑门窗洞口尺寸系列	三	1986.11.01
GB 11228—89	住宅厨房及相关设备基础参数	三	1990.01.01
GB 11977—89	住宅卫生间功能和尺寸系列	三	1990.08.01

注：以上标准大致分为 3 个类别：一类属于总标准，二类是专业的分标准，三类是专门部门的标准。

1979 年的"全国城市住宅设计方案竞赛"，运用设计标准化定型化与多样化的手法来提高工业化的程度，在强调模数参数的同时提出了多种不同结构类型的住宅体系及系列化成套设计，以定型基本单元，组成不同体型的组合体。

2.4 厨卫设备设施专项的研究

20 世纪 80 年代中期开始，住宅研究从功能、面积的关注转向住宅性能问题。中国建筑技术发展研究中心以厨房、卫生间为核心的住宅设备设施的专项研究取得了一系列重要成果：1984年的《住宅厨房排风系统研究》、1984年的《关于发展家用厨房成套家具设备的建议》、1984年的"七五"课题《改善城市住宅建筑功能和质量研究：城市住宅厨房卫生间功能、尺度、设备与通风专项研究报告》、1995年的《小康住宅厨卫设计要点的研究》等。

2.5 小康住宅设计通用体系的研究

1988年，中日双方开展了第一个合作研究项目"中国城市小康住宅研究"，研究项目形成了"中国城市小康住宅通用体系"（简称WHOS）。该成果建立了我国城市住宅建筑与住宅部品具有良好的模数配合的居住水准体系，从生活方式、面积标准、人体功效、设备配置到住宅部品标准化等基本出发点，建立了小康设计套型系列体系。在石家庄联盟住宅小区建成的小康住宅实验楼（图8），运用了WHOS体系，集中展现了小康居住水平的灵活性和适应性。

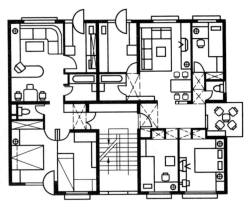

图8 河北石家庄联盟小区小康住宅实验楼

2.6 "住宅产业"概念的提出

中国建筑技术发展研究中心对我国住宅建筑工业化进程进行了回顾、并进行了国内建筑工业化试点城市调查、建筑施工合理化、建筑制品发展和住宅标准化等大量专向调查研究，同时分析了国外建筑工业化的新发展、日本发展部品化技术经验和法国产品认证制度做法等，对国内外建筑工业化做出了比较研究。1992年，向建设部提出了"住宅产业及发展构想"的报告，报告中首次提出了"住宅产业"概念，指出"发展住宅产业是我国住宅发展的必由之路"，1994年之后，住宅产业相关工作逐步开始。

2.7 "适应型住宅通用填充体"工程的试验

1992年，"八五"重点研究课题《住宅建筑体系成套技术》中的《适应型住宅通用填充（可拆装）体》研究，吸收国外"开放住宅（Open-house）"的"支撑体（Support）和填充体（Infill）住宅"经验，研发了适用于我国住宅结构体系的"适应型住宅通用填充（可拆装）体"，成为我国首个以住宅通用体系与综合技术相结合的且整体实现解决方案的优秀研发范例。该研究成果指导了北京翠微小区适应型住宅试验房（图9）的建设。

2.8 小康型城乡住宅科技产业工程技术体系的推动

始于1995年的《2000年小康型城乡住宅科技产业工程》是第一个经国家科委批准实施的重大科技产业工程项目，以实施和推进住宅科技产业为目标。建设部在1996年颁布

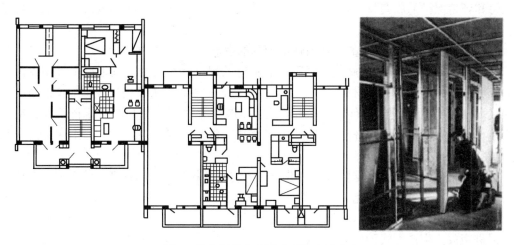

图 9　北京翠微小区适应型住宅试验房

了《住宅产业现代化试点工作大纲》和《住宅产业现代化试点技术发展要点》，并于 1999 年成立了建设部住宅产业化办公室，进一步推动了住宅产业化的工作。

3　1999 年至今：住宅工业化及技术的转变期

20 世纪末，我国住房制度和供给体制发生了根本性变化，住宅商品化对住宅工业化产生了巨大影响，全社会资源环境意识的加强，促进了住宅建设从观念到技术的巨变。本阶段住宅工业化及技术以住宅产业化为发展目标，由传统建造方式向工业化生产方式转变，对保障性住宅体系和集成技术进行了综合性研发，推动了住宅工业化发展。住宅工业化注重节能环保的集成技术应用以及资源综合利用效益，因此可持续发展成为住宅工业化及技术的发展方向。

3.1　住宅产业化技术政策

为了加快住宅建设从粗放型向集约型转变，推进住宅产业化，1999 年国务院颁发了《关于推进住宅产业现代化提高住宅质量的若干意见》的通知（即 72 号文），明确了推进住宅产业现代化的指导思想、主要目标、工作重点和实施要求。72 号文成为推进住宅产业现代化的纲领。

国家高度重视住宅产业化工作，并陆续出台了一系列重要政策技术措施。为了提高住宅性能，促进住宅产业现代化，保障消费者的权益，1999 年建设部颁发建《商品住宅性能认定管理办法》，在全国试行住宅性能认定制度。2005 年发布国标《住宅性能评定技术标准》，把住宅性能分为适用性能、环境性能、经济性能、安全性能、耐久性能 5 个方面，在全国范围对住宅项目开展了住宅性能综合评定工作。

3.2　国家住宅产业化基地的建立

2002 年，建设部决定建立住宅产业化基地，同年我国第一个以"钢—混凝土组合结构工业化住宅体系"为核心技术的"国家住宅产业化基地"在天津成立，标志着我国工业化住宅进入实验性建设期。其实施的关键技术领域包括新型工业化住宅建筑结构体系、符合墙改政策要求的新型墙体材料和成套技术、满足节能要求的住宅部品和成套技术、符合新能源利用的住宅部品和成套技术、有利于水资源利用的节水部品和成套技术、有利于城市减污和环境保护的成套技术和符合工厂化、标准化、通用化的住宅装修部品和成套技术7个方面。

3.3 住宅部品技术体系的推行与住宅部品的发展

建设部从1999年开始实施国家康居住宅示范工程，旨在鼓励示范工程中采用先进适用的成套技术和新产品、新材料，以此引导住宅建筑技术的发展，促进我国住宅的全面更新换代。2002年，建设部发布《国家康居住宅示范工程选用部品与产品暂行认定办法》，将建筑部品按照支撑与围护部品（件）、内装部品（件）、设备部品（件）、小区配套部品（件）4个体系进行分类。

推行住宅装修工业化就是要建立和健全住宅装修材料和部品的标准化体系，实现住宅装修材料和部品生产的现代化，积极推行工业化施工方法，鼓励使用装修部品，减少现场作业量。同时，建设部在全国范围内开展了厨卫标准化工作，以提高厨卫产业工业化水平，促进粗放式生产方式的转变。2001年出版了《住宅厨房标准设计图集》和《住宅卫生间标准设计图集》。2003年，建设部住宅部品标准化技术委员会成立，负责住宅部品的标准化工作。2006年，建设部发布《关于推动住宅部品认证工作的通知》，颁布了《住宅整体厨房》和《住宅整体卫浴间》行业标准。2008年，颁布《住宅厨房家具及厨房设备模数系列》。厨房与卫生间是全装修成品住宅技术要求最高的、管线设备最多的家庭用水空间，作为工业化部品生产的"厨卫单元一体化"的整体浴室和整体厨房从工厂生产到现场组合装配，完全体现了生产现代化、装修工业化的全部特征，是住宅工业化的典型代表产品，将会得到广泛的普及应用。

3.4 我国首座工业化集合住宅与远大住工的影响

1996年，远大第一代创业团队以发展新型工业化住宅、建立工业化住宅技术体系为目标，建立了建设部设置的首家综合型"国家住宅产业化基地"。1999年，远大在部品技术研发的基础上，建成了我国第一座以工业化生产方式建设的钢结构住宅（图10），该住宅是我国住宅工业化道路上最具影响力的作品之一。

图10 第一代远大集成住宅

远大住工通过一系列研发与试验，形成了标准化设计、工厂化生产、配套化建设的生产模式。2007年，长沙美居荷园小区为远大兴建的首个国家住宅产业化示范项目，该项目以住宅工业化技术体系建造的全装修成品住宅，体现了大批量、高速度建造低价、高质、普适性的住房理念。

2008～2010年远大研发了第五代集成住宅，结构体系采用叠合楼盖现浇剪力墙（图

11），即竖向承重结构采用现浇剪力墙；水平结构楼盖采用叠合楼盖，其中梁为叠合梁，楼板为叠合楼板；围护结构采用外挂墙板。

图 11　左起：叠合楼板、外挂墙板、长沙花漾年华施工现场

3.5　万科"住宅工业化建造模式"与 PC 技术的应用

万科研究中心于 1999 年成立，开始研究相关工业化生产问题。2003 年，万科集团提出了"像造汽车那样造房子"的口号，简明地描述了万科集团的"住宅工业化建造模式"。2006 年底，万科启动建设的"万科住宅产业化研究基地"，是我国高水准的住宅产业化成套技术及产品综合研发的平台，显示了我国企业住宅工业化综合性研发的最高水平。2008 年，深圳万科"第五寓"（图 12）成为深圳首个全部采用工业化生产的商品房项目，采用工业化 PC 工法，建设周期 5 个多月，统一精装修，首次实现了建筑设计、内装设计、部品设计流程控制一体化。

万科结合住宅工业化的发展方向，重点进行了中高层集合住宅建筑主体的工业化技术研发，开发了 PC 大板工业化施工技术。2007 年，首个生产住宅的项目"上海新里程"推出以 PC 技术建造的新里程 21 号、22 号两栋商品住宅楼（图 13），以万科 VSI 体系为主线，建筑主体的外墙板、楼板、阳台、楼梯采用 PC 构件，结合内部装修的"家居整体解决方案"，以其 PC 综合性实验住宅与系统性技术体系成为我国住宅工业化发展史上的杰出范例。

图 12　深圳万科第五寓　　　　　　　图 13　上海新里程住宅 21、22 号楼

3.6　住宅科技系统理念的实践

2003 年竣工的北京锋尚国际公寓是一个凭依国际先进住宅科技傲首全国房地产市场的项目，也是中国第一个应用欧洲"高舒适与低能耗"环保优化设计理论及成套技术体系

实施的项目。锋尚国际公寓依靠先进的保温隔热外围护结构，配合置换式新风系统和混凝土采暖制冷系统、中央吸尘系统等新技术，实现了"告别空调暖气时代"的公寓。其室内常年保持在 20～26℃ 的人体舒适温度和湿度，置换式新风对人体健康极为有利。采用天棚低温辐射采暖制冷系统和干挂饰面砖幕墙聚苯复合外墙外保温系统，提高围护结构保温隔热性能，多数指标达到欧洲发达国家有关规范要求，已被定为国家级工法。

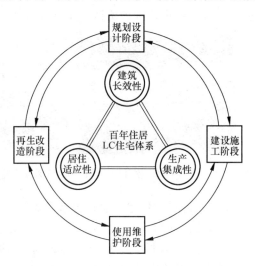

图 14　百年住居建设理念与住宅工业化 LC 住宅体系

3.7 "百年住居 LC 体系"与 SI 住宅技术的研发

2006 年，中国建筑设计研究院"十一五"《绿色建筑全生命周期设计关键技术研究》课题组，以绿色建筑全生命周期的理念为基础、提出了我国工业化住宅的"百年住居 LC 体系"（Lifecycle Housing System）（图 14），且研发了围绕保证住宅性能和品质的规划设计、施工建造、维护使用、再生改建等技术为核心的新型工业化集合住宅体系与应用集成技术。2009 年底，第 8 届中国国际住宅博览会提出住宅建造最新理念的概念示范屋——"明日之家"，力求为引导住宅高效高寿的未来发展做出更大的贡献，"百年住居"的可持续居住理念成了重点（图 15、图 16）。

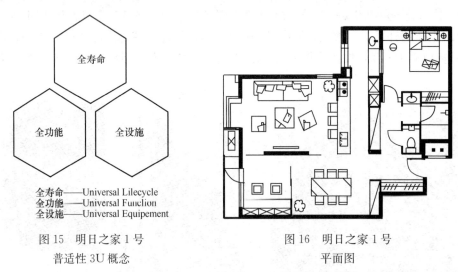

图 15　明日之家 1 号　　　　图 16　明日之家 1 号
　　普适性 3U 概念　　　　　　　　平面图

从国际住宅建设科技发展趋势来看，高耐久性住宅研发和 SI 住宅生产技术开发，是 21 世纪住宅建设和研发设计的两大发展方向。2008 年，北京雅世合金公寓项目运用具有我国自主研发和集成创新能力的住宅工业化"百年住居 LC 体系"（图 17），将当代国际领先水准的 SI 住宅体系及集成技术全面开发应用的住宅示范项目，在推动新型住宅工业化设计、生产、维护、改造方面的技术系统研发，以及建设具有优良住宅性能的普适性中小套型住宅建设实践方面具有开创性的意义。

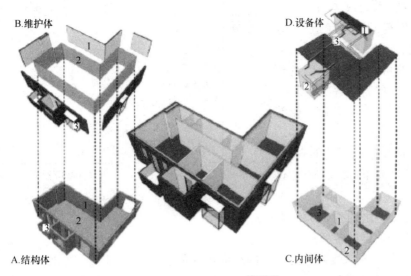

B.维护体   D.设备体

A.结构体   C.内间体

第1阶段
外部主体条集成技术系统
A 结构体系统，包括1墙、2楼板、3阳台、梁柱、楼梯等
B 围护体系统，包括1外装、2保温层、3门窗、屋面等

第2阶段
外部主体条集成技术系统
C 内间体系统，包括1隔墙、2内壁、3地板、天棚等
D 设备体系统，包括1整体卫浴、2整体厨房、3管线系统等

图 17   工业化生产方式的集成技术体系

3.8   全装修成品住宅的提倡

1999 年，《关于推进住宅产业现代化提高住宅质量的若干意见》指出"加强对住宅装修的管理，积极推广装修一次到位或菜单式装修模式，避免二次装修造成的破坏结构、浪费和扰民等现象"。2002 年，建设部发布了《商品住宅装修一次到位实施细则》和《商品住宅装修一次到位材料、部品技术要点》。2008 年，住房和城乡建设部发出《关于进一步加强住宅装饰装修管理的通知》中指出"近年来在住宅装饰装修过程中，一些用户违反国家法律法规，擅自改变房屋使用功能、损坏房屋结构等情况时有发生，给人民生命和财产安全带来很大隐患"，应进一步提倡推广全装修成品住宅。2008 年，由住房和城乡建设部组织编写的《全装修住宅逐套验收导则》正式出版。由于全国占主导地位的"毛坯房"建设带来的资源浪费和环境污染严重，全装修成品住宅正在成为市场的主要供应方式之一。科宝博洛尼、海尔和大连嘉丽等公司积极响应政府倡导"住宅装修一次到位、逐步取消毛坯房"的方针，着力以"装修与建筑和部品、设计和施工相结合的一体化"的方法、研发整体性的家居解决方案。在减少手工作业的同时，提高工业化生产程度，从本质上提升住宅性能和品质。全装修成品住宅是走向住宅产业化的必经之路，将成为衡量我国住宅工业化技术发展水平的标志（图 18）。

3.9   《公共租赁住房优秀设计方案》的编制

2011 年 11 月，根据《关于保障房安居工程建设和管理的指导意见》（国办发［2011］45 号）与温家宝总理"保障性住房的设计、建设必须有高标准、高要求，也就是说要确保质量、安全和环保"的要求，由住房和城乡建设部安排，中国建筑标准设计研究院牵头，全国 26 家设计单位共同编制并优选形成供各地参考的《公共租赁住房优秀设计方案

33

汇编》（图19）。该方案通过有组织实施标准化设计与建立技术集成体系完整框架，通过分步骤落实工业化建造技术，构建"质量优良、效率提升、绿色环保、舒适宜居"的可持续发展建造理念，提出保障性住房的整体解决方案：

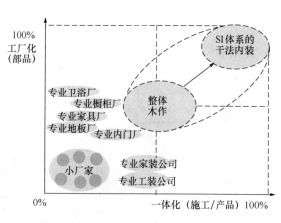

图18　博洛尼的工业化内装集成解决方案

1）整体满足质量、安全和环保等可持续发展要求；

2）全面实现面积集约、功能齐全、设施完备、空间灵活的高品质居住需求；

3）大力推动工业化的建造、产业化的实施的住宅生产建设的转型。

公共租赁住房是一种以政府作为主导的小面积规模套型，有利于系列化设计、标准化部品应用和工业化建造的实施。而住宅产业化的标准化工业化的生产方式，对于提升住宅产品质量，实现"住有所居"的住房保障总体目标有着显著的优势，可以提高住宅建设质量和建造效率，提升性能，减少资源浪费，从而实现"住有所居"的住房保障总体目标。

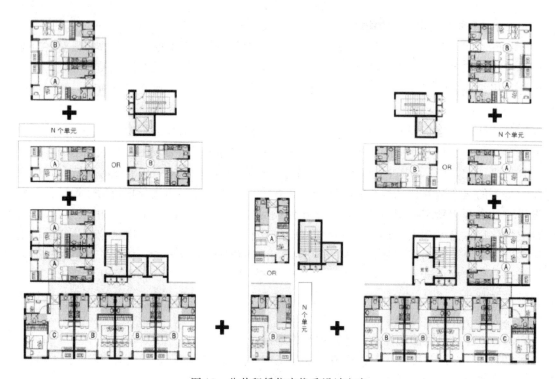

图19　公共租赁住房优秀设计方案

4 对我国住宅工业化与技术发展的建议

住宅生产工业化是随着住宅建设发展而出现的一个必然趋势，也是住宅工业化不断向纵深发展的结果。总体来看，第二次世界大战以后，随着城市化的发展，西方发达国家的住宅工业化生产方式的转化过程经历了第1次住宅工业化时期的"住宅建设的工业化阶段"和第2次住宅工业化时期的"住宅生产的工业化阶段"两个发展阶段。在我国住宅产业化正在进入全面推进的关键时期，应着力推动我国住宅工业化从"住宅建设的工业化阶段"向"住宅生产的工业化阶段"的转变。住宅产业化的核心是用工业化生产方式来建造住宅，住宅工业化生产问题是制约我国住宅发展的关键环节。

从当前我国住宅工业化生产所面临的课题来看，当前住宅工业化关键建设技术研发与实践的中心工作是要解决我国住宅工业化生产及技术的5大问题：

第一，加快健全我国住宅工业化生产的制度和技术机制；

第二，大力促进住宅工业化的部品化工作；

第三，重点引进并开发先进住宅建设体系；

第四，加强住宅工业化生产关键集成技术攻关；

第五，积极促进我国集合住宅工业化生产的试点项目建设。

在树立住宅生产工业化基本理念的正确认知前提下，抓好住宅工业化的住宅体系及集成技术的转型换代与技术创新工作，通过住宅工业化生产的技术转型来促进我国住宅生产方式的根本性转变。

参 考 文 献

[1] 吕俊华，彼得·罗，张杰. 中国现代城市住宅：1840—2000[M]. 北京：清华大学出版社，2003.
[2] 中国建筑设计研究院. 住宅科技[G]//中国建筑设计研究院科学技术丛书，2006.
[3] 赵景昭. 住宅设计50年[G]//北京市建筑设计研究院学术丛书. 北京：中国建筑工业出版社，1999.
[4] 成都金房房地产研究所. 人·住所·环境[G]//赵冠谦文集. 成都：四川大学出版社，1998.
[5] 中国城市住宅小区建设试点丛书编委会. 建设经验篇(2)[G]//中国城市住宅小区建设试点丛书. 北京：清华大学出版社，1998.
[6] 国家科委社会发展司，建设部科学技术司. 中国住宅产业技术(一)[M]. 吉林：吉林人民出版社，1995.
[7] 中国土木工程学会住宅工程指导工作委员会，詹天佑住宅科技发展专项基金委员会. 住宅建设的创新发展(三)[G]. 中国土木工程学会住宅工程指导工作委员会，詹天佑住宅科技发展专项基金委员会. 2006.
[8] 中国建筑技术研究院，日本国际协力事业团. 中国住宅新技术研究与培训中心项目论文[R]. 2000.
[9] 中国房地产及住宅研究会，大连理工大学，财团法人住宅都市工学研究所. (北京)中国住宅可持续发展与集成化模数化国际研讨会论文集[C]. 2007.
[10] 中国建筑技术发展研究中心，日本国际协力事业团. 中国城市型普及住宅研究项目——中国城市型小康住宅研究[R]. 1993.
[11] 适应性住宅通用填充体课题. 适应性住宅通用填充体课题总结报告[R]. 建学建筑设计所，1995.
[12] 住宅性能评定技术标准编制组. 住宅性能评定技术标准实施指南[M]. 北京：中国建筑工业出版

社，2006.

［13］ 建设部住宅产业化促进中心. 国家康居示范工程节能省地型住宅技术要点［M］. 北京：中国建筑
工业出版社，2006.

［14］ 财团法人日本建筑中心，财团法人日本 BL 中心，中国建筑设计研究院，中国建筑科学研究院.
第三届(东京)日中建住宅技术交流会议论文集［C］. 2008.

［15］ 中国建筑设计研究院. 公共租赁住房优秀设计方案［C］. 2007.

我国建筑工业化 60 年政策变迁

陈振基

深圳市建筑工业化研发中心；亚洲混凝土学会工业化委员会

1 我国建筑工业发展政策变迁

我国政府主管部门多年来对建筑工业化曾多次提出指导方针，悉数如下。

（1）1956 年 5 月，国务院发布《关于加强和发展建筑工业的决定》。文件提出："为了从根本上改善我国的建筑工业，必须积极地有步骤地实行工厂化、机械化施工，逐步完成对建筑工业的技术改造，逐步完成向建筑工业化的过渡"。

（2）1978 年，我国进入改革开放新时期，当年国家基本建设委员会正式提出，建筑工业化以"三化一改"为重点，即建筑设计标准化、构件生产工厂化、施工机械化和墙体改革。同年在河南新乡召开建筑工业化规划会议，要求到 1985 年，全国大中城市基本实现建筑工业化，到 2000 年，全面实现建筑业的现代化。

随着近代科学的发展，有人在建筑工业化"三化一改"的概念外，又增加了组织管理科学化，认为组织管理科学化是建筑工业化的重要保证。

（3）1995 年，建设部印发了《建筑工业化发展纲要》，强调建筑工业化是我国建筑业的发展方向，提出建筑工业化的基本内容："采用先进、适用的技术、工艺和装备，科学合理地组织施工，发展施工专业化，提高机械化水平，减少繁重，复杂的手工劳动和湿作业；发展建筑构配件、制品、设备生产并形成适度的规模经营，为建筑市场提供各类建筑使用的系列化的通用建筑构配件和制品；制定统一的建筑模数和重要的基础标准（模数协调、公差与配合、合理建筑参数、连接等），合理解决标准化和多样化的关系，建立和完善产品标准、工艺标准、企业管理标准、工法等，不断提高建筑标准化水平；采用现代管理方法和手段，优化资源配置，实行科学的组织和管理，培育和发展技术市场和信息管理系统，适应发展社会主义市场经济的需要。"

（4）2013 年 1 月 1 日，国务院发布《绿色建筑行动方案》，明确要求："推广适合工业化生产的预制装配式混凝土、钢结构等建筑体系，加快发展建设工程的预制和装配技术，提高建筑工业化技术集成水平。"

（5）2015 年 11 月 14 日召开的 2015 中国工程建设项目管理发展大会上，住房和城乡建设部新型建筑工业化集成建造工程技术研究中心相关负责人透露，《建筑产业现代化发展纲要》目前已经完成征求意见：到 2020 年，装配式建筑占新建建筑的比例 20% 以上；到 2025 年，装配式建筑占新建建筑的比例 50% 以上。

（6）2016 年 2 月，国务院国发 ［2016］ 8 号文件《关于深入推进新型城镇化建设的若干意见》提出"积极推广应用绿色新型建材、装配式建筑和钢结构建筑"。

（7）2016 年 2 月 6 日，中共中央和国务院《关于进一步加强城市规划建设管理工作的若干意见》提出："发展新型建造方式。大力推广装配式建筑，减少建筑垃圾和扬尘污染，缩短建造工期，提升工程质量。制定装配式建筑设计、施工和验收规范。完善部品部件标准，实现建筑部品部件工厂化生产。鼓励建筑企业装配式施工，现场装配。建设国家级装配式建筑生产基地。加大政策支持力度，力争用 10 年左右时间，使装配式建筑占新建建筑的比例达到 30%。积极稳妥推广钢结构建筑。在具备条件的地方，倡导发展现代木结构建筑"。

由此可看到，从 1956 年开始，国家对建筑工业化即提出工厂化、机械化的方针，没有具体实现的指标。1978 年，把建筑工业化具体化为"三化一改"，又提出了规划，要求在 7 年内大中城市实现"三化一改"，以及 2000 年全面实现建筑业的现代化。1995 年，建设部在发展纲要中仅提出目标、手段和制度的改革，并没有实现的指标，但要求力争在 5 年内，全行业人均竣工面积由当时的 $20m^2$ 左右提高到 $30m^2$，2010 年提高到 $40m^2$。2016 年，中共中央和国务院明确要求大力推广装配式建筑，把"三化一改"落实到一种建筑模式，且力争 10 年左右使装配式建筑占新建建筑的比例达到 30%，显然这种提法要比"住宅产业化"明确得多。政策制定要有连续性，不可以完全不顾过去推行的政策和技术方针，丢掉 60 年、40 年、20 年前的提法，重新来一套。制定政策要尊重过去、尊重政府以往的努力、尊重业内企业技术人员的技能积累。而地方行业主管部门在贯彻执行政策的同时，也应坚持自己的特色，不能随意、盲目跟风。

2 建筑工业化发展建议

细细分析 60 年来的这些指导方针，笔者认为 1995 年的《建筑工业化发展纲要》（以下简称《纲要》）较为实际，其提倡的制度改革思路有许多仍是今天值得参考和借鉴的。

（1）《纲要》吸取了我国几十年来发展建筑工业化的历史经验，同时，也借鉴了国外的有益经验和做法，结合我国工程实际特点，提出了深化建筑业体制改革的问题。也就是说，《纲要》编写是基于近 40 年的实践，是"接地气"的纲要。

（2）对建筑工业化的定义前文已有介绍，要特别注意"采用先进、适用的技术、工艺和装备"，既要先进，还要适用。与现在把工业化单纯地理解为预制装配化的要求不同，提出了"通用建筑构配件和制品"，这样工业化的产品的路子就宽了，这也应该是我们今天要学习的地方。

（3）《纲要》对机械化的解释：实现现场施工机械化和手持机具相结合的多层次的技术装备结构。这是很实际的提法。虽然当时我国的劳动力资源仍丰富，但还是提出多层次的机械化方针，今天来看，面对各地发展水平有差异的现状，这种对机械化的理解也是适宜的。

（4）《纲要》对于装修、防水、保温、设备安装、抹灰和砌筑等费工费时的工程，提出推广应用小型和手持机具，改进操作工艺和工具。这也是针对我国幅员辽阔、发展水平不一的国情提出的。最近在网上看到德国人研制了砌砖机和抹灰机，笔者深有感触。1953年笔者就曾撰文介绍过劳动模范使用的铺灰器，这些年来，国家虽大力呼吁减轻繁重体力劳动，提高劳动生产率，可此类简单的工具却较为少见，这个现象值得我们深思。

（5）在发展建筑配件和制品方面，《纲要》要求开发多种量大面广的产品，有些对我们今天仍是有启发的，如装修制品、盒子卫生间等。《纲要》还提出，要发展面向小城镇住房建设的通用构配件和制品，这不是要求"装配式建筑占新建建筑的比例"所能涵盖的，各地的建筑工业化发展应呈现出"百花齐放"的局面。

（6）对于工业化的基础——标准化、系列化、通用化和模数化，《纲要》要求很明确，最近的文件也提出"完善部品部件标准"。应用装配式建筑，搞工业化必须从标准化搞起，不要在标准化未成熟前，先建构件生产线，否则其后果一定是品种繁多、模具各异、坐等订单、人机闲置。建厂时"热热闹闹"，参观者"络绎不绝"，一个项目做完后"冷冷清清"，投资人"愁眉苦脸"。大力推广装配式建筑不要只是掀起建设预制厂的高潮，要对产能过剩存有敬畏之心。

（7）《纲要》也提到了建立健全产品的质量认证和质量保证制度，尽快建立"建筑产品认定、推荐管理制度"，这和最近中共中央文件"提升工程质量"的要求一致的。许多地方听到工业化、装配式就闻风而动，甚至当地的设计院和施工单位还没学通，专业操作工人还很缺失，主管部门的官员到外地走了一圈，回来就要"大干快上"，急于拿出政绩来。如果缺少最低的质量保证制度，生产出来的产品是无法保证符合工业化要求的。

（8）关于组织结构，即企业制度问题，《纲要》也提出了发展类似 EPC，D&B 的要求。

（9）《纲要》也提出了培养人才的要求。20 世纪 50 年代，我国有 4 个大专院校设有"混凝土及制品专业"以培养构件厂设计和管理的人才，后来大部分取消了，可是按我国对预拌混凝土企业资质的要求，每个企业至少要有 5 名中级以上技术人员，全国目前8000 个预拌混凝土厂，人才缺口超过万人。现在预制构件厂建设浪潮又来了，懂行的人才稀缺，如何能生产出真正符合工业化要求的产品呢？

3 结束语

综上，笔者认为：建筑工业化需要多途径、多模式发展；工业化产品要多品种、多档次应用，要照顾地区差别；装配式建筑作为建筑工业发展的最高层次应该积极推广，但还要考虑到其他条件较差的地区。各地应根据本地条件，探寻具有本地特色的建筑工业化模式；技术政策要有连续性，要延续过去的技术发展，要尊重企业和工程人员的资本投资和经验积累，不要单纯化地全面追求最高层次。

当前建筑工业化发展的问题及应对措施探析[①]

陈 磊[1] 张世鹏[2]

[1] 烟台市祥和住宅小区管理服务处；[2] 烟台市国有土地房屋征收补偿中心

1 引言

随着我国经济建设脚步的加快，建筑行业也迎来了急速发展时期。虽然建筑行业每年都在创造大量的产值，但我们不难发现，同发达国家的建筑业相比，我国的建筑业还存在生产效率不高、技术水平较低、质量问题较多等情况。如何改善这一情况，使建筑行业改变过去的粗放式的发展方式，向高效、节约的形式转变是该行业面临的重大课题。党的"十八大"报告提出："坚持走中国特色新型工业化、信息化、城镇化、农业现代化道路，推动信息化和工业化深度融合、工业化和城镇化良性互动、城镇化和农业现代化相互协调，促进工业化、信息化、城镇化、农业现代化同步发展。"根据国际上建筑行业的先进经验，发展建筑工业化能有效地提高建设效率、改善房屋质量、促进技术改革和实现良好的经济效益。

2 建筑工业化基本概况

1. 概念

建筑工业化是指采用大工业生产的方式建造工业和民用建筑。它是建筑业从分散的、落后的、大量现场人工湿作业的生产方式，逐步过渡到以现代技术为支撑、以现代机械化施工作业为特征、以工厂化生产制造为基础的大工业生产方式的全过程，是建筑业生产方式的变革。而新型建筑工业化是指"以构件预制化生产、装配式施工为生产方式，以设计标准化、构件部品化、施工机械化为特征，能够整合设计、生产、施工等整个产业链，实现建筑产品节能、环保、全生命周期价值最大化的可持续发展的新型建筑生产方式"。

2. 建筑工业化的基本内容

采用先进、适用的技术、工艺和装备，科学合理地组织施工，发展施工专业化，提高机械化水平，减少繁重、复杂的手工劳动和湿作业；发展建筑构配件、制品、设备生产并形成适度的规模经营，为建筑市场提供各类建筑使用的系列化的通用建筑构配件和制品；制定统一的建筑模数和重要的基础标准（模数协调、公差与配合、合理建筑参数、连接等），合理解决标准化和多样化的关系，建立和完善产品标准、工艺标准、企业管理标准、工法等，不断提高建筑标准化水平；采用现代管理方法和手段，优化资源配置，实行科学的组织和管理，培育和发展技术市场和信息管理系统，适应发展社会主义市场经济的需要。

3. 建筑工业化的基本原则

（1）坚持走新型工业化道路的原则。新型建筑工业化是实现建筑业现代化的切入点，

---

① 原载于《城市建设理论研究》

要坚持走科技含量高、经济效益好、资源消耗低、环境污染少、人力资源优势得到充分发挥的新型工业化道路。

（2）坚持建筑工业化与建筑业转型升级相协调原则。建立起适应新型建筑工业化要求的管理制度和管理方式，规范、引导建筑企业行为，促进生产要素的合理流动和优化配置，保证工业化发展有序持续发展。

（3）坚持政府引领与市场机制相结合原则。以市场为导向，以企业为主体，深化改革，创新机制，充分发挥市场配置资源的基础性作用；发挥政府的规划、协调、引导作用，在推进我省建筑工业化的过程中突出重点、分类指导、协调推进。

3 新型建筑工业化发展存在的问题

1. 缺乏政策支持

从国外发达国家和地区建筑工业化发展历程来看，建筑工业化的发展与政府各方面扶持和鼓励是分不开的。而我国目前有关促进建筑工业化发展的政策还不完善，没有有效的运行、监督、激励机制。

2. 在新型建筑工业化发展中存在的税收政策问题

我国税法体系中工业和建筑业设置不同税种，导致建筑的工业化程度越高，由此带来的税收成本就越高，不利于建筑业产业结构的调整和优化。由于我国税法体系中工业和建筑业设置不同税种，导致同类产品，工业化生产方式的增值税税负较传统建筑施工方式营业税税负高了近两倍。

3. 建筑工业化意识不强

目前，我国建筑业的发展现状已经和当初提出的建筑工业化的要求发生了背离。当时，提出工业化的要求是希望我国的建筑业能够像制造业一样在作业的过程中能够做到标准化、系统化和部件的通用化，较少地受到外部自然条件和社会条件的影响。但是，当前国内的建筑业基本上仍然是以粗放型为主，浪费严重，没有形成规模效益，传统陈旧的技术还在被大量使用，科技进步贡献率低下；建筑标准化工作滞后，部件标准化和通用化程度低；施工机械化和合理化程度不高；节电、节能、节水等先进的环保技术尚不能推广使用，可持续发展问题比较突出。

4 实现建筑工业化的措施

1. 推动示范工程建设

以工程项目为平台促进建筑工业化的开展。根据我国建筑工业化发展的现状，以住宅产业现代化为切入点，选择保障性住房作为推动建筑工业化的重点示范项目，引导建筑工业化按计划有序发展。并按照技术先进、适用可行、经济合理、示范性强的原则提出工业化示范项目选择程序和标准、技术导则、激励政策和动态管理措施。大力推动示范工程建设。在具备条件的保障性住房等政府投资项目，要积极采用建筑工业化方式建设，对我国各地主动申请采用建筑工业化方式的开发建设项目，各地要研究出台预制外墙部分不计入建筑面积、保障性住房增加成本计入项目建设成本、建筑面积奖励、优先返还墙改基金、散装水泥基金等相关扶持政策。

2. 落实新型预制构件的税收优惠政策

通过相关政策的调整，促使现有大型混凝土预拌企业向新型预制构件企业转变。混凝土行业积极参与建筑工业化，生产转向新型预制构件的过程中，不仅可以提高行业准入门槛，进而提高产业集中度。而且通过充分利用原有大型生产设备，合理配置社会资源，以减少大量的重复投资，切实提高现有设备的产出率。反之，混凝土行业整体的加速发展，也会为建筑业工业化水平的提高打下坚实的基础。

从政策层面来说，主要需落实新型预制构件的税收优惠政策。由于混凝土行业属于制造业，适用的是制造业一般纳税人17％的增值税税率，即使进项税可以抵扣，也远高于建筑业3％的营业税税率。由于建筑工业化将构件特别是结构构件的生产方式由现场现浇变为工厂化预制，同样的部品采用更加合理的生产方式却大大加重了税赋，这显然会严重影响生产企业的积极性。同时，客观上也加重了整个建筑业的税赋水平。初步设想是现阶段为保持税收政策的延续性，对传统的预制构件（主要是非结构构件）征收增值税，对新型的预制构件（主要是结构构件）改征营业税。今后，对新型预制构件的部品目录不断推陈出新，目录内的部品即可享受征收营业税的优惠政策，这样既可以鼓励新型预制构件企业积极开发新部品，又可以扶持其提高自身生产技术的精细度，适应高效、节能和清洁生产的要求。

3. 创新监管服务机制

改革完善适应建筑工业化发展的工程建设管理制度。在设计取费方面，要提高预制装配化设计的取费标准；在招投标方面，要制定针对预制装配结构设计和施工的定额和工程量清单计价规范；在市场准入方面，要设立预制装配式施工的设计施工一体化专业市场准入或专业分包市场准入标准；在工程质量管理方面，要制定预制装配式施工的工程质量安装和验收标准。开展建筑工业化的评价与认证工作。逐步建立结构体系评价、现场装配与施工评价、部品与整体建筑体系认证制度，制定具体的评价标准、评价认证程序和方法，促进我国建筑工业化的进程。

5 结束语

新时期，我国经济社会发展正在面临的新形势为新型建筑化发展提供了前所未有的机遇。国家"十二五"规划的战略发展要求提供了契机，大规模保障性住房建设带来了广阔的市场，而人口红利的淡出更提供了内驱动力。虽然新型工业化建筑的发展还存在着各种问题，面临着各种挑战，但时代的发展赋予了我们解决这些问题的能力与机遇，只要各级政府和建筑业企业切实做好自己的工作，可以预见，不远的将来，中国建筑业将走入新型工业化时代。

参 考 文 献

[1] 曾令荣，吴雪樵，张彦林. 建筑工业化——我国绿色建筑发展的主要途径与必然选择. 建筑设计与施工.
[2] 刘长发，曾令荣，林少鸿等. 日本建筑工业化考察报告.
[3] 胡峰. 新型建筑工业化与税收政策研究.
[4] 汤磊，李德智. 江苏建筑工业化的发展及对策研究. 现代管理科学. 2012，12.

中国住宅建筑工业化发展缓慢的原因及对策

陈振基

深圳市建筑工业化研发中心；亚洲混凝土学会工业化委员会

我国的建筑工业化始于 20 世纪 50 年代，当时主要用于工业建筑。第一个五年计划 (1953～1957 年) 期间，苏联援建的新中国 156 项工业项目，绝大多数采用预制装配技术，这些项目奠定了新中国的工业基础。此后，工业化施工技术传播到住宅建筑，预制构件在城市里流行。最简单的构件莫过于空心楼板，将用底板和侧板框起的木模放在半弧形的支腿上，待混凝土浇捣完成后翻转木模，成型的空心楼板即倒扣在地上，待自然养护到一定强度即可吊装就位。当时，对构件强度、尺寸偏差、钢筋位置根本无法测定；而随后，在"大跃进"年代"敢想敢干"风气的影响下，许多在世界各国行之有效的预制装配工艺措施被视作"条条框框"，技术监督形同虚设，遵守规范被鄙视，造出了许多"豆腐渣"工程。最惨痛的教训莫过于唐山大地震，大量多层的无筋砖混住宅，在经受剧烈的竖向和横向振动下，楼板从狭小的支承面上脱落塌下，全城 95％的房屋倒塌，死伤居民达 60 余万，但是，唐山大地震给建筑业留下的教训，不是如何改进预制构件的生产标准、质量要求和连接措施，提高建筑物的抗震性能，而是简单地全盘否定预制装配化。此后十年中，预制装配化被视为"毒蛇猛兽"，全国数千个民用建筑的预制厂倒闭或转产。

1 对预制装配式建筑抗震能力的认识误区

1978 年，原国家建委在河南新乡召开了建筑工业化规划会议，会议要求到 1985 年全国大中城市基本实现建筑工业化，到 2000 年全国实现建筑工业的现代化。当时唐山大地震刚过去两年，这个规划显然过于乐观，没有考虑人们认识上的滞后、技术上的空白、制度上的缺陷。现在看来这个规划也落空了。

直到今天，一提及"水泥制品"就自然联想为上下水管、预制桩、涵洞管片、墙面砌块和路面砖；而房屋建筑所用的梁柱、楼板，则归于"构件"，似乎并未纳入"预制品"的范畴。近几年，建筑工业化、住宅产业化、预制装配化等名词又重新热门起来。实际上，目前在几个大城市中，估计工业化住宅建筑的比例可能只占 10％～20％，在中小城市或许只有 5％～10％。为什么明知建筑工业化有环保节能、提高质量、减少用工和缩短工期等优点，但发展仍那么缓慢呢？

首先，应从人们的认识开始追究。或许还未从唐山大地震的阴影里走出来，或许被"搭积木式的盖房子"的描述所误导，至今还有人认为预制装配式建筑是不抗震的，"一震就垮"。实际上就在 20 世纪 70 年代，唐山大地震前后，在菲律宾的马尼拉、日本的神户、美国的关岛和世界多个地区，低层和高层的预制装配式混凝土结构，都经受了高烈度地震的考验，证明是有抗震能力的。全球的建筑界早就解决了楼板与柱、楼板与支承墙体、受力钢筋之间的连接问题，预制装配式的整体性与现浇混凝土并无差别。可当时我国正处于锁国封闭时代，对外国情况一无所知，那时尚无人敢说预制装配式建筑是抗震的。

日本是世界上抗震设计最严格的地区，东京几乎有 40％的 35～45 层高层建筑采用预制混凝土结构，最近东京还完成了一座 54 层的预制混凝土结构建筑。美国 Alfred Yee 博士早在 1991 年就在 PCI 月刊上发表了《地震区预制预应力混凝土建筑结构的设计因素》，文中提到：设计地震区的预制结构必须有完整的理论、细节和很好的判断能力。该文还提及，1968、1972 和 1990 年，马尼拉经受几次大地震，最高烈度达里氏 7.7 级（作者提醒：唐山大地震为里氏 7.8 级）。该市 18 层的高层预制混凝土结构仅受轻微损坏，只有洗手间和电梯井处的混凝土砌块墙出现了非结构性开裂。新西兰坎特伯雷大学的 Robert Park 教授 1995 年也在 PCI 月刊上撰文《新西兰预制混凝土结构的抗震设计》。

据日本《JIA 阪神地震报告书》显示，参照日本 1981 年耐震系数设计的建筑物，在 1995 年 1 月 17 日阪神地震（里氏 7.2 级）后统计结果见表 1。

不同结构类型建筑震害统计结果（％）　　　　　　　　　　　　　　　表 1

结构类型	全部倒塌	无伤害
钢结构	30	35
现浇混凝土	5	70
预制混凝土	0	100

表 1 显示，预制装配式结构的抗震设计方法是成熟的，其抗震能力是无须怀疑的。

2　关于工业化建筑成本的分析

人们排斥工业化方法施工建筑的另一个顾虑就是造价高。据万科地产公司统计，使用工业化构件房屋建造成本提高 20％以上。对于万科这样的大房地产商而言，工业化试点成本高，可在其他项目中补偿；而对较小的地产商，成本高影响到利润，因此不敢跨入工业化门槛。工业化建筑成本高要从以下三方面进行分析。

（1）工业化建筑应选对结构体系和进入门槛。有的地产商一说起工业化，就将其理解为预制装配化，认为工业化就是全盘预制，这是对工业化的狭义理解。工业化并不等同于构件预制化，举凡使用工厂加工的标准部品，包括门窗、龙骨、板面、钢筋骨架和钢筋网、预拌混凝土，乃至预制砌块，即使尚未组成为构件，也应归为工业化制品，也是值得推广的。有些城市主管部门甚至规定了最低预制装配率，上海市还规定外墙必须采用预制墙体或叠合墙体，是典型的对建筑工业化的片面理解。把外墙板当作起点，就是选择最贵的工业化部品和较便宜的传统部品进行对比，怎么能不把整个建筑物的成本拉高呢？

按行业标准 JGJ 1—2014 规定，现在的外墙板是不受力的挂板，却要求双面配筋。如混凝土费用为 400 元/m³，配筋以 150 kg/m³ 计，即 600 元/m³，加上预埋件仅材料费至少达 1200 元/m³，而模具和人工几乎也高达 500 元/m³，再加上绝热层、养护费、各种措施和利润及税金，总计每立方米不少于 2500 元，仅成本就是目前 200mm 厚加气混凝土墙体砌筑完成品的 5 倍多。再加上运输和安装，各地外墙板的造价绝对大于传统的砌筑墙体。

200mm 厚的加气混凝土墙体可满足许多地区的传热系数要求，且墙体自重也轻，仅为 100mm 厚实心混凝土墙体的 40%。使用不受力的重量大的外墙挂板，不但每平方米墙体的造价高了，也增加了承重结构和基础的荷载，建筑物成本怎能不高？因此，本人认为采用混凝土外墙板就是工业化，实在是错误的技术路线，这种建筑的造价必然比传统建筑高。

（2）考虑造价时应有品质概念。考虑造价不可只计入单位 m² 的结算价，而应该有品质概念。工业化的建筑部件在工厂制作，质量受控，使整个建筑物的质量提高。两种品质不同的产品不可以价格高低作结论。香港房屋署在用预制工艺建公屋多年后，于 2010 年委托香港理工大学评估这些公屋的预期生命周期，从过去 15 年建造的 250 个标准楼宇中选了 8 个，包括靠近海边和位于半山的楼宇。结果显示，这些公屋的生命周期可长达 100 年，大大超过通常国际设计规范要求的 50 年。此外，还要有全寿命周期成本的概念。所谓全寿命周期成本包括建设费用＋使用费用＋环境费用＋社会费用，后两者发展商虽不关心，但使用费用对房屋的经营管理者十分重要。万科地产公司曾统计，工业化建筑比传统法建筑的后期维修费用可降低 80%，外墙门窗渗漏情况减少 99%，管道漏水现象也改善许多，从而可导致维护费用降低。

至于工业化房屋减轻了对环境的污染，虽然没有详尽的数字，但北京 APEC 开会期间，北京全市行政区域内的所有工地和河北、山东全省 2500 余个工地停工，"彰显"了建筑业对北京雾霾的"贡献率"。

（3）应考虑推行初期的投入

目前，我国许多城市工业化建筑的比例不高，不论是预制厂投入折旧、模板成本、工人不熟练乃至设计标准化程度不高，都会提高建筑部件的成本，导致建筑成本高昂。实际上，据欧洲国家统计，随着工业化模式的成熟，建筑成本比传统方法低 10%～15%，工期缩短 50% 不是神话。

3　关于建筑工业化住宅外形单调、千篇一律的问题

在工业化初期，建筑师考虑的重点是标准化的大规模生产，无暇顾及多样化的问题。但随技术的推广，建筑师肯定会改进工业化住宅的美观和风格。欧洲和亚洲国家许多城市用工业化方法建造的住宅有着风格各异的外观和丰富多彩的特色。美国 Alfred Yee 博士曾告诉作者，他 1966 年设计的夏威夷 Ala Moana 公寓（33 层）用装配式方法建造。由于立面独特，被误认为是豪华住宅，不符合发展商要求的适用性公寓原意；但建成后决算显示，造价不但没有超出预算，发展商反而因使用了预制楼板降低了楼层高度，整栋建筑多造了一层，获得了额外的盈利。

工业化内容之一是土建和装修一体化，亦即把交付毛坯房的现状改为交付装修完成的住房，难以满足住户对内部个性化装修的需求，但会省去住户入住后大量的支出和烦恼。毛坯房的装修从来就是材料浪费、施工噪声、空气污染和扰民伤财的做法，现在墙面光洁、衣柜入墙、洁具就位、水电具备，无须费工费材而直接"拎包入住"何等方便；况且，现在工业化施工首先从保障性住房开始，面向中低收入的居民，单元面积不会很大，用户个性化的要求也不能过分，政府可规定装修标准等，使杠杆向有利于政府要求的方向

倾斜。香港房委会甚至对公屋居民的生活行为作出规定，靠强制性的守则来限制一些危害公共利益的行为，值得我们学习。

4 推行建筑工业化政府应做的工作

建筑工业化是建筑业摆脱传统发展模式路径，是生产方式的深刻变革。这种变革的最大受益者是全社会，所以在市场尚未认识它对节能减排、绿色环保和产业结构调整的意义前，政府就应负起推动建筑工业化的责任，当前可以做的事情如下。

（1）大力宣传建筑工业化的现代理念。这个理念不能仅限于建筑主管部门掌握，还要扩散到科技管理、工商管理、财政和税收部门等，使其对建筑行业的改革有根本的认识，并相应提出配套的行政措施。还要对市民进行宣传，使其对一次性装修到位有正确的认识，做到信服和接受。

（2）要完善一系列的技术文件，如编制建筑部品和部件的生产发展规划、编写衡量拟建项目建筑工业化程度的方法、组织高层次材料和构件产能的改造、编制标准化设计图集等。

（3）要鼓励在建筑工业化方面的创新。如打破目前工业化部品中造价最高的外墙板的设计和制造技术，包括研究在工厂中预制加气混凝土墙板和试验用机械现场砌筑加气墙等。

（4）制定法律法规和政策，强力推行符合可持续发展的技术，如按建筑物使用面积销售，以支持减少结构面积；如对固体废料排放收费，以限制工地排放废料；再如实行工地劳动力配额制，以减少工人数量，提高机械化水平等。

（5）建立工业化基金。20 世纪 80 年代为限制黏土砖，鼓励使用新型墙体材料，由建材系统向国家财政部门提出设立墙改基金 8 元/m^2，主要用于新型墙体材料的新建项目和技改项目、开发新型墙材的新工艺新技术、扶植使用新型墙材和改善建筑节能的示范项目。墙改基金的设立对新建墙材的发展起了很好的推动作用。现在工业化基金即使也按 8 元/m^2收取，对一个每年 500 万 m^2 建筑面积的城市而言，也会有 4000 万元之多，对建筑工业化有很大的帮助。

（6）改革税制。目前混凝土预制厂属一般纳税人，按工业企业的增值税税制管理办法，尚未按建筑安装施工企业的固定税制管理。目前有的收取 17％的增值税，有的收取 6％～8％的增值税，比建筑企业的 3.4％固定税率高一倍。这就使许多要求采用一体化施工的企业无法和建筑安装企业接轨；也加重了预制构件企业的负担，提高了部品成本，所以依靠财政改革来促进行业进步是一项很有力的措施。

2014 年 12 月，中央召开的经济工作会议指出：国内人口老龄化日趋发展，劳动力成本低已成过去，即建筑业靠低成本、低技术含量的劳动密集型发展已没有前途。按中央精神，必须让创新成为驱动发展的引擎，积极发现和培育新的经济增长点，而建筑工业化就是行业最好的创新和经济增长点。在中国目前的体制下，发展建筑工业化必须采取政府主导，企业跟随，专家参与，群众认可的模式。政府和企业应深刻理解中央经济工作会议精神，对建筑业的现代化应有责任感和使命感，在我们这个时代开创建筑业的新篇章。

参 考 文 献

［1］ Alfred Yee. 预制混凝土结构的社会及环境受益［M］. 陈振基. 国外工业化建筑的经验文集，4.

［2］ Alfred Yee. 地震区预制预应力混凝土建筑结构的设计因素［M］. 陈振基. 国外工业化建筑的经验文集，104.

［3］ Robert Park. 新西兰预制混凝土结构的抗震设计［M］. 刘雪梅. 国外工业化建筑的经验文集，118.

［4］ 贺灵童，陈艳. 建筑工业的现在与未来［EB/OL］. http://blog.sina.com.cn/s/blog_9556b39c010151hi.html.

［5］ 陈振基. 对建筑工业化认识的思辨［J］. 混凝土世界，2013(10).

［6］ 麦耀荣. 香港公屋的预制方法［R］. 中国商品混凝土年会，2014.

［7］ 文灿. 深圳住宅产业化步入加速期［N］. 深圳商报，2014-11-21.

［8］ 陈振基. 我国住宅工业化的发展路径［J］. 建筑技术，2014，45，(7).

浅谈建筑工业化技术与经济性的关系

谷明旺

深圳市现代营造科技有限公司

【摘要】 目前，国内装配式混凝土结构建筑的建设成本普遍偏高，严重影响到住宅产业化发展和建筑工业化的推进。如何正确利用建筑工业化技术提高装配式建筑的经济性问题，已经引起业界普遍关注，本文重点讨论建筑工业化技术对价格和价值关系的影响，并结合多年研究经验，从多角度阐述建筑工业化技术与建筑成本的关系，寻求合理的解决之道。

1 建筑工业化技术如何影响建筑的价格和价值关系

随着国家对住宅产业化的推动，深圳、沈阳、济南相继成为国家住宅产业化试点城市，30多个国家住在产业化示范基地建成，再加上全国3600万套保障性住房建设任务的压力，建筑工业化技术得到了重视，预制装配式混凝土结构建筑（简称PC建筑）不断增多。

但是，笔者通过对北京、沈阳、上海、深圳、南京、合肥、长沙等城市的走访调查发现：与传统施工方法相比，PC建筑普遍存在"快"而"不省"的局面，建安成本增量高达20%～50%。在此前提下，一些地方政府出台了相应的扶持鼓励和补贴政策。但如果短期内PC建筑的经济性问题得不到解决，地方政府和企业后续参与及推进的积极性将大幅下降，建筑工业化将错过大量保障性住房建设的发展机遇期，因此，建筑工业化的技术经济性亟待破解。

1. 正确理解建筑造价与房屋价值的平衡关系

房屋建筑工程建设是投入有限的资源、通过建设活动形成房屋的使用价值，资源和人力的消耗构成了建筑的成本，因此建设过程中需要对"质量、进度、成本、安全"等目标进行控制，而这些目标之间存在相互制约和相互影响的关系，是矛盾的统一体。从所有制造行业的发展历史来看，唯有依靠技术进步形成"工业化"，才能破解这些目标之间的矛盾。

建筑工业化也不例外。利用技术的进步和生产方式的变革，可以达到提高房屋质量、加快建设进度、降低造价成本、保证建筑安全的效果，从建筑的全生命周期来看提升了房屋的使用价值，同时具有降低资源消耗、减少环境污染、降低劳动强度的社会价值，这些在国外发达国家都已经得到了充分的印证，本文不再赘述。

从目前国内建筑工业化发展的情况来看，由于生产方式的变革打破了传统的建筑产业链，对设计、审批、生产、施工、验收等环节的运行形成了很大的冲击，加之相关法规、标准的不完善，行政管理与企业管理、各环节之间的配合能力欠缺，建筑工业化的优势不仅难以显现，建筑造价也大幅度提高，严重影响了建筑的经济性。

我们进一步来分析工业化对房屋建筑造价和价值的几个关联因素的影响：

假定建筑造价由"原材料和机械成本（A价格）"和"劳动成本（B价格）"（B由人的活动构成）组成，获取的建筑价值由"使用功能价值（C价值）"和"时间价值（D价值）"组成，传统的建筑生产方式可以形成一个公式："$1A+1B=1C+1D$"，类似于"$1+1=2$"的原理。

建筑工业化的目的和作用就是减少A、B价格的支出，增加C、D价值的收益。但与传统生产方式相比，A价格不可能无限的减少，甚至会略高于传统施工，而B价格与生产施工的效率有关。按照同样的设计标准，C价值是基本固定的，D价值与建筑寿命和使用过程中维护成本有关。目前国内建筑工业化水平投入的价格是$1.2A+1.2B$，获取到的价值只相当于$1.1C+1.1D$，投入的加大已经反映在眼前工程造价的提高，而增加的价值需要一定的时间才可以证明并获得人们的认可。

随着国内建筑工业化技术的不断进步和发展，PC建筑的成本已经开始逐渐下降，必定达到以更少的投入获得更大的价值；即使在现阶段水平下，仍存在降低造价和提升价值的空间，用发展的眼光来看待短时的困局，不应由于造价的上升而影响建筑工业化的推进。

2. 工业化技术手段对建筑经济性的影响

工业化的特点是通过大规模生产方式提高生产效率来减少人工和管理成本（B价格），采取标准化的流程提高成品合格率（C价值），利用先进技术手段减少物料消耗来降低原料成本（减少A价格，提高D价值），以达到"快、好、省"为目的；建筑工业化也是如此：在工厂生产"以空间的转换赢得时间"，能加快施工速度来达到"快"的目的，设计方法、生产条件、作业程序的标准化能有效保证构件质量的"好"，构件质量的提升不但节省了人工还可减少装饰材料的消耗，可达到"省"的目的，"快"和"好"还间接地带来了提高资金利用率的价值，毋庸置疑"建筑工业化技术"既是建筑技术进步的表现，也是提升建筑价值和降低工程造价的重要手段。

2 国内PC建筑的造价普遍偏高的原因分析

住宅产业化和建筑工业化的内容丰富，我国在基础性建材和建筑部品的生产上已经普遍实现工业化，例如水泥、商品混凝土、钢材以及门窗、瓷砖、洁具、橱柜、电器等，唯有建筑主体的施工生产仍以现浇方式为主；近几年来，采用建筑工业化技术的PC建筑造价上升，都是主体结构的工业化所导致，这与国外建筑工业化的发展情况相悖，经过深入调查和研究发现，主要是经验不足并存在以下因素影响：

1. 产业链上下游分裂对建筑造价的影响

我国建筑设计、构件生产、施工安装的企业相互独立，即使大型集团同时拥有多个业务板块也多是独立法人，相互之间的脱节不但丧失了效率，重复缴税和不同的税率提高了建筑造价。例如，传统施工钢筋混凝土的价格为1000元/m^3左右，预制构件为3000元/m^3左右，多交的增值税高达300元以上，按照每平方米建筑使用0.4m^3构件估算，建安成本提高120元/m^2。因此，建筑工业化发展必须串联起上下游的业务板块，提高效率降低成本，形成全产业链的建筑工业化经营模式。目前，宇辉集团、远大住工、西伟德宝业、山东万斯达集团、中南建设集团等企业同时具备设计、生产、施工能力，国内税制

"营改增"等，都为发挥建筑工业化整体的经济性优势创造条件。

2. 结构形式选择不当对建筑造价的影响

用建筑工业化技术来建设住宅，要获得良好的经济性，合理选择结构形式是必要条件。从国内示范试点工程的案例来看，不同结构形式的经济性差异很大，例如沈阳万科春河里项目采用日本鹿岛的结构体系，比传统建筑造价几近翻倍，上海市用装配式框架结构建设的实验楼和试点工程，比传统方法增加造价 30%～50%，而北京万科、宇辉集团、中南建设、西伟德宝业等采用预制装配式剪力墙结构建设的试点项目，建筑增量成本都可以控制在 10%～20%。产生如此大的差异是因为：中国的高层住宅普遍是剪力墙结构，而装配式框架结构对中国式的住宅适应性不好，装配式的剪力墙既是结构同时也起到围护分隔作用，而框架结构的墙体只起围护作用，并需要结构框架来背负，等于增加了 A 价格的成本，因此采用装配式框架来建设小开间的住宅造价较高是必然的结果。

3. 技术路线变化对建筑造价的影响

结构形式和工法构成结构体系，即使是同样的结构形式，如果采用不同技术路线，也会产生很大的经济性差异。建筑设计时选定结构形式，等于基本确定了"原材料和机械成本（A 价格）"，不同的技术路线和工法对"劳动成本（B 价格）"起决定作用，并同时影响 A 价格的成本。例如同样是"装配式框架＋外墙挂板"的结构，如果采用先主体施工后安装挂板的"日本工法"，大量增加填缝密封胶材料和人工，同时增加了"A 价格"和"B 价格"；深圳万科采用先安装墙板后浇筑结构的"香港工法"，降低了施工难度并节约材料和人工，两种工法的差别还体现在对预制构件生产成本（包含在 A 价格）的影响非常巨大，因此不同的工法造价成本不同（见《中国建设报》2011-11-24 "PC 住宅预制墙体先装还是后装？"一文）。

图 1　万科日本工法实践　　　　图 2　万科的香港工法实践

合理的技术路线应该追求降低（A＋B）价格并提高（C＋D）价值才是正确的理念，按照这种理念合理选择新技术、新材料、新设备、新工艺（新方法），才会对建筑工业化的发展起到良好的促进作用。

4. 不熟悉新技术、新材料、新工法对建筑造价的影响

新技术和新产品的应用对于提升建筑价值、节约建设造价起着关键的作用。在众多的工业化建筑的案例中，很多来自国外的新材料成本较高（A 价格），对新技术和新工艺了解，部分丧失了效率（B 价格），而且没有形成较好的房屋性能（没有提高 C、D 价值）。例如，在上海试点工程中，采用的是外墙内保温技术，不但节能效果不好，还减少了室内净面积（降低 C 价值）。如果采用夹心三明治保温外墙技术，就能够有效断绝冷热桥提高建筑的节能性，并使保温与建筑同寿命，在提升建筑品质（增加 C 价值）的同时降低了后期的维护成本（增加了 D 价值）；采用日本工法在构件之间形成了大量的宏观缝隙，需要填缝材料修补（增加 A、B 成本），填缝材料老化后会加大渗漏的风险，将提高后期维护成本（降低了 C、D 价值）。如果采用香港工法并结合露骨料混凝土技术，使新旧混凝土连接成整体，就可以大大降低施工成本（减少 B 价格）。

图 3　Thermomass 夹心三明治　　图 4　露骨料技术有利于新旧
　　　外墙保温效果好　　　　　　　　混凝土连接成整体

我国的建筑工业化存在历史的断档，在重新起步发展的初级阶段，有很多的技术手段等待人们去重新认识，也还有许多问题等待我们进行技术创新。

3　如何进行研究创新才能形成高性价比的建筑工业化技术？

结合以上因素不难看出，除了研究技术本身，更重要的是研究对技术的合理应用才是提高建筑经济性的途径，需要注意以下几点：

首先，要研究现有技术，在充分认识其特点及适用性的基础上形成的技术方能为我所用。任何先进的技术手段都有局限性，国外技术的先进性也是体现在其国情基础之上，由于各种基础条件的差异，生搬硬套而造成适应性不足将注定失败。例如发达国家的人力成本高于材料成本，已经发展到追求高预制率的阶段，而我国劳动力价格还相对偏低，原材料的增加对造价影响敏感，因此提高装配化率的意义要大于提高预制率。同时对国外技术要加以灵活运用，例如日本的装配式框架结构技术虽不符合我国住宅特点，但可以取其优

点用于写字楼、酒店的建设，发挥其经济性。

其次，应该从我国建筑特点出发研究合理的工法以提高技术经济性。例如按照日本工法在外墙安装时采用 4 根斜撑和两个调节器，宇辉集团学习香港工法采用 2 根斜撑，安装省时省力省成本 50%，现代营造和快而居经过深入研究后，利用"三点决定一个平面"的原理使用 1 根斜撑和 2 只角码，进一步提高安装效率并减少斜撑费用（同时减少 A、B 价格），技术上超越了国外水平。

图 5　万科四根撑杆　　　　图 6　宇辉两根撑杆　　　　图 7　现代营造和快而居一根搞定

再次，应该研究以往国内建筑工业化的技术，从历史中学习继承发扬优点，并进行再创新，既不能因循守旧，也不宜盲目媚外。国内 20 世纪 80 年代"土洋结合"的装配式大板住宅并非一无是处，特别是在经济性方面已经有一定的优势，只是因为当时经济水平、装备水平、基础性材料不足导致性能不能满足市场要求才没落下去，应该选择性地吸收其优点，对不足之处进行改良以适应当前的需要。传统构件生产普遍采用在模板上钻洞，用普通标准螺栓固定边模的方法，不但安装速度慢，而且模板很快就报废，如果采用粗牙螺栓则模板安装速度可以提高 3 倍（减少 B 价格），即使沾上水泥也不容易损坏，采用磁性装置固定边模则可以使模台延长寿命 5 倍以上（减少 A 价格）。

图 8　粗牙螺杆安装效率高　　　　　　图 9　磁性固定装置保护和延长模台寿命

建筑是一门综合应用学科，大到总体的方案，小到操作人员的某个动作，都可能对质量、效率、成本起到关键性的作用。我国建筑业的工业化道路还很漫长，可以向其他行业学习借鉴、吸取营养。

4　如何正确应用建筑工业化技术手段提升 PC 建筑的经济性？

建筑工业化与传统施工的区别在于"技术前移、管理前移"，项目策划时就决定了经济性结果，因此，建筑的技术经济性是由技术所决定的，而不能简单地用经济决策技术，需要用全局思维来掌控设计、生产、安装之间的关系。设计阶段必须清楚不同的技术方案对模具投入、生产效率、运输方式、安装速度、质量保证的影响，与构件厂家、施工单位密切配合，在结构体系、技术路线方面对方案进行合理优化方能获得良好的经济性，方法不当只会适得其反。主要应考虑以下技术手段：

1. 对建筑方案和结构体系进行优化，提高预制构件的重复率和装配化率，采取适当的预制率，合理拆解和设计构件，提高生产效率、降低施工难度。由于工厂设备和模具投入巨大，具有"规模出效益"的特点，从设计上提高构件重复率和装配化率可以降低构件成本并减少现场施工的措施费用（减少 A、B 价格），构件平板化、简单化有利于提高生产效率（减少 B 价格），预制率过高有可能导致安装成本及辅料成本过高（增加 A、B 价格）。

图 10　立体异形构件模具复杂、生产难度大、运输效率低

图 11　平板构件模具简单、生产成本低，平躺运输的效率高

2. 合理选取预制范围和技术方案，提升房屋品质、降低工程造价。原则如下：

1）能提高房屋性能和质量，有利于提高建筑价值（C、D 价值）。对一些现场施工难度较大，预制生产有优势的构件应该转移到工厂生产，例如，飘窗、转角外墙等异形构件，现场支模困难，装饰质量不好保证，可以将多道工序在工厂集成生产。

2）能够综合降低物料和人工消耗，降低直接成本（A、B）的原则。将现场施工废时、废工、废料的工作集中起来，转移到工厂能够降低现场施工措施费用，并减少抹灰和装饰的费用，减少施工成本、降低物料消耗。

图 12　一体预制的带门窗转角外墙　　　图 13　带外装饰的飘窗

3）能够减少措施费用（减少 A、B 价格），加快施工进度，有利于发挥资金利用效率的原则（提高 D 价值）。

建筑工业化技术优势以预制技术、大模板技术、免模板和免拆模技术为主。装配化率的提高有利于发挥机械化施工的优势，降低现场施工难度，是节省施工费用的重要手段；传统现浇方式在水平承重构件施工时没有作业面宜采用预制的方式，外墙构件的预制不但提升建筑质量还能够取消外脚手架，高层建筑的楼梯阳台构件可以采用全预制，现场施工难度大且重复率高的构件应该预制，装配化施工对提高施工效率、降低措施成本有明显作用。

但同时要认识到除了预制技术外，大模板技术和免模板技术也是一种发展方向，现阶段如果预制率过高，将造成处理构件之间缝隙连接的人工费增高，而且我国由于抗震要求对房屋整体性的要求，即将发布的《装配式混凝土结构技术规程》是以预制与现浇相结合为主的技术路线，在设计阶段应合理确定预制范围，不可"为预制而预制"盲目追求预制率，也不可"有条件而不预制"。

4）能够保证施工安全、减少排放，有利于文明施工和环境保护的原则，可以带来巨大的社会价值。对于主体的梁板柱结构、内外墙体等工序，用传统现浇施工往往"跑冒滴漏"严重，浪费了原材料还容易产生垃圾、废水、扬尘和噪声等污染，宜转移到工厂生产。

图 14　远大住工整洁的车间　　　图 15　合肥西伟德生产有序

3. 适当运用"四新"技术，对于提升建筑品质、增加使用价值、降低建设成本方面具有重要的意义。我国传统的建筑技术水平已经不能适应当前经济发展的需要，必须利用"四新"技术为建筑工业化发展做支撑，才能为建筑业"转方式、调结构"创造有利条件。一些建筑工业化的新技术亟待在国内推广，必将破解工业化建筑的经济性难题。

1）预制预应力和空心技术是综合的节材技术（减少 A、B 价格）。预应力和空心技术是充分发挥高强度钢筋和混凝土材料强度，降低材料消耗的重要技术，一般建筑预应力钢筋强度为 1570MPa 和 1860MPa，与现浇板 400MPa 强度的钢筋相比可节省钢材 50％以上，并减少脚手架和模板 80％以上。

图 16　万斯达 PK 预应力带肋叠合板　　　　图 17　SP 大跨度预应力空心板

2）预制夹心三明治外墙可提高保温层寿命（提高 C 价值），结合表面装饰一体化技术，可节省装饰材料费用和后期维护成本。其中 Thermomass 的 GFRP 断桥保温连接器和造型硅胶模具是关键材料。夹心三明治解决了保温材料防火和耐久性问题，构件装饰一体化技术节省了外墙装饰材料成本（提高 D 价值），杜绝了瓷砖脱落的风险，在建筑的全生命周期内可节约成本 200 元/m²。

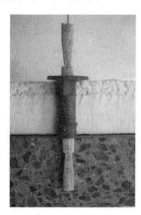  

图 18　Thermomass　　　　图 19　国外的一体化装饰艺术外墙
　　　　断桥保温连接器

3）用性价比较高的国产材料替代进口材料可节约一部分造价。预制剪力墙和预制柱需采用灌浆套筒、外墙防水使用的耐候密封胶、装饰一体化技术专用的造型硅胶模具等，这些产品长期被国外市场垄断，价格高昂，国产材料已经在使用效果和经济性上具有相当的优势，每平方米建筑面积节省可造价 100 元以上。

由于国内建筑工业化规模化的发展，在政策、标准、技术、管理和产业链方面将日臻完善，只要正确理解技术与价格和价值的关系，做到技术适当、应用得法，在提升建筑品质、加快建设进度的同时，造价成本也必将不断下降。一些具备全产业链条件的建筑工业化企业经过了数年的磨炼，按照目前的技术水平，已经在按照传统的建筑造价水平承接工程，挑战保障房建设任务，凸显出建筑工业化的技术经济性优势，未来 3～5 年内，其市场竞争力将得到进一步放大，即将引起建筑行业的一场巨大革命。

北京市预制和现浇混凝土的发展历程

金鸿祥

北京住宅总公司

近年来，在推进住宅产业化的过程中，常把预制混凝土装配式建筑看作实现建筑工业化的途径，无视当今机械化现浇混凝土的先进适用性，仍看作是传统的甚至是落后的施工方式，这种看法十分片面。本人50年来亲历了混凝土预制和现浇的发展变化，认为：预制是先在工厂里制作成混凝土构件，然后运送到施工现场进行装配连接，形成装配式混凝土结构；现浇是在施工现场将混凝土直接浇注入模成型，形成整体混凝土结构。预制混凝土构件通过技术措施连接后形成的装配式混凝土结构，无论在理论上还是实际上，其整体性和安全性都不如现浇混凝土结构；构件连接部位是装配式混凝土结构的薄弱环节，处理不当就会形成安全隐患，还可能发生渗漏和结露，而现浇混凝土则不存在这些问题，这也是近30年现浇混凝土取得迅速发展和广泛应用的根本原因。

最近50多年的发展，国内外的预制和现浇技术都取得了巨大的进步，都实现了工业化。但客观地说，国内预制混凝土技术与国外尚有差距；而全国各地鳞次栉比、拔地而起的混凝土高层建筑则说明：我国的现浇混凝土技术与国外相比毫不逊色。前几年，为完成北京市住建委下达的调研课题，本人收集和研究了混凝土发展的历史资料，并回顾北京混凝土预制和现浇的发展情况，供有关领导部门参考。

1 北京市预制混凝土的发展

20世纪50年代初，北京的混凝土逐步由人工搅拌改为机械搅拌，并在工程施工现场支模板、浇注混凝土。各建筑公司便从现场预制开始，相继建立半永久性钢筋混凝土构件厂，露天预制生产砖混结构所需的混凝土梁板通用构件，然后运送到施工现场吊装就位，与工程其他结构部位相连接。1955年，在东郊百子湾动工兴建北京第一建筑构件厂，生产工艺参照苏联列宁格勒构件厂，机械化流水作业，1958年正式投产，主要产品为混凝土屋面板和空心楼板。1958年在西郊卢沟桥筹建北京第二建筑构件厂，生产混凝土空心楼板和桥梁构件。1958年成立北京东郊十里堡构件厂，后发展为北京第三建筑构件厂，1980年更名为北京住宅壁板厂，占地500亩，设计年生产能力16万 m^3，是北京装配式混凝土大板建筑的生产基地，并被誉为亚洲最大的预制构件厂或房屋工厂。

北京的预制构件是从装配式框架结构开始的。1959年，8～12层民族饭店首次采用预制装配式框架-剪力墙结构。1960年，14层的北京民航大楼；1974年，建国门16层外交公寓等，都采用工厂预制框架梁柱，运至施工现场装配，节点现浇连接。1974～1977年，兴建了一批9～14层装配式框架-剪力墙结构住宅，1975～1983年，还研究建成了一批5～6层的装配式框架轻板住宅，都采用加气混凝土条板拼装的内、外墙板，梁和楼板为预制，柱子先是预制，1976年唐山地震后改为现浇。20世纪80年代起，由于现浇混凝土技术的发展和出于抗震安全的考虑，北京框架—剪力墙的高层建筑都采用现浇混凝土施工，以提高结构的整体性和安全性。北京没有再建装配式框架结构建筑。

北京预制混凝土发展的高峰是形成装配式混凝土大板住宅（简称：大板住宅）建筑工业化体系，在工厂预制内外墙板、楼板、屋面板等大型构件，然后运到施工现场装配和连接。这种工业化建筑体系起源于 20 世纪 40 年代，是欧洲国家为解决"二战"造成的房荒和劳动力不足而研究开发的，适应了战后大规模住宅建设的迫切需要，至 20 世纪 60～70 年代发展成熟。

1958 年 7 月，北京组织城市建设访问团赴苏联参观学习，当时莫斯科正大力推行装配式大板住宅，约占住宅建筑总面积的 40%。北京以学习苏联装配式建筑技术为基础，迅速组织大板住宅的试验研究，并于 1958 年 11 月首次建成 1 栋 2 层装配式混凝土大板试验楼（已拆除）。1960 年，建成 1 栋 5 层混凝土薄腹大板试验住宅，建筑面积为 3744m^2，这栋楼经抗震加固，尚在使用。

1964～1974 年，首次完成了装配式大板住宅标准设计图，建立了大板生产基地和专业施工队伍，在北京建成 4～5 层大板住宅建筑 86 栋，约 25 万 m^2，内墙采用厚 140mm 的振动砖壁板，外墙为厚 240～280mm 的整间混凝土夹芯墙板。

1975 年前后，把多层大板住宅的内墙板改为普通混凝土大板，形成了多层大板住宅标准设计。其间，开始研究发展高层大板建筑，在天坛南小区东端 1 号楼首次进行 10～11 层装配式大板住宅试点，恰遇 1976 年 7 月 28 日唐山大地震波及北京的考验，经专家检查，证实该住宅的结构体系能满足原设计抗 7 度地震的要求，允许继续建造 2～4 号高层装配式大板住宅楼。1976～1979 年，在和平里和天坛东侧路兴建了 11 层和 12 层装配式大板建筑。

1978～1985 年，装配式大板建筑技术日益成熟，形成完整的建筑工业化体系。一是具有多层和高层大板住宅的系列标准设计；二是具有年产 18 万 m^3 混凝土大板配套构件、折合装配式大板建筑面积 50 万 m^2 的生产基地——北京住宅壁板厂；三是具有两个大板建筑专业化施工公司，配备了 10 多个专业施工队，采用统一的施工工艺和成套的施工机具，形成了装配式混凝土大板住宅科研、设计、生产、施工一体化，提高了大板住宅成片建设的速度和质量。在此期间，先后建成了装配式多层和高层大板住宅占较大比例的多个住宅区。1984 年，在和平里兴化路建成 16 层塔式大板住宅。北京市的装配式大板住宅在 1983～1985 年形成建设高潮，年竣工面积递增到 52 万 m^2。那些位于东北二环的装配式大板住宅群高低错落、昂首挺立，记载着当年大板住宅建设的兴旺。

1985 年开始的经济体制改革打破了计划经济的"大锅饭"，引发了不同类型房屋建筑的性能和价格竞争。特别是迅速发展的机械化现浇混凝土建筑，其性价比明显高于装配式混凝土建筑，并适应了高层建筑的发展和市场的多样化需要。在市场竞争中，装配式大板住宅竣工面积逐年下降。大板生产基地——住宅壁板厂的产品滞销，销售滑坡，1988 年企业出现亏损，越亏越多。1989 年，在十里堡后八里庄小区，由北京住总组织建造的 2 栋 18 层大板住宅（单栋建筑总面积为 1 万 m^2），竟成为大板住宅的绝唱。1991 年 2 月经北京市建委同意，撤销住宅壁板厂建制，装配式大板住宅也从此退出北京建筑市场。

装配式大板住宅是北京最早研究发展并形成规模的建筑工业化体系，现场作业量少，施工速度快，受季节影响小，施工环境整洁、文明，1958～1991 年，北京累计建成装配式大板住宅 386 万 m²，其中 10 层以上为 90 万 m²，高峰期曾占北京市住宅年竣工量的 10%左右，为北京成片、大规模住宅区的快速开发建设作出了贡献。但是，在市场经济条件下，装配式混凝土大板住宅却被淘汰出局，大致有以下原因：一是大板住宅体系未能解决设计标准化与多样化的矛盾，难以适应人民生活水平提高对多样化和使用功能提升的要求；二是唐山大地震后，人们对建筑物的抗震安全性尤为关注，装配式大板住宅的结构整体性和抗震安全性不如现浇混凝土建筑。三是北京机械化现浇混凝土迅速发展，施工速度逐步加快，可以与装配式预制混凝土相媲美。四是大板生产建厂投资大，构件价格高，加上构件运输、装配等费用，造成建筑造价增高，当时多层大板住宅的价格高于砖混住宅，高层大板住宅的价格高于现浇混凝土住宅，因此失去了市场竞争力。从 1992 年至今，北京未建装配式混凝土大板建筑。

1990 年后，由于北京现浇混凝土成套技术的迅速发展，以及技术、经济等方面的原因，北京混凝土预制构件的产量开始下降。大板住宅停建后，混凝土复合外墙板曾在现浇混凝土大模建筑中占一席之地，后因板缝渗漏和价格较高，也逐渐淡出北京的建筑市场。但是，少量高档次带装饰面的预制混凝土夹心保温外挂墙板和剪力墙板仍在北京榆树庄构件厂生产，技术上有所改进和创新。

据统计，1988 年上等级的混凝土构件厂有 169 家（其中全民 43 家），生产能力约 210 万 m³，1985～1986 年的产量为 160 万～170 万 m³，1988 年为 120 万 m³，1990 年后，北京的混凝土构件厂进入低谷，出现停产和转产。截至 2012 年，北京仍然在生产的混凝土构件企业约有 50 个，主要分布在郊区的平原地区，生产各类混凝土预制构件总产量约 140 万 m³，主要是桥梁、地铁等市政构件，占总产量的 80%以上，建筑构件不足总产量的 20%。

半个世纪以来北京预制混凝土构件，特别是装配式预制混凝土大板建筑的兴衰起落历程，值得进一步总结研究，这对于如何结合国情和工程实际推进建筑产业现代化，具有借鉴和启示作用。

2 北京市现浇混凝土的发展

20 世纪 50 年代初期，北京就在施工现场浇注混凝土框架结构，相继兴建了和平宾馆、新侨饭店、国际饭店、北京饭店西楼和前门饭店，当时的现浇方式简单而落后，耗用大量的人工和木材。

20 世纪 70 年代中期，北京开始研究和发展钢筋混凝土高层建筑，采取因地制宜、从实际出发、混凝土预制装配化和现浇机械化施工并举的做法，同时开展了 4 类高层建筑结构体系的试验研究、工程试点和推广应用，即：装配式混凝土大板；现浇混凝土剪力墙；现浇混凝土框架－剪力墙和现浇混凝土滑模。经过工程实践的较量，现浇混凝土剪力墙大模建筑拔得头筹，5 年累计的竣工建筑面积超过了预制混凝土装配式大板住宅 20 年的总和。

现浇混凝土大模建筑是采用大型工具式模板在现场组装，以机械化的方法在现场浇注混凝土承重墙体，适用于内墙较多的住宅、旅馆等。因采用大模板施工工艺，便把这种现浇混凝土建筑简称作"大模建筑"。法国、瑞典等国从 20 世纪 50 年代开始，广泛采用大模板现浇混凝土工艺建造高层混凝土墙体的房屋。值得注意的是：苏联和东欧，这些推崇装配式混凝土建筑的国家 20 世纪 60 年代也发展现浇混凝土建筑。日本、德国是发明高效减水剂、商品混凝土及运输车、泵送设备的国家，为现浇混凝土的发展作出了重大贡献。30 年前，我们北京住总采用的混凝土搅拌运输车和混凝土泵车，就是从日本购买的。现在一说日本，就是装配式混凝土技术如何先进，似乎已经取代了现浇混凝土，这肯定是片面的。

北京 1974 年起，在建国门桥东北侧 3 栋 14～16 层外交公寓进行现浇混凝土大模板体系高层住宅试点，采用内墙现浇，外墙、楼梯、隔墙等预制。

1976 年开始兴建的"前三门"大街 9～16 层的 34 栋住宅和旅馆，全面采用大模板现浇混凝土内墙和预制混凝土保温外墙板相结合的体系，简称为"内浇外挂（板）"；1977 年，在劲松住宅区开始试点并推行大模板现浇混凝土内墙和砌筑清水砖外墙相结合的体系，简称为"内浇外砌（砖）"；楼板、楼梯、阳台等均为预制，形成了"内浇外挂"和"内浇外砌"两种小开间大模板成套技术，在全市 10～16 层住宅成街成片大量推广应用。采用保温外墙板和 37cm 砖墙是为了确保外墙的热工性能，提高居住舒适度。

北京大模体系建筑的施工，一开始是用中型模板组合成大模板，后来发展制作整间墙面的钢质大模板，1978 年开展大模板设计会战，解决了大模板制作、安装的关键问题。在成功进行现浇混凝土大模建筑施工方法的试验研究和工程实践后，大模现浇混凝土剪力墙高层建筑取得迅速发展。

机械化现浇混凝土施工的成功实践，打破了只有混凝土预制装配才是建筑工业化的框框，证明了现浇混凝土也能实现建筑工业化，更能提高结构整体性和抗震安全性。其后，北京的现浇混凝土施工按照建筑工业化的要求，推进建筑设计和工具式模板的标准化、多样化，推进预拌混凝土及泵送技术、钢筋连接技术和建筑制品的发展，推进建筑施工全过程的机械化，大模现浇剪力墙建筑体系成套技术日趋完善，取得更快的发展。

1984 年起，研究和应用"底层大空间、上层大开间大模板高层建筑技术"，进行 12～18 层板式商住楼试点。1990 年后，北京相继开展 30% 和 50% 建筑节能，外墙内保温和外保温技术逐步成熟，为适应建筑多样化和 18 层以上高层建筑的市场需求，高层住宅采用内外墙全现浇混凝土的大模板施工，由小开间向大开间发展。1994 年起全面兴建 18～30 层全现浇大模板住宅。在混凝土外墙上再做外保温或内保温，形成复合墙体，可满足建筑节能的需要。

北京现浇混凝土技术的不断发展，适应了市场经济新条件下北京高层建筑快速发展的需要，也拉动了预拌混凝土、工具式模板、泵送设备和相关产业的发展。北京的各大建筑公司都建立了预拌混凝土搅拌站和模板公司；1988 年，全市已有 17 个预拌混凝土搅拌站，年产量达 130 万 m³，超过了同年全市混凝土构件厂的构件产量。有些构件厂生产停滞，先后转产预拌混凝土。2000 年，具有资质的预拌混凝土搅拌站增加到 56 个，年产量达到 891 万 m³；2010 年，预拌混凝土搅拌站增加到 169 家，年产量达到 4764 万 m³。满足了北京大规模房屋建设和市政建设的需要。现在，从混凝土外加剂、掺合料生产到预拌混凝土生产、运输、泵送上楼、浇注入模以及专业化模板生产，已形成了"成套技术"。预拌混凝土采用泵送工艺已达 80% 以上，混凝土泵车的输送高度可达 50m，混凝土固定泵的输送高度可达 300m；混凝土平均强度等级从 20 世纪 80 年代以前长期徘徊的 C20（20MPa），发展到以 C30、C40 为主，C50、C60 也已大量使用，完全可以满足各种建筑工程现浇混凝土机械化施工的需要。资料显示：至 2001 年末，北京累计建成各种大模建筑 5660 万 m²，其中 10 层以上住宅 4600 万 m²，占同期 10 层以上住宅竣工总面积的 70% 以上。进入 21 世纪后，机械化现浇钢筋混凝土结构（包括：剪力墙结构，框架－剪力墙结构，框架结构）在北京建筑中应用的比例达 80% 以上。

现浇混凝土大模建筑是北京发展最快、应用最广的建筑工业化体系，是名副其实的"中国特色"、"北京创造"，凝聚着北京建筑界的智慧和心血。大模建筑之所以取得迅速发展，是因为它确实具有诸多优势。首先，现浇混凝土大模建筑的结构整体性好，因而抗震性能好，能做成大开间、大空间，满足市场对建筑多样化的需要，适应我国大中城市人多地少、发展高层建筑的需要；第二，现浇混凝土工艺设备简单，一次投资少，技术容易掌握，便于普及推广，技术经济效果好；第三，现浇混凝土大模建筑成套技术先进适用，施工速度快，工程质量好，是以机械化为核心的建筑工业化的新形式和新发展。目前，北京的预拌混凝土技术、工具式模板技术、机械化施工技术等正向着建筑工业化、现代化的方向发展，拉动了诸多相关产业的发展，基本形成了机械化现浇混凝土完整的产业链，因而保证了北京现浇混凝土建筑的持续发展。

3 我的一些看法

1. 正确认识建筑工业化

建筑工业化是 20 世纪 40 年代欧洲工业革命和新建筑运动后形成的新概念，"实行工厂预制、现场机械装配"是建筑工业化最初的雏形。"二战"后，欧洲国家在亟需解决大量住房而劳动力又严重缺乏的情况下，装配式混凝土建筑应运而生，迅速发展。新中国成立初期学习苏联建设经验，明确以"三化"（标准化、工厂化、机械化）为内容推行建筑工业化，北京从 1958 年起，学习、研究和推广苏联的装配式预制混凝土大板建筑，20 年来国内普遍认为装配式混凝土建筑是实现建筑工业化的唯一道路。但大板建筑也存在混凝土构件厂建厂投资大、时间长，构件生产成本高，加上构件的运输、吊装及装配连接等费用，使当时多层装配式大板住宅的造价比砖混住宅高出 30% 以上，后来发展起来的高层装配式大板住宅造价也比现浇剪力墙住宅高出 20% 以上，即使实现了大批量生产和大规模施工，工程造价依然居高不下。好在当时的住宅建设都由政府投资，政府推行建筑工业化，大板建筑的资金有保障，才得以推广和发展。

从 1974 年开始，北京研究发展高层建筑，打破了"只有混凝土预制装配才是建筑工业化"的框框，确定了混凝土预制装配化和现浇机械化施工并举的方针，促进了现浇混凝土技术的发展。1980 年前后，北京建筑界 4 次开会，重新认识建筑工业化的内涵，一是从理论上弄清了："大工业生产的特征，首先是使用机器代替手工工具操作，工业化的核心应该是机械化"，认为："发展工业化建筑必须以多快好省的实际效果作为检验的标准，在相当长的时间内，还要采取预制和现浇相结合、干法作业和必要的湿法作业相结合、新材料和传统材料相结合、工厂生产和现场预制相结合等一系列两条腿走路的方针，调动一切积极因素，因地制宜，多种途径，走我们自己发展工业化建筑的道路"（注：引号内的文字摘自胡世德先生著述《历史回顾》），认定了现浇混凝土机械化施工也是建筑工业化，更能发挥现浇混凝土整体性好的优势。二是认识到：建筑产品与工业产品不同，其体型庞大、工序繁多，产品本身是固定的，施工人员和机具设备是流动的，应把施工现场看成建筑产品生产的"工厂",全面研究解决现场工业化的问题。自此以后,北京出现了以大模、滑模、隧道模等现浇混凝土剪力墙高层建筑和采用定型模板现浇混凝土的框架－剪力墙高层建筑体系,都被列为工业化建筑。高效减水剂和混凝土泵送设备的大量应用,更使得北京的现浇混凝土技术面貌一新,并显现出现浇混凝土高层建筑结构整体性抗震安全性比装配式大板建筑好、造价比装配式大板建筑低的优势。北京按照建筑工业化的要求,统一模数协调原则,推行建筑设计标准化和模板的定型化,实现了灵活组合,解决了建筑多样化和标准化相结合的难题。1986 年后,随着现浇混凝土建筑的迅速发展,装配式大板建筑盛极而衰,在竞争中逐步退出建筑市场。经过 30 年的发展,北京现浇混凝土建筑工业化水平不断提高,各环节实现了机械化,施工作业变得简单易行,速度快、质量好。北京的实践证明:现浇混凝土完全实现了建筑工业化。这几年,北京每年竣工建筑面积都在 4000 万 m² 左右,85％以上是钢筋混凝土结构,基本上都采用机械化现浇混凝土的现场工业化方式建造。

当前,各地都在开展绿色建筑行动,积极推广装配式预制混凝土建筑。历史和现实都证明:装配化混凝土建筑整体性不如现浇混凝土建筑,造价却高出 20％左右;预制化率越高,装配连接的要求越高,造价也越高,安全隐患可能增多。造价的增加是资源消耗增加的直接反映,怎么能说装配化混凝土的"绿色度"比现浇混凝土高呢?! 本人认为:必须走出理论上的误区,确认机械化现浇混凝土是建筑工业化途径,我国的高层混凝土建筑应以现浇混凝土为主体,以确保结构的整体性和抗震性,局部可采用预制混凝土构件或钢构件,并按照建筑产业现代化的要求加以完善发展。发展装配式混凝土建筑要吸取历史教训,坚持从工程实际需要出发,慎重研究决策,建一个构件厂,少则几亿,多则十几亿,切不可盲目发展、一哄而起。那些用装配式预制混凝土来贬低和排斥机械化现浇混凝土的论调,是没有正确认识建筑工业化和混凝土的独特优势,是站不住脚的。真正具有装配式建筑天然优势的是钢结构,钢结构强度高、自重轻,适合工厂化生产,在工程现场装配焊接成型后能熔成一体,保持了结构的整体性,抗震性能好,能满足多种建筑高度、多种建筑平面的需要,能与非承重轻质墙体材料配套使用,施工安装工业化程度高,并符合环境保护和可持续发展原则。目前,我国已具备大范围推广钢结构的条件,应结合我国"城镇化建设"和"建筑产业现代化",积极研究、大力推广钢结构建筑。

2. 合理应用现浇混凝土和预制混凝土

机械化现浇混凝土和装配化预制混凝土是实现混凝土建筑工业化的不同途径,有各自的优势和适用范围,应根据工程实际情况合理选择,也可以实行现浇－预制相结合。对于北京这样 8 度抗震设防、结构安全要求高的高层混凝土建筑,优先采用现浇混凝土或现浇为主预制为辅,有利于确保建筑结构的整体性,是科学合理的,适应市场需要的。对于多层和小高层建筑,采用装配式预制混凝土或现浇、预制相结合,也是可供选择的结构方案。

最早建成的建国门桥东北侧 3 栋 14～16 层现浇混凝土剪力墙外交公寓是现浇－预制相结合的典型工程,采用内墙现浇,复合外墙板、复合楼板和楼梯、内隔墙等为预制构件。北京的"前三门"、劲松小区等也实行现浇－预制相结合。北京高层现浇混凝土建筑还采用预应力、双钢筋和冷轧扭三种叠合楼板,仅亚运村工程就用了 60 多万平方米双钢筋叠合楼板,最大楼板尺寸为:7.8m×8.1m,简化了楼板施工工艺,缩短了施工工期,提高了现场文明。北京高层混凝土建筑实行现浇、预制相结合方面延续了很长一段时期，取得了较好的效果。后来，北京现浇混凝土技术不断发展，建设规模也不断扩大，在市场经济条件下，出现了低价竞争，放松了标准化管理，标准化设计"倒退"了，预制构件不用了，搞起了"全现浇"，施工现场出现了不同程度的"乱象"，资源消耗增加，建筑垃圾增多，以楼板和楼梯间施工对环境的影响最为严重。但我们不能因为出现一些问题，就贬低和排斥现浇混凝土，而应该实事求是地总结经验，加以改进完善。

本人认为，建筑现代化的前提是实现建筑工业化，工业化的核心是机械化，基础是标准化。对于混凝土而言，不管是现浇、预制或预制、现浇相结合，都是实现建筑产业现代化的途径。推进北京混凝土结构建筑现代化，一要坚持模数协调原则，推进基本单元、基本间、户内专用功能部位（厨房、卫生间、楼梯间）的标准化设计，建立通用结构构件和功能性部品的标准体系；二要坚持技术创新，采用隔震减震、高强混凝土、高强钢筋等新技术、新材料，研究开发先进适用的构件连接技术，保证商品混凝土和预制构件质量，提高混凝土建筑的结构安全与使用功能。三要因地制宜、循序渐进，全面实现建筑的基础、结构、装修工程机械化施工和信息化管理。

近年来，北京市推进住宅产业化，规定高层混凝土剪力墙建筑以现浇为主、预制为辅，即：内墙现浇，复合外墙板（60m 或 21 层以下）、楼梯、阳台（叠合）、空调板、叠合楼板底板等预制，并要求室内装修一步到位，这个实施方案是比较合理和可行的，符合城市发展和环境保护的需要。但是建筑造价有所增加，增量成本超过 400 元/m^2，超出全现浇建筑造价约 20%。造价增加的主要因素是预制混凝土夹芯保温剪力墙板，一是该板生产费用比现浇混凝土加外保温费用高；二是该板增加了运输、堆放费用；三是该板重量通常超过 5t，增加了塔吊费用；四是该板增加了上下钢筋套筒灌浆连接和四边现浇钢筋混凝土连接的费用。有的地方强行推广预制混凝土夹芯保温外墙板，认为这样可实现保温与结构同寿命，实践证明：北京预制混凝土夹芯保温外墙板的面层开裂、板缝渗漏、保温失效多有发生，在大板建筑众多的莫斯科街头外墙板板缝整修的污痕也随处可见。北京惠新西街旧楼节能改造，外墙板因常年开裂渗水，传热系数实测值还不如 37 砖墙。尽管现在外墙板技术上有所创新，也不能保证根除以上弊端；特别是上下外墙采用套筒灌浆连接，对构件生产和施工安装的精准、灌浆材料和工艺的可靠具有很高的要求，如何切实保证上下外墙的连接质量和整体性，一直有人提出质疑，确实令人担忧。

表面上看，采用预制混凝土夹芯保温承重外墙板似乎实现了结构与保温一体化，解决了保温与防火的矛盾；而实质上，最大的问题是削弱了混凝土结构外墙的整体性，增加了外墙连接处的安全隐患和相关费用，在技术和经济上都不尽合理，不应盲目推广。对于非承重的预制混凝土夹芯保温外墙挂板，则可根据需要，应用于钢或混凝土框架结构工程，不适用于剪力墙结构工程。对于高层混凝土剪力墙建筑，本人还是推崇现浇混凝土加外保温的复合外墙做法，一是确保外墙混凝土的整体性和抗震安全性；二是保证外墙保温层和抹面层的连续性，避免了预制保温外墙板的热桥和板缝渗漏。新发布的《建筑设计防火规范》有规定，薄抹灰外保温系统，每层设置防火隔离带，可适用于 100m 以下的住宅建筑，这是总结了国内外试验研究和工程实践的结果，有效地解决了保温和防火的矛盾，其可靠性是不容置疑的。薄抹灰外保温系统采用科技含量很高的耐碱玻璃纤维增强聚合物砂浆作抹面层，防止了混凝土面层可能开裂的隐患，具有良好的抗裂、防水作用和一定的防火作用，德国柏林首例聚苯板薄抹灰外保温工程至今已 50 多年，还在正常使用。现在国内外都在推广被动式超低能耗建筑，外墙采用 30cm 左右的聚苯板薄抹灰外保温系统，其可靠性和耐候性是值得信赖的。需要强调的是，我们必须认真解决外保温工程低价竞争、市场不规范带来的质量问题，实行外保温工程专业化施工和市场准入制度，实行外保温系统材料由供应商配套供应，严格按照外墙外保温工程技术标准的规定，加强行业管理和工程监理，切实保证和提高外保温工程质量。

有一种说法：发达国家工业化建筑比例高达 60～70%，我们还是粗放建造，处于较低水平。对此应作具体分析。国外如欧美、澳洲，地多人少，住宅多为"独门独院"的低层建筑（1～3 层），多采用装配式木结构、钢结构，工业化水平自然就高，高层混凝土结构就不见得都是预制装配。我国人多地少，连县级城镇都在建高层建筑，又不认可机械化现浇混凝土是建筑工业化途径，住宅工业化水平自然就低，于是提出推广装配式混凝土建筑，以提高住宅工业化水平，并引发一些地方搞全装配混凝土建筑，追求高预制化率。其实，装配预制混凝土集利弊于一身，预制化率高，现场工作量减少，这是利；但增加了构件连接的工作量和可靠性要求，增加了建造成本，这是弊。混凝土构件与构件之间不可能连接成一体，主要靠钢筋的套筒灌浆连接和浆锚搭接，对材料、机具和专业操作人员的要求较高，万一质量出问题，就是安全隐患。因此，盲目追求预制率或装配化率，构件的连接处理就会增多，混凝土结构的整体性和安全性就会下降。有人一说装配式混凝土建筑，就提日本位于东京银座的两座 58 层塔楼，总高 193m，总建筑面积 38 万 m^2，是全世界最高的装配式混凝土框架结构建筑，其土建造价高于现浇结构。采用装配的主要原因是市中心施工场地不足、环保要求高，不允许采用现浇混凝土施工。

因此，我们不能盲目推广装配式混凝土建筑。选择预制还是现浇，或是预制和现浇相结合，不能刻意强求，不要搞行政命令，也无先进落后之分，都应该从实际出发，根据工程条件和市场需要来确定。我国人多地少、建筑抗震要求高，对于量大面广的高层混凝土结构建筑，还应坚持以机械化现浇混凝土为主，完善提高现场工业化水平，以确保混凝土结构的整体性和抗震安全性。

个人刍见，不妥之处，欢迎指正。

新中国成立以来北京市装配式住宅的历史发展与技术变迁

张静怡[1]；樊则森[2]

[1]北京建筑大学；[2]中建科技集团有限公司

【摘要】本文对北京市装配式住宅的发展历程进行梳理，剖析各阶段的装配式住宅建筑设计技术特点，用典型建筑予以例证，以期对北京未来的装配式住宅建筑实践产生积极的作用。

1 引言

20 世纪 50 年代初，北京市开始推行"发展标准化生产、机械化施工、标准化设计"的建筑工业化模式。20 世纪 60 年代，全市在实现住宅工业化方面做了许多努力。到 20 世纪 70 年代，产生了多样化的装配式住宅体系。20 世纪 80 年代，装配式住宅得到大规模应用。概括而言，北京市装配式住宅的历史发展大体经历了 20 世纪 50～60 年代技术探索时期、20 世纪 70～80 年代结构体系多样化时期、20 世纪 90 年代～2000 年——停滞时期三个阶段。

2 20 世纪 50～60 年代——技术探索时期（1950～1970）

新中国成立后开始大规模经济建设，城市住宅面临严重短缺，建筑业发展落后，我们开始向发达国家学习技术经验。1955～1960 年，苏联派来多名建筑工程专家来京指导工作。国内专家开始了工业化试点、编制长远规划、筹建研究所和预制构件厂等工作。

2.1 本阶段装配式住宅建筑设计技术特点

2.1.1 预制构件从小型走向大型，规格逐渐标准化

1953 年开始生产小型预制构件，1954 年设计出方孔空心板、过梁、楼梯、沟盖板等预制构件。后来，为提高吊装效率，构件逐渐走向大型化，如长向预制板开始代替短向预制板和大梁组成的楼盖。预制构件的大型化变成了推动装配式住宅发展的首要条件。

20 世纪 50 年代后期到 60 年代，北京市建筑设计院在探索预制构件定型化方面做了一系列工作，编制了"通用构件图集"。1964 年，在北京市建委领导下，北京市编制出适合混合结构构件的通用图集，其使用推动了预制构件的标准化与定型化。

2.1.2 承重体系和标准化设计的影响，产生了单一的户型平面布局

1955 年，北京市第一套住宅通用图（二型住宅）开辟了户型标准化的设计先河。初期的工业化住宅普遍由三道纵墙称重，具有平面布局灵活、结构构件类型最少和利于机械施工的优点。20 世纪 60 代初，由于纵墙承重极大地削弱了经济性，横墙承重的结构方案形成了强烈的趋势。此阶段大部分住宅平面墙体布置纵横平齐。户型设计缺乏多样性，居室开间进深尺寸、大小房间组合单一。

2.1.3 墙体材料经历了砖材—大型砌块—大型板材的过渡

新中国成立初期，墙体材料大量使用黏土砖手工砌筑。1955年一些住宅的墙体材料由工厂生产的砌块所代替。当工业化程度更高的其他类型建筑出现后，因砌块吊次多，还需要抹灰，不能适应大型吊装机械，砌块建筑的发展受到限制。外墙也渐渐从砌块堆砌发展到大型预制轻型板材，施工效率显著提高。

2.2 典型建筑

2.2.1 西便门住宅——二型住宅

1955年，在苏联专家的指导下，市建筑设计院设计了第一套住宅通用图——二型住宅，西便门住宅是其中一个代表。单元平面（图1）一种为五开间一梯二户，另一种为一梯三户。二型住宅为苏式密排屋架坡顶，楼板为预制钢筋混凝土方孔板，楼梯踏步板、休息板均为预制。

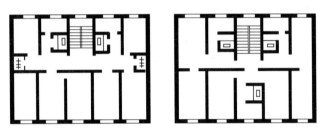

图1　二型住宅户型平面1、2（来源：北京志）

"二型住宅"首次提出了住宅的标准化设计，为工业化住宅的户型设计提供了借鉴。然而，设计过度强调统一的尺寸，楼梯也采用与房间同样的开间，房间面积普遍偏大，在使用上的造成浪费。此后专家结合当时条件，对"二型住宅"的设计进行了合理的修改，以适应新中国成立初期北京市的经济条件。

2.2.2 月坛西洪茂沟住宅——装配式大型砌块

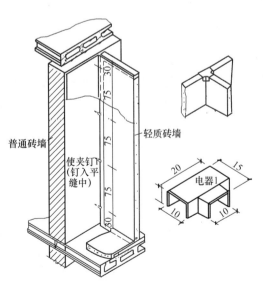

图2　轻质隔墙与普通砖墙连接示意
（来源：建筑学报1958，09）

1957年在北京西郊月坛西洪茂沟进行了装配式大型砌块试验住宅的建设，构件的预制率较高，除房屋基础外，主体结构体系全部预制安装。该住宅采用3道纵墙承重方案，内外墙砌块均在机器砌砖块工厂大批量生产，每户间的轻质隔断采用预制空心板墙（墙体连接处理见图2）。此外，屋顶材料采用预制钢筋混凝土波浪型大瓦，方便预制安装。

该试验住宅的墙体施工是对传统手工砌筑的机械化改良，采用小型机械吊装这种较简单的工业化方式，适合新中国成立初期北京市的形势，是一种"因地制宜"的创新，初步体现了工业化施工的优越性：砌块不受季节影响，节约了大量劳动力的同时提高了砌块的质量；在保证工程质量的条件下大幅度缩短了工期。此后，装配式大型砌块在全国中小城市大量推广。

2.2.3 水碓子住宅——震动砖板

1964年在水碓子小区试建两个建筑群，将振动砖板试点工程进行扩展。设计结合装配式建筑特点，建筑体型简单整齐，纵墙与横墙全部对齐贯通，外墙用非承重的轻质保温板，对开设门窗洞口及安排阳台位置也有较大的灵活性。

振动砖板住宅与20世纪60年代北京的建筑材料生产水平和供应能力、预制构件的生产情况、建筑机械化的水平等条件是相适应的，它将传统黏土砖通过机械化的加工，摆脱了复杂的手工湿作业，为新材料的预制大型墙板研究开辟了道路，促进半装配化到全装配化的过渡。

3 20世纪70~80年代——结构体系多样化时期（1970~1985）

1973年，北京市建工局初步规划5层以下住宅首先用砌块；5层大板住宅可从目前每年3~4万 m² 扩建到30万 m²；高层住宅10~12层可试用装配式大板；16~20层进行现浇滑升模板和快速脱膜大板的试点建外16层装配整体框架和升板结构扩大试点。1974年至1975年，对四类普通高层住宅体系（框架—剪力墙、滑动模板、大模板、装配式大板）分别开始试验和试点，探讨在北京大量建造住宅的发展途径。1978年以后，北京市掀起了大规模的住房建设热潮。

3.1 本阶段装配式住宅建筑设计技术特点

3.1.1 多种工业化住宅结构体系共同发展，逐步形成标准化与多样化的住宅设计

20世纪60年代绝大部分工程为现砌砖墙混合结构。20世纪70年代后由于墙体改革和高层建筑的发展，出现了大板、大模、框架等结构体系。

大板体系：此种体系是在振动砖板基础上发展起来的工程。1977年开始研究高层大板体系，按体系定型方式，先确定参数、基本间和基本单元，在此类基础上定型各类构件用以组合各种平面，有板式和塔式两种平面。

大模体系：1974年由于高层建筑的发展，出现了大模建筑体系。针对住宅变化的规律，综合归纳出一套统一建筑参数的定型构件和一套节点构造。其特点是：参数、构件、节点构造是统一的，而住宅设计是可变的、多样化的。

框架体系：北京的框架结构住宅的预制形式分为两种，一种是板、梁、柱及抗震墙等构件预制，在接头处现浇成为整体。另一种是我国20世纪70年代中期开始试建的框架轻板住宅，以框架承重，使墙体只起围护作用，利于各种轻型墙体材料和工业废料使用。

20世纪70年代后，大板和大模板两种体系已形成相当规模的生产能力，逐步成为高层住宅的主力。框架体系工期长，钢材用量较多，当时墙体材料不能充分供应，只能用于需要大空间、底层设置商店或灵活隔断的建筑。

3.1.2 预制墙板的材料向轻质发展，具有较强的复合性能

1966年前，北京大板住宅外墙主要是采用振动砖壁板，1966年后改用粉煤灰膨胀矿渣混凝土单一外墙板，之后发展为不同功能材料或板材组合成的复合墙板，复合墙板具有板体薄、重最轻、功能好、省材料等优点。1975年，随着框架轻板建筑发展，出现了更多非承重的轻型复合外墙板。

北京市住宅预制墙体板材的发展采取单一板材和复合板材共同发展。轻板的使用不仅减轻自重，提高了抗震性能，而且是发展框架轻板住宅的重要基础，对于其他工业化结构体系也很重要。此外，在外墙板无承重作用时，有利于工业化住宅多样化的立面设计。

3.1.3 板材防水连接构造设计逐渐成熟

北京市 1958 年在大板住宅中出现了漏水等很多问题，经研究后，发展出空腔防水的方案。1965 年开始，将平缝采用高低缝和立缝采用空腔排水相结合的综合防水方案。1973 年，外墙接缝的立缝采用双空腔等构造做法，水平缝采用企口缝构造做法的防水方案，经过试验，防水保温效果俱佳。北京地区的预制墙板缝防水问题，经历了由漏到不漏，由材料防水发展到空腔构造防水，由单纯防水发展到既防水又保温等综合效果的发展过程。

3.2 典型案例

3.2.1 外交公寓——装配式整体式钢筋混凝土双向框架

1973 年，朝阳区建国门外大街北侧的 2 栋 16 层塔式外交公寓建成，为本市第一栋 10 层以上的高层住宅，由 2 栋 16 层塔式公寓和 2 栋 4~6 层板式公寓及附属建筑组成。16 层塔式公寓平面为错叠的双矩形。采用装配整体式框架结构—板、梁、柱及抗震墙等结构构件预制，接头处现浇成为整体。

图 3 外交公寓

（图片来源网址：http://www.bj.xinhuanet.com/bjpd-zb/2006-09/20/content_8082988.htm）

16 层公寓在预制结构构件的构造方面，具有一些新的特点：一个柱网间一块双向预应力大型井字梁式楼板，加强了平面刚度；叠合梁为不带牛腿的矩形截面，将楼板施工时伸入梁支座 4cm，使板梁交接简洁、美观；双向框架系统的梁柱节点，经过大量试验采用高强度的混凝土，抗弯和抗压都具有较好的效果；预制墙板系平模生产，钢门窗安装以及马赛克贴面和窗套、腰线等水刷石饰面，一并在工厂加工制成，提高了美观度和现场施工效率。

3.2.2 前三门大街南侧住宅——"内浇外挂"大模板体系

1976 年至 1979 年，市中心前三门大街南侧集中兴建了 34 栋 9~15 层高层住宅，有板式和塔式两种，共 39 万多平方米，标志着建造高层住宅高潮的来临。前三门高层住宅结构采取"内浇外挂"做法，大模现浇内墙，预制外墙板，构配件标准化。

住宅设计打破了使用过去的标准定型图概念，用统一的建筑参数和构配件来组织多样的平立面。为了批量快速生产构配件，保证现场的顺利安装，提前对各种构配件进行定型化、标准化工作是必不可少的。

3.2.3 天坛小区——高层装配式大板体系

1975 年，在北京天坛南小区进行试点，新建两万多平方米两栋 11 层大板住宅。这项工程按照北京市住宅一类标准进行设计。

大板住宅的设计要点除要求各层墙板等构件类型尽量做到统一，更重要的是要加强结构的整体性和抗震能力。为了克服高层水平地震力逐层变化和构件规格统一的矛盾，住宅设计采取了以下措施：①控制建筑物的体型和高宽比；②将某一层墙板计算值作为配筋标准，减少预制墙板类型；③平面选择了凹凸变化较少的矩形平面；④采用承重壁板，抵抗纵向地震作用；⑤板材接缝处通过预留钢筋和现浇混凝土进行共同连接作用；⑥楼板与屋面板四边入墙，并与雨罩、阳台等挑出构件连成一块。

在板缝防水问题上，综合考虑结构、保温隔热、施工安装和防水问题，将外墙接缝的水平缝采用企口缝；立缝采用双空腔排水的构造做法；十字缝采用分层与通腔结合的构造方案。

1976 年 7 月工程刚刚竣工，唐山地区发生强烈地震、波及京津地区。此住宅经受住了地震的考验。震后，对高层大板进行了检查，除发现首层、内纵墙在端开间、楼板下皮和内纵墙顶，造成一条发丝裂缝，其他结构完好无损。

4 20 世纪 90 年代～2000 年——停滞时期

20 世纪 80 年代末，在设计标准提高和商品住宅个性化、豪华的市场需求下，设计形式渐渐多样化，特别是建材供应和施工技术的进步，商品混凝土、钢模、钢支架等以及施工机具的发展，在建筑工程中越来越多地采用现浇钢筋混凝土结构，逐步代替了各类预制构件。全国住宅工业化的进程骤然止步，生产线都被悄然拆除了，装配式住宅的发展进入停滞期。

分析其原因，一方面来自于外部因素——制度和需求的转变，另一方面来自于自身内部原因——技术因素的制约，外部原因从制度上分析：20 世纪 80 年代以后，我国开始由计划经济向市场经济转变，以当时的经济实力和技术条件更适合发展现浇住宅，市场对户型的多样化及大户型需求日益提高，相比现浇住宅来说装配式住宅平面的自由度还是很低。自身内部原因主要是技术没有本土化，只是照抄照搬国外的技术，然而维护维修的技术没跟上，加上运输过程中缺乏一定的规章制度和保护措施，导致外立面安装完毕后显得比较陈旧。在高层住宅的抗震性能问题上也没有明显的进步。装配式住宅不太适应当时的国情发展。

5 结语

从 20 世纪 50 年代初到 80 年代末，北京市装配式住宅建筑技术取得了显著进步。20 世纪 50 年代初明确了逐步实现建筑工业化的方向，制定了统一的模数制；一些新型的建筑体系如大板建筑、砌块建筑等也都从 20 世纪 60 年代起就有所发展。20 世纪 70 年代以来研究开发了多种住宅建筑结构体系。住宅建筑的层数，从新中国成立初期的二、三层提高为五、六层及高层住宅。但是，在发展中还存在着将工业化局限为装配化；对工业化要求过急，过度提倡新体系、新材料的全面性、完整性，企图完全抛弃传统现浇技术，但又没有完备、系统的材料、结构、建筑、机电和内装体系加以支撑，技术进步和发展方向过多地局限在结构装配的单一层面，没有带来质量高、性能优的住宅产品；住宅建设体制中的土地开发、规划设计、施工建造、市政工程等环节互相独立，严重依赖计划经济体制提供的政策支持，当房地产全面市场化以后，只能面临被市场淘汰的局面。因此，要系统性的整合各环节资源，做到技术、管理和市场的一体化；设计、生产和施工的一体化；建筑、结构、机电、内装的一体化。同时，要坚持在实践中不断总结、体高，才能更好地发展装配式住宅。

参 考 文 献

［1］ 北京市地方志编纂委员会 . 北京志——城乡规划卷·建筑工程设计志［M］. 北京：北京出版社，2007.

［2］ 陆仓贤 . 装配式大型砖砌块试验住宅［J］. 建筑学报，1958，09.

［3］ 北京市建筑设计院外交公寓现场设计小组 . 十六层装配整体式公寓建筑［J］. 建筑学报，1974，07.

［4］ 北京市建筑设计院八室 . 高层壁板住宅试验楼［J］. 建筑学报，1977，04.

［5］ 林志群 . 住宅建设的技术途径［J］. 世界建筑，1982，06.

十年来北京市装配式住宅的发展历程

樊则森　张静怡

【摘要】本文对 2007 年以来北京市装配式住宅的发展历程进行梳理回顾，总结并剖析近十年来装配式住宅建筑设计的技术特点。最后做出技术小结并提出一些意见和建议。

1 引言

自 20 世纪 90 年代初北京的大板建筑"突然死亡"，北京市的预制装配式建筑经历了十五年左右的"停滞期"，高层住宅主要采用现浇钢筋混凝土剪力墙结构。装配式住宅的相关研究和探讨只剩"星星之火"。2005 年以后，随着向节约型社会转型升级的可持续发展方向逐步明晰，也波及建筑行业。为了提升品质、提高效率，减少劳务，减少建筑垃圾排放，提升科学技术对行业的贡献率，全国各地重新开始了建筑工业化的一些尝试，其中装配式建筑占了较大比例。在此背景下，2007 年开始，北京市结合一些试点示范工程项目，进行了近十年的实践和探索，并结合开发需求和设计院的业务拓展推广到全国。至 2015 年 12 月的不完全统计，不含在设计的项目，先后在全国各地建成了近 20 个装配式住宅工程，总建筑规模超过 150 万 m^2。其研究成果，部分或全部应用于编制相关工程建设标准，其中：国家或行业标准 3 项，北京市地方标准 4 项，国家标准图集 9 本及各地地方标准、技术要点、措施、指南等若干，有力地支持了全国装配式建筑的发展。

回顾起来，2007 年以来北京市装配住宅的发展，主要以装配整体式剪力墙结构体系为主，大体经历了 2007～2009 研发试点阶段；2009～2013 优化完善阶段；2013～至今体系成熟及全国推广三个阶段。

2 2007～2009——研发试点阶段

2006 年底，受万科北京公司委托，北京市建筑设计研究院（以下简称 BIAD）和北京市榆树庄构件厂（以下简称"榆构"）联合开始了装配式住宅的探索与研发。BIAD 负责设计研发，榆构负责构件生产及相关技术，同时还委托了清华大学、中冶京诚、建筑科学设计研究院、北京市建筑工程设计研究院等单位负责相关标准规范、核心技术、工艺工法和实验分析等工作。2007 年上半年，在榆树庄构件厂区建设了一栋两层高的装配式剪力墙实验楼，之后，于下半年开始设计 B3B4 号工业化住宅，2008 年开工建设，2009 年竣工交付。并被授予"北京市住宅产业化试点工程"称号，为后续的工作打下了坚实的基础。

2.1 本阶段装配式住宅设计技术特点

1）初步确定了"等同现浇"的技术路线。装配式建筑在跨越了世纪之交，长达十几年的"停滞期"之后，可谓"百废待兴"。我们的研究一开始，就面临"没有标准、没有规范"的困境。由于 JGJ 1（1990 版）已经 15 年没有修编，计划用于替换此版标准的《装配式钢筋混凝土结构技术规程》JGJ 1—2014 尚在初稿编制过程中。"缺标准、规范"的情况让项目组举步维艰。好在此项工作得到了当时北京市住房和城乡建设委员会和住建部住宅产业化促进中心等行业主管部门的大力支持，按照超限审查的有关规定，以专家评审会的形式组织了两次专题会，邀请了包括多位国家勘察设计（结构）大师在内的十几位全国权威结构专家参与评审，最终确定了北京市建筑设计研究院提出的"等同现浇"的技术路线，使后续设计及研发、实践工作能够有规范可依，并最终落地。"等同现浇"的工作原理，是通过钢筋之间的可靠连接（如"浆锚灌浆"、"钢筋搭接""灌浆套筒"连接等），将预制构件（主要是大部分外墙板）与现浇部分有效连接起来，让整个装配式结构与现浇实现"等同"，满足建筑结构安全的要求。

2）采用承重保温装饰一体化的预制夹心复合外墙板，将承重、保温、装饰一体化，统一整体在工厂预制完成。通过工厂化预制，减少了现场支模工序、外墙保温和装饰工序和混凝土的现场浇筑量，能减少人工投入，缩短施工周期，提高劳动效率，优化施工质量，节约能源资源，利于使用维护；能提高施工精度，为各建筑部品部件的产业化运用创造条件；并能提高建筑的保温、隔热、安全、防火、防水等性能。

3）门窗洞口高精度预留、精确安装、高性能防渗漏。由于工厂化预制的外墙板精度高，误差在±2mm 以内，因此预留的高精度窗洞口可与工厂化生产的门窗相匹配，能实现外门窗工厂批量化生产并精确安装。精密安装既减少了人工和工序，又保证了外窗仅仅依靠一道防水耐候胶就满足气密性和防渗漏要求。

4）结构防水、构造防水加材料防水相结合的外墙防水构造。预制外墙的防水非常重要，20 世纪 90 年代初，北京的大板住宅"突然死亡"，其重要原因就是外墙漏水。本阶段结合现浇节点和板缝特点，基于先进材料和工艺，采用了"结构防水、构造防水和材料防水"三道措施，自 2009 年以来经过多个工程实践检验，防水性能优异。

5）预制楼梯。现浇楼梯是现浇钢筋混凝土结构中工艺较为复杂，质量较不稳定，成品保护较为困难的建筑部位，采用预制楼梯能规避其上述弊端，充分发挥工厂化预制的优势，提高劳动生产率，提高施工质量。本工程休息平台为现浇，预留连接件，每一梯跑为一个预制构件，在预制构件上预留扶手栏杆的安装接口。

6）采用了土建和装修一体化的全装修方式。传统毛坯交房提供的是半成品住宅，购房者入住后都需要进行装修改造，从而产生大量装修垃圾。同时由于责任不清，住宅质量难以保障。"土建装修一体化"作为"五化核心"的重要组成部分，对于真正实现提高住宅的质量和性能、提高效率、减少人工和材料浪费具有举足轻重的作用。

2.2 经验总结

这个项目建立了开发商＋设计院＋预制构件厂和多家研发机构的合作团队，形成了"全产业链"的研发实践平台，得力于政府的支持和帮助。结合装配式住宅实验楼和假日风景 B3B4 号工业化住宅等实际工程项目的推进，在没有国内先例、没有标准规范的条件下，通过等同现浇的设计方法，找到了与现行结构标准体系的接口，使北京市的装配式建筑在十几年的停滞后能重获生机，再次起步，具有一定的示范性和开创性。同时，结合项目实际的数据统计，量化得出装配式建筑与现浇建筑相比的多项优点，比如，质量高、节约木材模板、节约建设用地、污染少等，让大家看到了装配式住宅可持续绿色发展的潜力和建筑业转型升级可实现的方向。它的成功对后续阶段的优化、创新和体系逐步成熟推广具有基础性的重要意义。

但是，由于认识、经验和条件的限制，这一阶段也存在着以下缺点：

1）虽然竖向预制构件剖面方向采用了"灌浆套筒"连接，水平方向采用了"后浇带"连接，具备了"等同现浇"的"雏形"。但从结构安全的可靠性考虑，设计时预制构件仅作为填充墙，没有参与抗震，不是真正意义上的"等同现浇"。

2）没有建立"标准化设计"的理念，和其他传统房地产项目一样，仅仅按照市场营销部门的要求，按传统现浇剪力墙完成户型设计和方案设计，然后用"拆分构件"的方式完成预制构件的详细设计。尚没有从方案阶段就开始按照预制装配式系统集成的理念和方法来设计。

3）缺少明确而系统性的技术目标。各种装配式工业化技术要素均处在游离和分散的状态，没有形成相互之间的协同配合、系统集成的关系，更多的是"为预制而预制"。比如 B3B4 号装配式住宅，仅南、北部分外墙和楼梯预制，预制率不高，缺少系统化、体系化。在施工过程中现浇和装配同时存在，他们之间的支撑工艺、吊装和浇筑工艺、施工流程和精度、工人的专业化程度等都各不相同，互相影响，造成施工效率没有提升，反而降低；人工没有节省，反而增加。没有达到"提效"和"减劳"。

4）没有形成模数和模数协调的系统性应用，仅停留在"轴线尺寸满足规范要求"这个最初级阶段，工程实施过程中有很多因模数协调没有考虑而导致的教训。比如机电管线的预埋与结构配筋之间出现了"碰撞"情况。通过模数化配筋并结合模数化配线，确保了"碰撞"问题的解决。

5）在此阶段，从研发和设计团队的意识和观念上，"装配式建筑技术"还是游离在"绿色建筑技术"之外，没有将装配式建筑和绿色建筑融合、集成的主观认知。因此，本阶段成果的"绿色性"较弱。

3　2009~2013——逐步优化及体系完善阶段

2009 年，中粮万科假日风景 B3B4 号住宅竣工，并授牌"北京市住宅产业化试点工程"，推动了相关建筑产业化促进政策、措施的制定。北京市政府相继下发了若干推进装配式建筑的指导性文件和激励政策，以此为开端，2009 年开始，先后承接了中粮万科假日风景 D1D8 号工业化住宅和北京市半步桥公租房项目。团队在总结既有经验教训的基础上，确定了"两提两减"的技术目标，真正实现"等同现浇"并在体系配套、模块化、绿色化等方面深入研究探索，以 4 本成套的北京市地方标准出版为标志，基本形成了较为完善的"装配式剪力墙结构住宅体系"。

本阶段装配式住宅设计技术特点：

1）预制墙体参与抗震，真正实现"等同现浇"。结合 B3B4 号装配式住宅实践的经验教训，"等同现浇"目标的确定，引进吸收了国际上自 20 世纪 70 年代就大规模成熟应用的灌浆套筒相关技术，研发了自主知识产权的比较适合在装配式剪力墙结构中应用的灌浆套筒及灌浆料，在清华大学完成了一系列的实验。在保证安全、可靠的前提下，通过 D1D8 号装配式住宅实现了剪力墙"等同现浇"的预制装配并实现了"装配整体式剪力墙结构"的规模化应用。

2）逐渐确立了"标准化设计"的设计方法对于装配式建筑的重要概念。首先，形成和建立了模数和模数协调的几何控制系统；其次，逐步建立了"模块化"的标准化设计方法；第三，还结合结构设计的特点，形成了若干标准化的现浇节点等，进一步完善了装配式建筑的标准化设计。

3）逐步确立了"绿色建筑工业化"的技术目标，明确发展装配式建筑要以提高质量和效益，减少人工和资源浪费为目标，以及所谓的"两提两减"。"装配式建筑"与"绿色建筑"目标的一致性将二者自然融为一体，为"绿色建筑工业化"的技术创新和工程实践确立了道路和方向，拓展了绿色建筑的创新途径。

4）研发配套了相对成套的"装配式结构外墙吊装、支撑；叠合楼板、阳台和空调板吊装、支撑；预制楼梯吊装、固定及成品保户；灌浆套筒和灌浆料"等技术。

5）在北京将装配式剪力墙结构建筑技术首次应用于保障性住房，为后续全国性推广做好了准备。自 D1D8 之后，设计建成了北京市半步桥公租房，实现了标准化模块、多样化组合、户内灵活分隔的设计。

6）针对该体系编制了 4 本北京市地方标准，装配式剪力墙结构建筑体系初步形成。2013 年，编制了 4 本成套的北京市地方标准：《装配式剪力墙结构住宅建筑设计规程》、《装配式剪力墙结构设计规程》、《装配式剪力墙结构构件生产技术规程》和《装配式剪力墙结构住宅施工和验收技术规程》。解决了装配式住宅"缺标准"的问题，推进了北京市的建筑产业现代化工作。

这一阶段完成的典型案例有：中粮万科假日风景 D1D8 号工业化住宅，中粮万科长阳半岛 1 号地工业化住宅，北京市半步桥公租房项目，中粮万科长阳水碾屯项目等。

4 2013～至今——体系成熟全国推广阶段

其实全国推广的序幕在 2011 年就展开了，一开始是按照万科的需要，在沈阳、青岛和长春推广应用，先后建成了沈阳万科春河里，青岛即墨新城等装配式工业化试点项目，后来又推广到大连万科城，但规模都不大，影响有限。2013 年，随着中国建筑、北京市保障性住房投资中心等大型企业的介入，才真正实现了装配式剪力墙结构住宅的规模化推广应用。

本阶段装配式住宅设计技术特点：

1）推广应用的范围广、规模大，涵盖了更多不同抗震要求和气候区的住宅项目。涵盖了商品房、保障房等多个不同功能的住宅实践，使装配式建筑技术的适应性进一步加强。

2）开始探索"标准化"和"多样化"的辩证关系，明确了"标准化"不等于千篇一律，标准化也能实现"多样化"的基本观点。在若干实际工程项目中，逐步形成了通过"标准化"、"模数化"、"系列化"的标准建筑构件和部品组合"标准模块"；通过"标准模块"来组合"多样化"的建筑平面、空间和形式，进而通过平面组合、空间组合和立面要素组合的多样化实现"建筑多样化"的设计方法。

3）开始了装配式建筑的 BIM 应用，并确立了通过以构件为基本模块的构件建模、预制构件 BIM 信息库建立、虚拟组合装配、BIM 模型设计应用、工程量计算、BIM 用于构件生产、BIM 用于土建构件安装、BIM 用于内装施工等。

4) 在大规模推广应用的基础上，由于其实践性强、体系成熟，2014 年 10 月至 2015 年 3 月，由住房和城乡建设部组织，与标准院等单位合作主编了 9 本《国家标准设计图集——装配式剪力墙住宅》和国标技术措施、国标技术实施指南等。

5) 在部分工程项目中尝试将装配式结构和装配式内装相结合，为进一步推进装配式建筑结构和内装的工业化，实现一体化的系统集成进行了有益的尝试。

这一阶段完成的典型案例有：北京住总万科回龙观工业化住宅，中粮万科长阳半岛 5 号、8 号地工业化住宅，北京市马驹桥装配式公租房，沈阳万科春河里工业化住宅，长春万科柏翠园工业化住宅，青岛万科暨墨工业化住宅，大连万科城工业化住宅，合肥市包河新区蜀山装配式保障房，合肥市滨湖新区润园装配式保障房等。

5 技术小结及未来趋势分析

绿色装配式建筑是新世纪建筑行业转型发展的必由之路，2016 年 2 月 6 日，《国务院关于深入推进新型城镇化建设的若干意见》指出："积极推广应用绿色新型建材、装配式建筑和钢结构建筑。"接着，在 2 月 17 日，国家发展改革委、住房和城乡建设部联合印发《城市适应气候变化行动方案》，指出："加快装配式建筑的产业化推广。推广钢结构、预制装配式混凝土结构及混合结构……"。绿色装配式建筑必将迎来大发展的历史性机遇。应该看到，北京市过去 10 年的装配式建筑实践，虽然仅限于"装配式剪力墙结构"一种相对成熟并较大规模推广的技术路径，并不能代表同期所有的"建筑产业现代化技术创新和实践"，但"十年磨一剑"，其中的很多经验教训还是能够对我们走向未来有所裨益的。

5.1 依托工程搞科研及创新

以工程项目为依托的设计、研发，是建筑工程行业科研创新的基础。建筑工程行业是实践性非常强的行业，在建筑工程领域，离开工程实践谈科研都是"空中楼阁"。发端于北京市的装配整体式剪力墙结构住宅，一开始就是结合了实际工程项目来研究开发，其后再结合工程项目的实际需求，从解决问题的角度入手，以提质提效，减劳减废为目标，不断完善和优化。总之，装配式建筑的科研创新，一要选择适宜的工程项目，二要有明确的科研目标，三要在实践中采取渐进式的策略，不断总结进步，切忌急于求成，缺少恒心。

5.2 牵住"标准化设计"这个"牛鼻子"

搞装配式建筑要牵住"标准化设计"这个"牛鼻子"。由于对标准化设计的理解各不相同，必须正确理解并搞好"标准化设计"，需要理清认识上的几个误区：

第一，"标准化设计"不等于千篇一律，不等于千城一面，不等于没有个性……，其实"标准化设计"首先是设计，应该具备"设计"所必需的"针对性、环境性、地域性、民族性、历史性和文化性"等基本要素，就像汽车是高度标准化的工业产品，但它在应对不同的环境和地域特色时也是个性鲜明的，针对不同的消费者也有不同的个性化产品，甚至还创造了不同地域、不同民族的汽车文化和历史。

第二，"标准化设计"不等于"标准设计"，这是两个完全不同的概念。建筑标准化设计是一种方法和手段，是指在建筑设计中，对重复性的要素和概念，通过制订、发布和实施标准达到统一。标准化设计有很多种表现形式和实现方式，如模数和模数协调、模块化设计、部品、模块的重复利用和规划中标准楼栋的重复利用，当然也包括标准设计和标准等。在具备一定规模的建筑设计中，几乎都要用到标准化设计的概念及方法。广义地来讲，按照一定的标准和规则来进行的设计，都叫"标准化设计"。而标准设计是标准化设计的结果之一，是按照一定的标准和规则设计的具有通用性的建筑物、构筑物、构配件、零部件、工程设备等。用"标准设计"来替代"标准化设计"是片面的。不能简单地将"标准化设计"等同于编制标准图或编制标准。

第三，"标准化设计"不是统一固化的设计，不是缺少弹性而僵化的设计。其实很多存世的建筑设计经典，总是要有"一定之规"的。典型如当代最新潮、最具个性和变化的"参数化设计作品"，往往需要通过一套复杂的几何控制系统来生成和演化，其实就是"标准化设计"的典型过程。几乎所有的设计过程，都是一个从制定规则到实现规则的过程。"标准化"规则可变性，决定了"标准化设计"也不应该是僵化的。在现代建筑设计理论中，有一种"系统论"的方法，其核心思想是将建筑看作一个大的建筑系统。它包括若干的子系统。其间通过一定的标准和规则建立接口，实现系统集成并满足建筑各种各样的需求变化。装配式建筑比较适宜采用系统集成的"标准化设计"方法。

第四，应该从方案阶段就开始按照预制装配式系统集成的理念和方法来设计。建筑设计是融合了环境、地域、人文、科学和建造方式的综合性学科，不能体现建造方式的设计方案是不科学的。预制装配的建造方式，有其一定的必要条件和科学规律，当然应该从方案阶段就按照其生产工艺、物流条件和装配式工法等客观要求来设计。近几年的实践中，一些装配式项目没有按照装配式的逻辑进行方案设计和工程设计，施工图完成后再由构件厂"拆分"，往往导致建筑工程质量、技术、安全、经济等方面出现问题：有的成本过高，不具备推广应用价值；有的质量和安全出现问题，导致"一票否决"；还有的工期严重拖延，无法竣工。达不到装配式建筑提高质量和效率、减少人工和浪费的目的，是不可取的。

5.3　要让装配式建筑的成本具备较强的市场竞争力

装配式建筑的出路在于通过技术创新、系统集成和优化，实现低成本化，满足市场的需要。装配式建筑的巨大生命力，在于其优质、高效、低耗，在市场经济条件下，高效和低耗是降低成本的优选方法。通过节省人工、提高效率、减少浪费，必将实现装配式建筑的成本降低和品质提升，提高装配式建筑的市场竞争力。据西班牙 OSA 公司介绍，在西班牙市场，预制装配式建筑成本要比现浇低 20％左右。离开降低成本的效果去谈装配式建筑的发展是没有意义的，必须实现装配式建筑成本低于现浇的目标。

5.4　装配式技术与绿色建筑技术的融合创新

工业化装配式建筑"优质、高效、低耗"的特征，决定了它的"绿色性"。装配式建筑技术与绿色建筑技术的系统集成与融合创新，是装配式建筑发挥优势，真正引领中国建筑业向着"绿色化"转型升级，迈向可持续发展的必由之路和发展方向。

5.5　发展"全装配的结构体系"

应该"扬弃"现有的技术体系，技术永远是为一定的目标服务的"等同现浇"未来的发展无外乎两条路：其一，继续完善，围绕"两提两减"的目标集成更多的先进技术；其二，在其技术总结的基础上"扬弃"，发展"全预制"结构体系。应该看到，"等同现浇"由于必须采取一定规模的现浇混凝土结构工程来实现其技术目标，必然在"装配式技术"

的集成应用中存在既有预制，又有现浇的情况，也就不可避免在同一个施工界面，既有干式装配又有湿式浇筑的两种工艺，技术上有明显的局限性。国际上有很多"全预制"方式的装配式建筑技术，能适应一定层数、高度和功能，并满足一定的抗震标准。值得学习借鉴，并发展出咱们自己的"全装配体系"。

5.6 实现 BIM 全产业链、全过程的应用

当前国内建筑工程，在设计、生产、施工、装修等各阶段、各工种分别都有较深入的 BIM 应用，但设计阶段的 BIM 模型及信息如何无缝传导到生产、施工、装修，如何实现全过程的"协同"和"信息流无损传递"以及"可逆"等"信息化"要求，尚有很大距离，需要从组织架构、平台搭建、利益共享、知识产权和编码规则等多维度、全方位推进，并实现全产业链、全过程的统一应用。

5.7 政策导向应抓住"EPC 工程总承包"和"减排"这两个关键

当前装配式建筑的组织方式，是从传统的建设方式延续下来的，设计、生产、施工、内装各自为战，代表不同的利益主体，其结果是设计不考虑生产和施工，不以科学、合理、高效、经济为目标，而以"满足规范"为目标，设计深度也达不到施工安装的要求，造成施工图设计与工厂的加工图深化设计差距很大，不能有效地控制加工和装配过程，甚至施工单位也要再按施工要求搞一遍用于施工的设计图。这种组织方式造成设计和施工效率低下、浪费严重且不容易统一协同。而建设方还需要设置专门的技术部门来协调和把关。所以，施工总承包方式，尤其不能满足装配建筑全过程、全产业链集成的客观要求，不利于工业化生产方式的开展。应该简化工程实施主体，由建设方和有能力的专业工程公司签订设计施工一体化的工程总承包合同，将设计、生产和施工集中于一个利益主体，使之焕发出与"两提两减"目标一致的"内生动力"，做真正优质、高效、减劳、减废的装配式建筑。

"EPC"是方式，"减排"是目标。政府的政策导向应该鼓励好的组织方式，并围绕"减排"目标多做工作，学习国外先进的城市管理方法，在一线城市等"建筑垃圾围城"比较严重的城市，对建筑垃圾排放征收一定的"建筑垃圾处理税"，并将其税收用于装配式绿色建筑的技术进步及推广激励措施等。

总之，2007 年以来北京市装配式住宅的发展，是新世纪我国装配式建筑新的研究和实践的重要部分，我们要总结其中的经验和教训，积极推进管理变革、技术进步和市场培育，促进我国绿色装配式建筑的科学发展。

参 考 文 献

［1］ 北京市规划管理局设计院民族饭店设计组. 北京民族饭店［J］. 建筑学报，1959，Z1.

［2］ 张铸. 民族饭店建设简史［J］. 建筑创作，2000，（1）：71～72.

［3］ 胡庆昌. 民族饭店高层装配式框架结构的设计［J］. 土木工程学报，1959，（9）：31～64.

［4］ 北京市建筑设计院，中国建筑西北设计院. 建筑实录［M］. 北京：中国建筑工业出版社，1985.

［5］ 北京化工六厂涤纶车间设计［J］. 建筑学报，1973，（2）：27～30.

［6］ 北京饭店东楼［J］. 建筑，1999，（9）：34～34.

［7］ 孙金墀. 装配式结构钢筋浆锚联接的性能［J］. 混凝土及加筋混凝土，1986，（4）：24～32.

［8］ 北京市地方志编纂委员会. 北京志·城乡规划卷·建筑工程设计志［M］. 北京：北京出版社，2007.

［9］ 喻远鹏，许忠芹. 国家民航总局办公楼加固改造设计［J］. 建筑结构，2006，36，（9）：11～14.

［10］ 北京市地方志编纂委员会. 北京志·建筑志［M］. 北京：北京出版社，2007.

［11］ 范大元. 丽都饭店［J］. 建筑学报，1984，（8）：38～42.

［12］ 任寿. 快速拼装盒子客房［J］. 建筑学报，1984，（8）：43～46.

［13］ 李国胜. 北京西苑饭店工程设计［J］. 建筑技术，1985，（7）：2～6.

北京市装配式公共建筑发展的几个阶段

李 雯 马 英 樊则森

【摘要】本文以时间为线索，以时代特点为导向，将新中国成立以来装配式公共建筑的发展历史分为几个典型阶段，梳理了北京市装配式公共建筑的发展与变迁，并选取典型建筑案例加以分析说明。本文总结发展规律，剖析问题，以期对未来的装配式公共建筑实践产生积极的作用。

1 引言

从新中国成立初期到改革开放，从亚运会的举办到奥运会的举办，再到今年冬奥会的成功申办，时代的迈进与技术的发展给建筑业带来了巨大变化。装配式公共建筑作为建筑业的重要部分，既受到技术发展的影响，又受到时代特点的影响。本文以北京市为例，以时代特点为主线，将我国装配式公共建筑的发展情况划分为几个典型阶段，对北京市装配式公共建筑的发展与变迁进行梳理，并展望未来。

2 20世纪50年代——学习苏联经验

这个时期，国家大力发展建设，1953～1957年第一个五年计划期间，国家经济和文教建设的投资总额为550亿元，这在中国历史上是空前的。1953年，号召向苏联专家学习，除了学习苏联对"民族形式"的创作之外，还学习装配式的经验方法。用得较多的是预应力空心楼板，它是20世纪50年代一种典型的构配件，后来得到了大量的推广应用[①]。

2.1 本时期装配式公共建筑发展情况

本时期预制装配式建筑主要有：民族饭店（1958年）、友谊宾馆（1954年），具体情况见表1。友谊宾馆的建成时间较早，当时的技术还不完备，主要用了"空心预应力楼板"这种预制构配件，对后面预制楼板的推广起到了积极的作用。民族饭店是全国第一个梁、柱、墙、板全装配的建筑。

20世纪50年代典型装配式公共建筑简表 表1

建筑名称	建造时间	建筑性质	装配式特点
友谊宾馆 （苏联专家招待所）	1954年	旅馆	空心预应力楼板的研究与应用
民族饭店	1958年	旅馆	我国第一座预制钢筋混凝土 装配式框架结构的高层

---

① 总结于2015年3月与李国胜先生的访谈。

2.2 典型建筑：民族饭店

2.2.1 建筑概述

民族饭店位于北京复兴门内大街，建筑面积 42252m²，高 47.85m，共 12 层，1958 年建成，1959 年开业，为国庆 10 周年首都十大建筑之一。民族饭店的立面设计重视门窗比例，建成后给人感觉端庄、雅致。后来分别在 1980 年及 2005 年进行了两次改造。20 世纪 50 年代民族饭店的外景如图 1、图 2 所示。

图 1　20 世纪 50 年代民族饭店外景

图 2　今天的民族饭店外景①

2.2.2 装配式特点

民族饭店的基础、地下室、一层及部分二层采用现浇钢筋混凝土。十一层及十二层因限于塔式起重机的能力，亦采用现制。其余各标准层，一律用装配式结构，装配化程度达到 60.47%。所有装配的构件都是在预制厂制作完成。外柱 2 层一根，整间密肋大楼板，接头焊接，用 7 台塔式起重机 36 个工作日完成吊装，平均三天半安装一层。民族饭店的预制及现制的分布情况如图 3、图 4 所示，其部分节点照片见图 5。

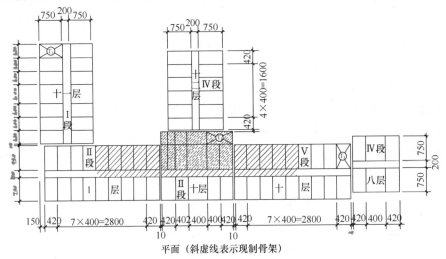

图 3　民族饭店平面现制与预制分布情况

---

① 图片来源：http://www.cnwnews.com/html/soceity/cn_shqw/20150706/733968_4.html

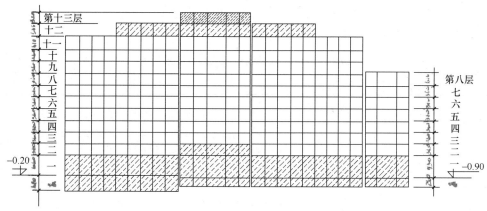

南立面（斜虑线表示现制骨架）

图 4　民族饭店南立面现制与预制分布情况

外柱接头　　　　　　　内柱接头　　　　　　外梁及外柱

图 5　部分接头实物照片

2.2.3　经验总结

民族饭店已经显露了预制装配式建筑与现浇建筑相比的诸多优点，比如工期缩短、节约木材模板、节约建设用地、污染小等，预显了装配式公共建筑的发展前景。它的成功建造对今天的预制装配式建筑仍有借鉴意义。

此外，由于经验和条件的限制，民族饭店也存在着一些缺点。首先，是接头处型钢消耗量较多，总数用至 200 多吨；其次，是构件规格类型多至 836 种（6915 件），编号也较复杂，这给制作、堆放、运输和安装都带来不少困难。

3　20 世纪 60～70 年代——进行大量自主实验研究

这个时期是我国当代建筑史上的探索时期，横跨了"大跃进"、"文革"等特殊阶段。在建筑艺术上，也走了一些弯路。对于建筑技术，这一时期的发展也并无显著的进步，主要是进行大量自主实验研究。

3.1　此时期装配式公共建筑发展情况

我国专家于 20 世纪 60 年代在装配式建筑上进行了大量实验研究，并形成了一系列相应建筑类型的体系，较为典型的有，装配式多层框架建筑、装配式单层工业厂房建筑、装配式大板建筑等预制装配式建筑体系。在这一时期，装配式钢筋混凝土框架结构先在旅馆、办公楼等公共建筑中得到应用；而装配式大板结构主要应用在居住建筑中。

此时期预制装配式公共建筑的情况如表2所示。

1960～1979年代典型装配式公共建筑简表 表2

建筑名称	建造时间	建筑性质	装配式特点
北京民航大厦	1964年	办公为主的综合性大楼	预制钢筋混凝土装配式结构，悬挂式外墙板；装配化程度78.85%
北京化工六厂涤纶车间（见图7）	1973年	工业建筑	四层楼部分采用预制装配整体式内框架，梁柱节点采用浆锚叠压型，楼梯为预制槽形板。有大型设备或开孔处，采用局部现制板梁；后加工单层部分，采用18m预制门式刚架，屋顶用预应力大型屋面板
北京饭店东楼（18层）	1974年	旅馆建筑	楼板采用预制承应力圆孔板

随着装配式结构的发展，许多工程中预制框架结构构件间的连接，采用了高强砂浆锚固钢筋代替焊接，这种连接方法俗称"浆锚连接"。它具有构造简单，节省钢材，施工安装方便等特点。其节点构造情况见图6。

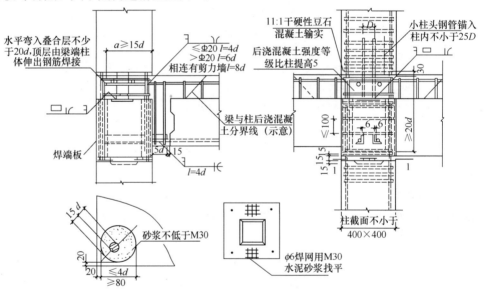

图6 浆锚叠压型框架节点构造图

3.2 典型建筑：北京民航大厦

3.2.1 建筑概述

北京民航大厦位于东城区东四西大街，1964年1月竣工，建筑面积为23000m²。以民航总局办公楼为主，附有民航科研所、售票营业厅以及飞行员招待所等。其东西长107.30m，进深38m，地面以上最高处达到54.5m。办公楼外墙面全部贴米黄色面砖配以水刷石立线条，地面材料为预制水磨石，部分为木地板。

3.2.2 装配式特点

北京民航大厦由三个装配整体式框架结构办公楼组成，分为Ⅰ段、Ⅱ段、Ⅲ段3个部

图 7 化六工厂预制门式刚架

分，层数分别为 14 层、11 层和 9 层，分段平面示意见图 8。9～14 层采用预制抗震框架施工、上下柱主筋用熔杯焊接后现浇接头，在国内首次采用整间预制贴面砖外墙挂板和内爬式塔式起重机施工。

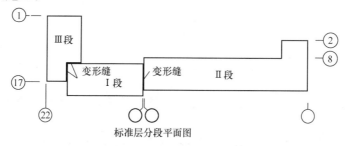

图 8 民航大厦标准层分段平面图

除基础、地下室及 1 层结构为现浇钢筋混凝土外，民航总局办公楼自 2 层以上所有的柱、梁、楼板、楼梯、内外墙壁板以及外墙饰面均为预制装配，装配面积占总建筑面积的 78.58%。后由于唐山大地震的影响以及建筑物本身年久失修，又在 2000 年左右进行了一次加固改造。

3.2.3 经验总结

民航总局办公楼建造于 20 世纪 50 年代末，当时的结构普遍安全储备不大，且当时高层结构的设计经验尚少。后经历了邢台、唐山两次大地震，1998 年经专家检测鉴定，其结构可靠性略低于标准要求，后来由中国建筑设计研究院进行了结构加固和改造设计，现在还在正常使用。

4 20 世纪 80 年代——预制升板技术

1978 年十一届三中全会后，北京市预制装配式公共建筑也迎来了历史上的又一繁荣阶段。这一时期装配式建筑方面的标志性进步是引进了法国预制薄板叠合板技术和南斯拉夫预制升板技术。

预制薄板叠合板是用 5～6 公分的预制板，到施工现场铺好以后，上面再现浇混凝土制成。

预制无梁楼盖升板结构是一种装配式的典型，是南斯拉夫体系，主要用在工厂、仓库、商场上。

4.1 此时期装配式公共建筑发展情况

这一时期出现了各种程度的装配式公共建筑，从主体结构的装配到仅仅外墙板、楼板的预制装配。

此时期部分典型预制装配式公共建筑的情况如表3所示。

20 世纪 80 年代典型装配式公共建筑简表   表 3

建筑名称	建造时间	建筑性质	装配式特点
国家海洋局和贸促会办公楼	1980 年	办公建筑	预制框架剪力墙体系，外墙为预制外挂陶粒混凝土墙板
燕翔饭店一期	1980 年	旅馆建筑	卫生间为盒子结构，其他均为预制木板墙，在工地做好基础和地下工程后，用轮胎起重机吊装，以专用木螺钉连接
西苑饭店	1981 年	旅馆建筑	法国预制薄板叠合板技术
北京医学院第一附属医院门诊楼	1981 年	医疗建筑	采用预制钢筋混凝土框架结构
地震分析预报中心	1981 年	科研建筑	预制框架结构，外墙为预制挂板
丽都假日饭店一期	1982~1983 年	旅馆建筑	使用新加坡预制的钢木拼装盒子结构，所有装修、设备已在工厂配套组装完成，每个重约 8t
北京王府井商业楼	1983 年	商业建筑	升板升层施工法
中国文联艺术中心及广播电视工业局	1985 年	教育建筑	预制装配式框架剪力墙结构
农业部办公楼	1986 年	办公建筑	陶粒混凝土外墙板
中国专利局展览厅	1985 年	展览建筑	整体预应力装配式板柱结构；六边形柱网，三角形拼板
北京工业大学食堂	1986 年	食堂	整体预应力装配式板柱结构；九拼槽形板
北京纸库切纸车间	1980 年、1990 年	工业建筑	升板结构，预制柱
首都体育馆速滑地下室	1990 年	体育建筑	顶板采用整体预应力板柱结构楼板为三拼双向肋板，厚 30cm，采用上开口肋板加小盖板法预制

4.2 典型建筑：西苑饭店

4.2.1 建筑概述

西苑饭店的建设中引进了法国预制薄板叠合板技术，我国自己做实验并加以应用，获得了全国结构优秀设计一等奖。该饭店共 709 套客房，总建筑面积 61367m²，地下 3 层，地上 23 层加顶部旋转餐厅塔楼 6 层，地面以上高度 93.51m；西苑饭店外景见图 10。

工程于 1979 年底开始方案设计，1981 年 3 月开工，1984 年 7 月建成开业。布局紧凑、合理，外形新颖，室内装修简洁、明快。

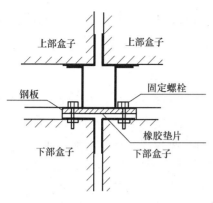

图 9 上下盒子连接方法示意   图 10 西苑饭店外景[①]

4.2.2 装配式特点

主楼 4~23 层为标准层，楼板采用了预制预应力混凝土薄板叠合板，为国内首次在高层建筑中大面积采用此种楼板。板的宽度为 1.5m，一个房间进深方向要用三、四块，摆放好了再现浇。这种板造价较高，因此用在公建里比较多，用在住宅里少。

西苑饭店建筑外形状呈锯齿形，为了方便施工和保温，采用了陶粒混凝土面层内夹加气混凝土预制复合外墙板。

4.2.3 经验总结

预制预应力薄板叠合楼板既有预制板具有不需支模、施工快捷的优点，又有现浇楼板整体性好、抗震性能强的优点。此技术在西苑饭店工程中取得成功，并推广到不同的工程中去。

5 20 世纪 90 年代至今——装配式建筑发展停滞

这一时期，由于市场、材料、技术和建筑行业发展理念等综合因素的作用，装配式公共建筑发展陷入了停滞阶段。

同时期，发达国家的装配式建筑则持续发展，实现了建筑、结构、机电和内装的全面工业化，产生了多种成功的装配式技术体系。进入 21 世纪后，进一步关注可持续发展的问题，由追求"量"改为强调"质"。欧洲各国率先提出城市与建筑的可持续发展战略，欧洲的预制装配式建筑进入了一个节能减排的"绿色"阶段。

装配式发展停滞的问题剖析如下。

5.1 造价问题

在这一时期，预制构件的价格不再受国家的控制，价格飞速上涨，许多大型构件厂纷纷关闭。到 2010 年左右，除了服务于市政、道桥、地铁等的预制工厂以外，国有企业几乎全面退出，只有几家民营企业还在民用建筑行业苦苦支撑。

5.2 技术及管理问题

预制装配式施工除了要有专业的预制构件厂之外，还需要专业的技术人员及安装机械，需要相关企业从方案设计、项目开发、到构件制作、运输、现场测量、吊装、连接等

---

① 图片来源：http://bbs.fengniao.com/forum/pic/slide_24_3026521_58717513.html

各道工序均具有较高的技术力量和管理水平。而我国现状是工人专业水平十分有限，企业管理水平需要提高。

6　小结

纵观历史，从 20 世纪 50 年代开始，我国开始学习外国经验，并设计建造自己的装配式公共建筑。中间经历了探索和大量实验的时期，于 20 世纪 80 年代迎来发展的黄金时期，直到 20 世纪 90 年代中期以后和装配式住宅一样发展停滞。但是应该看到，很多当年采用装配式建筑技术建造的公共建筑迄今仍然保持功能的合理性，其建筑质量和性能还能满足当代社会的需求，并继续为城市风貌和社会生活作为一定的时代标志物，发挥着重要的作用。透过这些典型的装配式公共建筑，哪些武断地声称"装配式建筑千篇一律；不安全；不抗震；质量不好"之类的言论，可以休矣！

香港发展住宅产业化的经验借鉴

岑 岩 邓文敏

深圳市建筑产业化协会

中国香港总面积约 1100km²，人口约 710 万。香港的房屋分为两大类：一类是商品房；另一类是政府兴建或资助的公共住房，公共住房又分为居屋（用于出售）和公屋（用于出租，类似内地公共租赁房）两种。目前，香港拥有居屋约 42 万套（居住 125 万人），公屋约 72 万套（居住 213 万人）。居住在公共房屋的人口约占全港总人口的 50%，较好地解决了市民的居住问题。香港对公共房屋的规划设计、建设工程的机械化施工和工业化技术、工程质量提升、工程管理优化等进行了长期的研究和开发，确保了房屋建造技术持续不断进步，稳居世界前列，而且坚持了数十年。这一经验值得我们认真学习借鉴。

1 香港房屋政策和设计的发展

1. 第一阶段：发展起源

香港的房屋制度起源于 1953 年初的"石硖尾大火"，香港政府为了妥善安置灾民，推出公共房屋计划，设立"徙置事务处"，负责徙置屋的建设，为灾民提供临时性房屋或公屋屋村（即廉租房）。1958 年成立了香港屋宇建设委员会，负责兴建公屋，1963 年推出了"廉租房计划"。

这一阶段，香港的公屋主要是以"徙置区为主，廉租房为辅"的方式，公屋的类型主要以外走廊式的 H 形，L 形低层建筑为主。

图 1　H 形、L 形

2. 第二阶段：初步规划

随着香港经济的飞速发展，政府财力不断增强，居民收入显著提升，早期徙置大厦和廉租屋拥挤的居住空间和简陋的设施已无法满足居民的需求。1972 年香港政府推出"十年建屋计划"，该计划的目标是要在1973～1982年的十年间，逐步为180万香港居民提供配套设备齐全、具备优良居住环境的住所。1973年香港政府成立了"房屋委员会"，接收所有政府廉租房、屋建会的廉租房和所有徙置大厦，通过十年的努力，总共兴建了22万套公共住宅，并以较低的价格出售或出租，约有上百万人从中受益。

在公屋类型方面，从20世纪70年代起，公屋的设计有了很大的改善，住宅形态也逐渐从板式转变为塔式，主要形式有：双塔式、新H形、新长形、Y形、十字形等。

图2　双塔式、新H形、新长形、Y形、十字形

3. 第三阶段：长远战略

20世纪80年代，香港居民收入的增长带动购房需求的持续高涨。虽然大多数居民已经解决居住问题，但仍有约18万人在公屋轮候册上等候公屋分配指标，同时申请购买居屋的人数也远远超出政府出售居屋的数量。基于上述原因，香港政府于1978年推出了"居者有其屋计划"，对一些无力购买私人商品房，又不符合政府公屋扶持对象的中等收入居民提供资助购房置业。同时设立专项基金，鼓励私人开发商参与政府的居屋计划。1987年，香港社会人口老年化问题日益凸显，政府及时推出了"长者住屋计划"，为年满60岁的老年人提供有舍监服务的房屋。1988年，香港政府推出"长远房屋策略"和自置居所贷款计划，计划至2001年兴建96万个新户型单位。而后陆续推出了不同计划，完善整个房屋发展战略：1995年"夹心阶层住屋计划"、1997年"八万五建屋计划"、1998年"租者置其屋计划"和"长远房屋策略白皮书"。

在公屋类型方面，在这一阶段香港公屋的品质不断提高，人均居住面积逐步达到7.5m²，为了加快公屋建造速度，减少建造成本及有效控制公屋建设品质，香港房屋署逐步开始户型标准化设计，以几种住宅标准层平面作为公屋原型，推出和谐式、康和式公屋，房屋布局基本是电梯间设在中间，每户均有固定标准厨房和洗手间。

4. 第四阶段：持续稳定

1998年亚洲金融危机期间，香港政府仍坚持大量增建房屋，结果造成供过于求，楼价暴跌。为了稳定楼市，香港政府于2003年9月宣布了四项措施，包括无限期停建及停售居屋，终止私人开发商参建居屋，停止推行混合发展计划，以及停止租者置其屋计划等，可售类的公屋政策全面暂停。目前，香港政府在公屋租赁市场上仍处于主导地位，从房屋增量分析，香港政府建设的出租公屋为年竣工住宅的35%～50%；从房屋存量分析，

图 3 和谐型、康和型

香港政府提供的公屋和补贴出售居屋所占份额已低于私人商品房；香港已形成了公私并存、互补发展、租售同行的双轨式市场格局。

在公屋类型方面，由于 20 世纪 90 年代期间，香港房屋署以标准化设计在各区大规模兴建一式一样的公屋，被批评单调乏味，而且近年来公屋量锐减，公屋的地块亦趋小型和不规则。为此香港房屋署从 2000 年开始推行因地制宜的设计方法，建立了新的组件式标准单位设计图集，利用标准化尺寸和空间配置，采用标准化配件使得单元组合更为灵活。

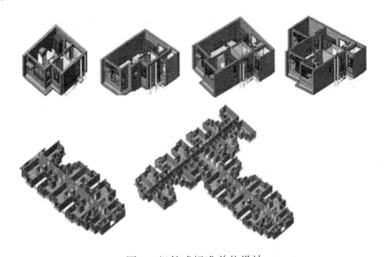

图 4 组件式标准单位设计

2 香港房屋工业化施工的发展

香港早期的建造工艺都是传统的工法，外墙和楼板全是现场支模现浇混凝土，内墙用砖砌筑。由于建筑管理是粗放式的，建筑材料浪费严重，产生大量建筑垃圾，施工质量无法有效控制，导致后期维修费用不断上升；而且随着本地工人工资上涨，建筑工程费用逐年增长。在推进公屋、居屋和私人商品房的预制装配工业化施工，香港房委会采取了不同的措施。

1. 公共房屋

从 20 世纪 80 年代后期开始，由于户型标准化设计，为了加快建设速度、保证施工质量、实现建筑环保，香港房委会提出预制构件的概念，开始在公屋建设中使用预制混凝土构件。当时的技术主要是从法国、日本等国家引入，采取"后装"工法，主体现场浇注完成后，外墙的预制构件都是在工地制作后逐层吊装。由于整个预制构件行业制作水平及工人素质的差距，导致预制构件加工尺寸等难以精确控制，致使质量难以保证，而且后装的构件与主体外墙之间的拼接位置极易出现渗水问题。

香港房委会经研究和摸索，结合香港的实际提出"先装"工法，所有预制构件都预留钢筋，主体结构一般采用现浇混凝土结构，施工顺序为先安装预制外墙、后进行内部主体现浇的方式，预制的外墙既可作为非承重墙，也可作为承重的结构墙，由于先将墙体准确地固定在设计的位置，主体结构的混凝土在现场浇筑，待现浇部分完全固结后形成整体的结构，因此对预制构件的尺寸精度要求不高，降低了构件生产的难度，同时每一次浇筑混凝土都是"消除误差"的机会，提高了成品房屋的质量，而且整体式的结构提高了房屋防水、隔声的性能，基本解决了外墙渗水问题。后来香港逐渐把构件预制的工作转移到预制构件厂，外墙预制构件取得了成功后，香港房委会进一步推动预制装配式的工业化施工方法，把楼梯、内隔墙板也进行预制。到现在整体厨房和卫生间也已改为预制构件，并且要求在公屋建造中强制使用预制构件，目前最高预制比例达到了 40％（如启德 1A 项目）。

2. 私人商品房

公共房屋屋的设计标准化，使得预制构件的规模化生产成为可能，带来了不错的效率和效益。1998 年以后，私人商品房开发项目也开始应用预制外墙技术，但是由于预制外墙的成本较高，在 2002 年之前，香港仅有 4 个私人商品房开发项目采用了预制建造技术。其大量使用是从 2002 年开始的，这主要归功于政府的两项政策。为鼓励发展商提供环保设施。采用环保建筑方法和技术创新，2001 年和 2002 年香港房宇署、地政总署和规划署等部门联合发布《联合作业备考第 1 号》及《联合作业备考第 2 号》，规定露台、空中花园、非结构外墙等采用预制构件的项目将获得面积豁免，外墙面积不计入建筑面积，可获豁免的累积总建筑面积不得超过项目的规划总建筑面积的 8％，其实是变相提高容积率，多出的可售面积可以部分抵消房地产开发商的成本增加。目前，私人商品房大部分采用的是外墙预制件。

3 香港的经验借鉴

香港公屋建设经过多年发展，通过长远的建设目标、专业的管理机构、持续的资金保障和先进的建设方式，香港广大居民，尤其是占社会较大比例的中低收入人群从中受益匪浅。借鉴香港公屋的发展模式，对于我们进一步推进住宅产业化工作，主要是以下几点经验借鉴：

1. 公共房屋建设的有效需求形成产业链

香港在早期公屋建设中采用现场现浇，由于材料浪费严重、建筑垃圾多且无法控制质量。香港在政府投资的公共房屋（包括公屋和居屋）项目中率先使用预制构件装配式施工，从而形成大量持续的有效需求，逐步培养了预制部品构件产业链，促进预制部品构件开发、生产和供应，进一步完善符合工业化施工的建筑设计、施工、验收规范。

住宅产业化与保障性住房命运紧密相连，通过在保障性住房建设中大力发展住宅产业化，提供市场需求，逐步形成完整产业链，真正实现保障性住房建设的质量可控、工期可控和成本可控。

2. 标准化设计实现预制构件规模化生产

香港公屋的标准化设计从 20 世纪 80 年代的普通标准户型，到如今的组件式单元设计，经历了 30 多年的研究和实践，标准化设计促进了预制构件的规模化生产。

当前我国保障性住房的标准化体系建设工作刻不容缓，只有依靠技术的转型创新，改变传统设计、建造方式，通过有组织实施标准化设计，分步骤落实工业化建造，逐步建立适合我国国情的保障性住房工业化技术集成体系。

3. 优惠政策引导开发商实施住宅产业化

香港的经验证明，要推动整个住宅工业化施工的发展，除了在政府项目中强制性采用工业化施工技术，更重要的是调动整个建筑开发商的积极性，这需要政府出台相关的激励政策，包括建筑面积豁免、容积率奖励等，全国各地已相继出台了建筑面积奖励政策，对推动开发商实施住宅产业化有重要的。

4. 香港工法适合国内住宅产业化发展

香港工法提倡预制与现浇相结合，采用装配整体式结构，在进行建筑主体施工时，把预制墙板先安装就位，用现浇的混凝土将预制墙板连接为整体的结构，香港工法适合我国住宅产业化推广使用。但我们同时也发现"香港工法"的一些缺点，如建筑设计未考虑地震、设计偏保守、含钢量偏高、预制外墙基本上按非承重结构设计，偏厚偏重又不参与受力等，应结合我国国情加以改良，逐步建立适合我国国情的住宅产业化结构体系。

附　香港部分项目情况

1. 启德 1A 项目

启德 1A 项目位于东南九龙沿岸的启德发展区，原先是前启德国际机场所在地，项目占地面积 3.47 万 m²，总建筑面积约 23 万 m²，总投资约 17.47 亿元，建筑工期为 28 个月，于 2010 年 7 月 28 日正式动工，已于 2013 年完工。

图 5　启德 1A 项目

该项目共有 4 种标准户型，组合成两种单体平面图，其中 1～2 人单位实用面积 14.05m²；2～3 人单位实用面积 21.493m²；3～4 人单位实用面积 30.118m²；5～6 人单位实用面积 36.948m²。

项目中大量采用预制构件，包括：预制整体式厨房和卫生间，预制外墙、预制楼梯、

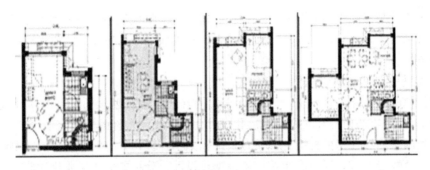

图 6　标准户型

预制内隔墙等，同时采用了"四节一环保"技术措施，包括海泥资源化利用技术、太阳光电应用技术等。

图 7　预制构件

　　项目在设计和施工管理中运用了 BIM 进行虚拟设计和模拟施工分析。

　　2. 东头平房东区公屋发展项目

东头平房东区公屋发展项目位于黄大仙区的东头（H08）和东美（H09）选区，原先是培民村，原居民于 2001 年拆迁。项目占地面积 1.2 万 m^2，住宅建筑面积约 4.08 万 m^2，建筑工期为 29 个月，于 2011 年 10 月正式动工，已于 2014 年完工。

图 8　东头平房东区公屋发展项目

该项目有四种户型，其中三种与启德 1A 项目的项目相同，只有第四种户型局部调整，四种户型组合平面图如图 9 所示。

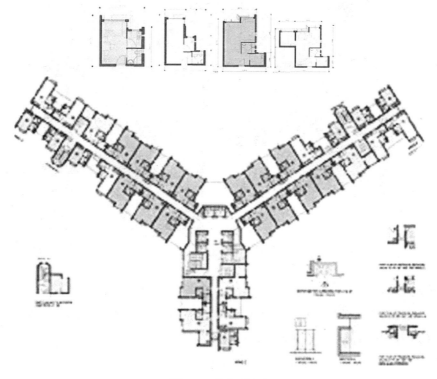

图 9　四种户型组合

项目中采用了预制构件，包括：预制外墙、预制楼梯、预制外墙等。

由于项目沿山而建，地形复杂，项目从规划、基础、主体都采用 BIM 进行设计和模拟。

图 10 预制构件

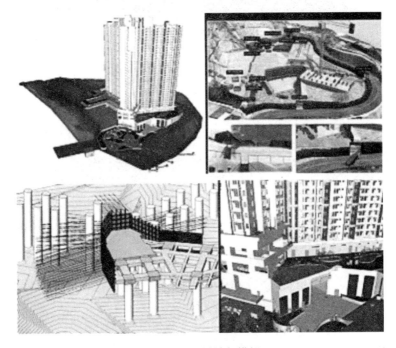

图 11 BIM 设计与模拟

3. 歌赋岭项目

歌赋岭项目位于香港新界粉锦公路 338 号，项目占地面积约 10 万 m^2，共 253 座独立及半独立花园洋房，面积约 200～400m^2。

该项目外墙大部分采用了预制构件，构件共 96 款，2960 件，每件构件高达 4m，最宽达 7m，重量由 0.3～10t 不等。

4. 天赋海湾项目

天赋海湾项目位于香港新界大埔科进路 5 号，总建筑面积约 9.3 万 m^2，整个项目共有 548 户，分别为 537 户三房及四房的公寓，11 栋面积约为 386～396m^2 的独栋别墅。此外还有一个六星级度假式酒店会所，占地面积近 7000m^2。

图 12　歌赋岭项目

图 13　天赋海湾项目

该项目采用了新型 GRC 复合预制外墙，由深圳海龙建筑制品有限公司生产。此种墙体是以低碱度水泥砂浆为基材，耐碱玻璃纤维做增强材料，制成板材面层，预制过程中，与其他轻质保温绝热材料复合而成的新型复合墙体材料。

图 14　新型 GRC 复合预制外墙

浅谈住宅产业化发展的三个问题

贾旭平[1]

我是接触"住宅产业化"这个概念比较晚的业内后辈，2014 年 1 月份才以总经理的身份进入亚泰集团沈阳现代建筑工业有限公司工作。在对这个行业一无所知的情况下立即就面对在建的沈阳惠生新城项目、大连万科城项目等巨大而又集中的供货压力；面对企业从技术、生产到供应环节的严重经验不足；面对总体市场需求量的严重供大于求……。如果让我总结我个人这两年的年度汉字，我果断地选择："煎熬"！

我想，好多业内的前辈们也一样感同身受吧？而且我觉得，如果让我用一个词来形容目前"住宅产业化"之现状，除了"煎熬"一词我想不出哪个比它更恰如其分！

2015 年 10 月末的时候，有幸跟同仁们一起考察了济南、深圳、南京、合肥等地住宅产业化发展情况，又于 12 月份去成都参加了全国混凝土协会制品分会年会，通过充分交流，自己增长见识的同时也进行了深深的思考，觉得至少有三个问题需要我们认真地反思并找出正确的答案，才有助于住宅产业化的健康发展。

第一个问题：制约住宅产业化发展的核心阻力到底是什么？

沈阳是全国住宅产业化示范城市，所以每年都会有百次以上的全国各地的业内外的人士来我们企业参观考察和指导工作，交流的过程中大家会问各种各样的问题，无论是技术上的还是管理上的都好回答，唯一让我感觉到头疼的问题是："采用预制构件和传统现浇二者的成本差多少"？之所以让我头疼，是因为这个问题的答案需要引申出另一个哲学逻辑才能回答清楚，而这个哲学逻辑在解释过程容易伤人，那就是"屁股决定脑袋"的逻辑。

大家都知道，说到住宅产业化的优势就是"绿色、节能、环保"，这无论是开发商还是建筑商都说得清楚讲得明白。可是"绿色、节能、环保"这个成果是由谁来享受呢？是开发商还是建筑商？都不是！是业主，是子孙后代。比如装配式"三明治"墙板的保温结构与墙体同寿命，不用担心像传统施工那样十年八年就开始外墙皮脱落，不用动不动就使用大型维修基金去重新做外保温；又比如装配式住宅保温效果好，使用周期内节能方面的经济效益惊人等等。这从产权人长远的综合效益计算来说都是低成本的。但另一方面，达到"绿色、节能、环保"这一目标而额外增加的成本谁承担？是产权人吗？如果大家都实行住宅产业化，那么成本在一个水平线上，这个时候成本增加是业主在买单；但事实上住宅产业化的初期，只有少数项目采用装配式，那么采用高成本的项目开发商就吃亏，因为大家的销售价格是一样的，这部分额外增加的成本就成了由开发商和建筑商来买单。那么开发商和建筑商凭什么额外增加成本去给业主享受"绿色、节能、环保"？凭公益凭慈善凭良心？那就是一个字："扯"！所以在同样的条件下，开发商会选择开发成本较低的传统建筑模式。什么"绿色、节能、环保"，什么住宅产业化，喊口号可以，费钱绝对不行！

1　辽宁省现代建筑工业化联盟。

其实面对利益做出这种选择无可厚非，"屁股决定脑袋"，换成我是房地产开发商，"绿色、节能、环保"是将来的事情，我算的只是当期的收益，至于这房子十年二十年乃至五十年上百年后怎么样，那是产权人的事儿，你修不修，花多少钱已经不归我管了。同样，如果我是建筑施工单位，我原来置办的队伍、设备、设施都是传统建筑施工所必须的，一旦改变施工方法，人得重新培训，设备得重新购置，规范得重新学习，标准得重新制定，等等，短期内还是在增加成本，还是很麻烦，同样会抵制。那么整个产业链呢？是不是也同样面对这样的问题？设计院、材料供应商、运输商、质量监管机构……凡是在这个产业链上的都面对改变原有经营管理习惯的挑战！大家都知道，改变习惯是最困难的事情，更何况支撑这个习惯的是那么一个巨大的既得利益链！

说到这里就应该明白了，制约住宅产业化发展的核心阻力到底是什么？就是传统的产业链！传统的既得利益者！

找到了这个答案我们就明白了很多问题：为什么国家和政府要大力推动住宅产业化？因为政府是代表广大人民群众利益的，他们不会站在少数利益集团尤其是短视集团的立场上考虑问题，他们考虑的是持续发展，是绿色、节能、环保，是子孙后代的青山绿水；为什么大家都喊的响行动少？因为住宅产业化在市场上实施的决策权归房地产开发商，不是购房者，也不是构件生产厂；为什么开发商总是拿成本说事儿跟政府谈条件？因为成本是他们消极的最好理由。如此种种，都是利益在做祟！

第二个问题：目前住宅产业化的发展瓶颈是什么？

住宅产业化从被提出开始到现在，经过"十二五"期间的大力推动，在各级政府和企业的参与下，已经打下了比较坚实的基础，尤其是以沈阳为代表的示范城市在政策规范、技术储备、产业市场化等方面取得了较大的突破，为"十三五"期间将住宅产业化推向更高的水平创造了良好的条件。但从整个产业链看来，其发展过程中仍面临着几大瓶颈的制约：

1. 以全产业链为基础的政策、法规、规范等仍需要进一步健全完善

虽然我国出台了多个住宅产业化相关政策规定，并取得了较大进展，但针对住宅产业化发展详细、系统的政策制度研究与制定仍然有很大的空白需要填补。要真正加快推进住宅产业化，政府应营造完善的政策措施和制度体系，使政策措施和制度体系与建筑产业现代化的发展相协调，培育预制装配住宅产业链。一方面，要在建筑设计、部品生产、施工安装及验收、维护保养等各个环节建立住宅产业化的"游戏规则"。另一方面，还要加快研究出台规划、土地、财政、税收、金融等方面的鼓励政策，研究出台与实际情况相适应的"发展规划"和"发展导则"，制定和落实各项激励措施和保障措施，逐步引导更多企业进入 PC 住宅市场，形成可持续的市场运行机制，引导住宅产业化发展。

2. 管理缺乏积累、总结和突破

我国住宅产业化发展相应的管理经验较少，管理措施主要是借鉴国外经验，具有我国或者地方特色的住宅产业化管理方法仍不成熟。传统管理模式具有较强的路径依赖性，在技术、利益、观念、体制等各方面都顽固地存在着保守性和依赖性。在新时期要实现新跨越，在管理模式上必须要有新突破，应重点发展以构件生产企业、施工单位、房地产公司为主的全产业链发展模式，整合优化整个产业链上的资源，运用信息技术手段解决设计、制作、施工一体化问题，尤其是从规划设计的源头就要解决标准化的问题，使其发挥最大

化的效率和效益。

3. 成本优势无法体现

投资者对该行业的发展前景是肯定的，他们关心的是进入的时机是否恰当。目前住宅工业化建设项目太少，不能形成规模效益。而且从造价上来看，工业化住宅要比全现浇住宅略高，主要原因是工业化住宅建设还处于推广试验阶段，总体规模小，预制构件开模费用较高，造成构件预制费用高，工人对工艺不熟练，导致施工效率不高。同时，住宅工业化建设所需的技术工人和机械成本较高，都制约着住宅产业化的发展。

成本过高也与市场发育程度低有关。从整个建筑业来说，转包、分包的项目经营管理模式，以及产业链上设计、施工、生产各个环节的脱节，都造成住宅产业化成本过高。

4. 专业人才和产业工人严重短缺

制约建筑产业化快速发展的因素除成本因素、技术因素外，产业化人才缺乏也是一个瓶颈。我国的住宅工业化还处于探索阶段，在设计的系列化、标准化、多样化、通用化方面还有许多问题需要解决，相对各方面的技术人才非常短缺。目前从事建筑产业化的人才数量少、整体素质不高，普遍缺乏固定的工厂、施工现场技术工人，技术管理复合型人才更是凤毛麟角。另外经过严格培训的产业工人严重短缺也是摆在我们面前的巨大难题。目前无论是构件生产车间的工人还是施工现场的装配式施工工人都严重短缺，一旦施工规模过大过快时建筑工程质量的保障就无从谈起。

培养产业化相关人才，不是光喊喊口号，不是简单地产学研结合、整合产业资源就能解决。建筑产业化技术是各专业集成的技术，同时也是设计、构件生产、施工、集成的技术和管理过程。应积极引导设计院、工厂、施工的技术人才向建筑产业化转型，提高建筑产业化人才的实战经验，引导优秀技术人才、管理人才向建筑产业化转型。要建设好稳定的产业工人队伍，真正的适应产业化的劳动力需求。

5. 行业进入门槛低，监管不到位

在国家大力推动住宅产业化发展的大趋势下，预制构件生产也被视为朝阳产业，构件生产企业以及配套设备、模具、产品构件、辅助材料等产品的生产企业也如雨后春笋般纷纷建立。但目前国家和地方还未出台明确详细的构件制作、施工及质量验收标准和规程，更没有配套的实施细则，监管层面略显粗糙，对于预制构件生产企业的准入门槛也相对较低。尤其是那些与之配套的产品和服务，好多都处于产品质量标准的空白区。在住宅产业化市场运行机制不完善的大环境下，受成本压力影响，企业采用低价中标竞争方式，而中标后自身技术条件、生产硬件设施、资金支持、人员因素、配套产品选用等方面根本无法支撑完成项目，这样恶性竞争的结果会产生一系列的严重后果，不利于引导构件生产行业的健康发展，更不利于培育技术实力强、产品质量好的大型构件生产企业。推动住宅产业化需要全产业链上下游企业的资源整合，实现共同发展，任何一个产业的缺失和薄弱都会影响住宅产业化的健康发展和发展速度。

第三个问题：在现状下我们应该做些什么？

总结前面两个问题及答案：目前制约住宅产业化发展的核心阻力是成本高于传统建筑模式。原因是产业初期整个新建立起来的产业链还不完善不均衡，薄弱环节多，尤其是以市场为导向的新兴产业配套能力太弱。

虽然这两个问题由于我个人能力和见识有限给出的答案肯定是不全面也不准确的，但我觉得我还是有义务针对这两个问题拿出我的个人建议来，哪怕只是皮毛，只是一块抛出的板砖！为了把这个产业做起来，做成熟，哪怕成为先烈，我还是觉得至少我们应该做以下几方面的事情，以达到把成本降下来的目标，不给核心阻力以口实，来健康地推进住宅产业化的发展。

一是国家继续坚定不移地推进住宅产业化进程，通过连续出台并持续完善一系列的法律法规，促进全产业链均衡发展。尤其是要从规划设计的源头就解决成本优化的问题。比如利用 BIM 技术平台，整合产业过程的所有资源，通过科学优化协调来降低综合成本，而不是简单粗暴地将成本压力归于构件生产企业，做到全产业链每个环节每个部品每个配件都成本最优。

现在有一个普遍的现象：一个装配式项目竣工结算后，开发商成本没怎么上升，施工企业微利，产业工人挣工资一分不欠，各材料供应商包赚不赔，唯一赔的一塌糊涂的是构件生产企业。所以好多构件生产厂是上的快，死的也快。如果这种简单粗暴的成本控制方式不发生根本改变，让这么长的产业链上的一个单一环节来承担整个产业链的降成本责任，那么住宅产业化的健康发展则无从谈起。最理想的降低成本方法就是全产业链的优化，统筹兼顾，使全产业链的产业实体都在国家法律法规的框架下规范经营，有序竞争，共同承担起产业成本的责任。

二是要改变成本的计算机制，不能局限于传统的建设成本计算规则，尤其是政府投资项目，成本的计算周期及计算口径要进行规范。

按照现在的成本计算方法，无论是开发成本、建设成本还是建筑成本，都是直接计算建造周期内的成本。但住宅产业化着眼的是长期效益，计算的是长期综合成本。这种出发点就不一致的"鸡同鸭讲"本身就不在一个频道！结果现在成本成了做与不做住宅产业化的判定条件，阻力不大就怪了。至于如何通过可操作的方法去改变计算规则，我确实没有想到办法，但这方面的专家很多，只要想认真研究，就一定能找到科学合理的办法。

三是政策扶持要坚持，尤其是一些基于技术研发、科技创新方面的资金支持要到位。

一个新行业，技术储备、人才储备、设备设施储备都不足，需要一个研发投入的过程。这仅仅靠企业投资是远远做不到的，何况住宅产业化肩负的责任是"绿色、节能、环保"，单靠自觉没法做到。

四是执法要严，对传统建筑施工和建筑工业化施工按一个标准来管理、检查。比如环保、消防、质量、安全等方面，法律法规已经很完善也很严格了，但往往是在执行的过程中网开一面，导致传统施工本应该为承担社会及公益责任而额外付出的成本没有付出。传统施工成本的增加本身相对而言也是在降低产业化体系的成本。

另外也得成体系地对住宅产业化产品各个环节的质量进行严格监控，绝对不能为了产业化而放松质量标准，为工程留下质量隐患。尤其是对构件生产企业生产过程及施工企业现场装配过程的监管要更加严格。另外也建议对构件生产企业的综合生产能力建立科学的评估体系和考核定级及升降级制度，确保其量力而行，承接能力范围内的工程项目，不能拿鸭子上架，干不了硬干，伤害企业前途的同时更伤害这个产业！

五是我们这些做住宅产业化的先驱们要耐得住煎熬，沉得住气，脚步要踏实，不能急功近利，追求短期效益，否则先驱很容易就变成先烈。

最近业内人士经过广泛的调查和讨论，对住宅产业化的构件生产企业都有这样一种担忧：干得越多可能死的越快！这不是危言耸听！

近几年在国家政策的鼓励下，各个地方上了很多的构件生产线，设计产能增长速度惊人。可事实上是什么呢？"设计产能"绝对不能简单地等同于"产能"。谁能保证生产线弄齐整了就一定能出合格的产品？跟其他的产业一样，住宅产业化也是科学，也是一个要求非常严谨的科学体系，不是简单的 $1+1=2$。尤其是在技术储备严重不足，管理经验严重欠缺、技术人才短缺、训练有术的产业工人几乎没有的情况下，把图纸转化为产品的过程是有着巨大的风险的：一块不合格的产品后面可能是一栋楼、一个项目甚至是一个住宅产业化的发展前途的损失！做不好，一个失误就把所有的投资赔进去。所以说，住宅产业化的任何一个环节都需要慢慢地积累，需要认认真真地总结，需要脚踏实地去做！这是一个辛苦的过程，付出的过程，需要做这些事情的人能付出，能耐得住寂寞，能禁得住煎熬！

住宅产业化"十二五"期间经过政府牵头，企业和业内人士的共同努力，已经取得了一定的发展基础，积累了大量的经验成果，尤其是在沈阳市场，取得了很大的突破！其他城市也在陆续赶上来，甚至大有青出于蓝的势头。全国住宅产业化的未来一片光明！我为此感到欣慰，也对住宅产业化的未来充满了希望和期盼。虽然在过去的两年里我们一直在接受煎熬，但我们也正是从这种煎熬中学到了东西，积累了经验，坚定了信念！

住宅产业化也是一场革命，而且处于革命的初级阶段，那就一定会有坚定的真革命者，也会有更多的喊着口号不做为甚至脚底下使绊子的假革命者。但无论如何，革命最终一定会取得成功，因为先进的必将取代落后，这才是真理！

与"浅谈三个问题"作者商榷

陈振基

深圳市建筑工业化研发中心；亚洲混凝土学会工业化委员会

拜读了辽宁贾总的"浅谈产业化发展的三个问题"，很赞同文中的意见。唯有若干问题愿与贾总和业内同仁交流。

1 "住宅产业化现正处于'煎熬'阶段"

我很欣赏贾总所言："住宅产业化也是一场革命，革命最终一定会取得成功，因为先进的必将取代落后"。既然是革命，用新制度、新模式来代替旧制度、旧模式，那一定有一个过程，这个过程可能要一辈子的付出和等待。早在1956年5月国务院就做出《关于加强和发展建筑工业化的决定》；1978年全国建筑的建筑工业化规划会议要求：到1985年全国大中城市基本实现建筑工业化，到2000年全国基本实现建筑业的现代化。现在看来国家层面对建筑工业化和现代化的进程过于乐观了，那么我们这一代要实现建筑业现代化，还会等多少年呢？谁也不知道。本人参与这个进程也有60年，现在还在"付出和等待"。所以对业内的同仁来讲，只有艰苦地、耐心不懈地推动这个进程，无论是前辈和后辈，不宜用"煎熬"来表述，而用"坚持"或"努力"似乎更正能量些。

2 "开发商和建筑商不关心'绿色、节能、环保'"

的确，"绿色、节能、环保的受益者是业主，是子孙后代"。但开发商、建筑商和业主同是地球上的人，也应懂得绿色、节能、环保的意义。只是改革开放的负作用之一就是每个人都需要的住宅走向市场化，房地产被责任感参差不齐的开发商控制，有些就是只顾赚钱，不顾建筑物的质量，更不用讲绿色、节能、环保这类社会责任了。本人觉得扭转这种局面的方法之一，就是政府夺回房地产的话语权。本人在2009年就撰文提出"在保障性住房建设中应积极推行建筑工业化"，文中提到："政府作为最大的房地产投资机构，有许多政策性的技术指令可以在保障性住房建设中贯彻或试行贯彻。保障性住房既然是政府工程，有关部门正应该利用这个平台展示社会进步、科技发展的方向——建筑工业化的效果"。现在很多地方已经在保障性住房中推行建筑工业化了，开发商在得到开发权前就允诺采用工业化方法。随着建筑工业化的优势被广大群众认识，政府加大对工业化的政策推行，私人项目的开发商和建筑商也会采用工业化方法，工业化的比例会逐渐扩大，而这正是中国香港和新加坡已经取得的结果。

3 "工业化的成本优势无法体现"

我同意贾总的意见："目前住宅工业化建设项目太少，不能形成规模效益。而且从造价上来看，工业化住宅要比全现浇住宅略高"。这里有五个方面要讨论：（1）不能把工业化住宅和现浇住宅对立起来，现浇也是工业化的途径之一。现在各地都有高层建筑的现浇技术，有的地方还在推广铝模板、大模板，我们不能把这些都排斥在工业化之外，把工业化等同于装配化。应因地而异，因项目而异选择适宜的工业化。（2）由于目前设计标准化尚未通行，难免有些设计不宜用预制装配方法。单纯为工业化而搞预制装配式，提高成本是必然的。所以还是要从工业化的首要：设计标准化开始。（3）工业化的工厂生产环节要有大改变，要做好产业升级，才能把成本降下来。目前的工厂生产大都是现场施工的复制，只是简单地把部品移到车间里制造。本人在"要重视建筑产业现代化各环节的软肋"中写道："更重要的是在车间里各工序要尽可能使用机械代替人工。比如模具的组装和拆卸、钢筋网的制作和搬运、混凝土的浇灌和振捣，如果仍用人手操作，那劳动力用量不减，甚至会更高，产品质量也不易保证。当然，要一下子全盘机械化或自动化是很难的，至少要改革工具，最大程度地用小型机械或机械手来操作，这是目前工厂化制造的软肋"。（4）工厂化生产要有新组合。现在流行的模式是建筑项目的各种部件全部发包给一个预制厂，后者必须有所有类型部件的模具和生产工艺，这样必然提高生产成本。是不是一个地区可以实行部件的专业化分工生产，把外墙板、隔墙板、楼梯等部件分给不同的工厂生产，也许这样会降低成本。（5）考虑成本不可以以建造成本为唯一评价依据，投标依据，要考虑多方因素。这方面深圳市现代营造公司的谷明旺在 2013 年《住宅产业》杂志上发表的"浅谈建造工业化技术与经济性的关系"，孟建民和龙玉峰 2014 年著的《深圳市保障性住房模块化、工业化、BIM 及时应用与成本控制研究》一书，都有很好的论述和大量研究成果；本人在《建筑技术》2015 年第 6 期刊登的"推行住宅工业化先要改变思维和制度"中提到："思维改革之一就是要把环保效益、全寿命周期的成本、速度效益、日后维修费等因素列入招标条件内，考虑在工程造价中"。现在深圳有大学的博士研究生正在做这方面的研究，计划今年 10 月在深圳将召开一次沙龙，专门研讨工业化的经济问题，届时欢迎贾总莅临指导。

4 不要把预制厂的建设放在工业化的首位

正如贾总所言：有些地方政府把"预制构件生产视为朝阳产业"，热衷于建设预制厂。现在的倾向是：一提建筑现代化，就把建设混凝土构件预制厂当成首要任务，不惜买地建厂房，购买设备，而且要求越先进越好。全国目前已建成上百条生产线，花资数十亿。然而，如果设计标准化还没有做到、做好，有了生产线还要等部品的订单，拿到订单再制作模具、设计钢筋网，让工人熟悉制作过程。做完一个项目后模具就没用了，再等下一个项目，重新做模具，再开始新的生产过程，这样的工厂化和现场制造有什么差别？这样就是现代化了？有些地方由于已有住宅空置率甚高，新住宅建设规模有限，设计及施工环节对工业化方法尚不熟悉，标准化尚未成熟，预制成本过高，以致有些预制厂开工时热热闹闹，锣鼓喧天，做完几个项目后，开工率下降，设备呆置，工人不安，投资方严重亏损，骑虎难下。本人把这股建设预制厂的热潮喻为"一窝蜂"，恐怕不甚为过。工业化的龙头是设计，在设计单位尚未熟悉标准化设计之前，建设预制厂要非常慎重，不要花费巨资而留下产能过剩的局面，这样就根本违反了国家要求推行建筑工业化的要求。

目前构件预制厂是按项目设计的品种和进度生产，自己没有固定产品，而高度个性化的产品，其模具、人工、配套材料的消耗比标准化构件大得多，预制厂是一种"被动"的生产模式，构件的成本确实高过现浇构件。实际上现在推行的预制装配只是做到了工厂预制化，距离机械化、自动化生产还很远。严格来讲，建筑工业化预期达到的减少污染、节约材料、降低建筑物自重等目标并没有实现。只是把废水、噪音、废弃物等由现场高空移到地面上来，数量没有明显减少。

构件生产的模式也要改变。现在预制厂通常为独立企业，可"做万家菜，供万家食"，不参与项目的投标，也不了解工业化部品的情况。等施工企业中了标后，再准备和逐件生产，既影响了进度，还要为交税而提高了成本。本人在香港最大的建筑企业工作时，预制厂和施工部为一家，前者的一切支出都化在建筑总成本中，从未听说"唯一赔得一塌糊涂的是构件生产企业"的现象。构件生产的专业化，用最新流行的语言就是"供给侧结构性改革"，这种改革需要的是创新思维，科技进步。我们不要满足于建设半世纪前国内就已有的预制厂生产模式，还应该把精力放在软件建设上，用创新精神来推出崭新的预制厂模式。

5 政府应营造完善的政策措施和制度体系

现在大家都热衷于建筑工业化，但政府的政策和制度却没有跟上来，还没有完整的与工业化相适应的制度。本人在上文中写道："至于制度的改革就是打破目前设计和施工分家的制度。其实国家 2006 年就提出了设计施工一体化，按照这个办法发展商只需提供基本的工程设计方案，将设计与施工的任务、责任和风险全交给一体化的承包人，这非常有利于设计与施工间的配合，有利于总承包人合理组织设计和施工，也给设计师全程管理，监督工程质量和进度的责任"。

深圳市住建局 2016 年印发的《深圳市住房和建设局关于加快推进装配式建筑的通知》提出，"装配式建筑项目优先采用设计－采购－施工（EPC）总承包、设计－施工（D－B）总承包等项目管理模式"。本人认为深圳市住建局执行上述《通知》一段时间，可能会规定承包政府项目的企业必须为 EPC 或 D－B 类型的总承包。

本人在"推行住宅工业化先要改变思维和制度"中还提到："制度改革另一个范畴就是激发施工单位创造力。施工单位不能永远是产业链中最后的环节，没有话语权，不能仅靠于中标后层层分包下去，收取所谓管理费过日子。推行工业化，其实施工单位的作用比设计还重要。总有一天设计标准化和定型化成熟后，设计的作用日趋淡化，而施工环节的技术革新和科学管理将明显促进工业化的效益。当前施工单位的管理体制落后，普遍沿袭计划经济变身后的承包制，许多质量事故发生于层层分包，每层都要截留利润，使得本来捉襟见肘的费用不足分配，结果是偷工减料、以次充好，工程质量怎么能够保证？"住宅工业化再不能沿用过去的管理方法，建筑业要在管理上创新和改革，许多制度要适应建筑工业化的发展。这可能是一段时间内工业化比建造预制厂更为重要的任务。

中央对建筑工业化和现代化的要求，催促我们的地方政府如贾总所言："政府应营造完善的政策措施和制度体系，使政策措施和制度体系与建筑产业现代化的发展相协调，培育预制装配住宅产业链"。我认为制定推广设计标准化、控制预制厂的建设、提高生产工艺水平、提高工厂的机械化和自动化、推动 BIM 技术使用等等的政策和制度，才是当务之急。

6 "从事建筑产业化的人才数量少、整体素质不高"

贾总此言说到了推行建筑工业化又一个要害。其实20世纪50年代我国学习苏联大力推行装配式建筑的时代，全国大专院校中就设立了建筑制品专业。1966年以前，从我国院校本专业毕业的学生，加上苏联同专业毕业生，为混凝土制品行业的发展起了极大的推动作用，有许多人成了本专业的专家。1976年以后由于各种原因取消了这个专业。现况诚如贾总所言："人才是凤毛麟角"，要"引导优秀技术人才、管理人才向建筑产业化转型"。本人在"建议加强混凝土和建筑制品技术研究"一文中写道："这个专业的人才要有'三条腿'，一是材料——基础课有物理化学、无机化学等，专业课有胶凝材料工艺学、混凝土工艺学；二是建筑和结构——基础课有材料力学、理论力学，专业课有建筑学、混凝土结构、混凝土制品工艺学；三是设备——包括机械零件和建筑机械。由于生产混凝土和预制件要使用各种设备，包括搅拌机和控制系统、钢筋加工设备、工作台和吊车，现场则要用运输车和吊车，所以机器零件和设备的知识，要比同系其他专业更重要。这'三条腿'造成了这个专业的毕业生与其他专业不同之处"。当然半个世纪过去了，对人才的要求可能有变，本人所言只供参考。

其实沈阳推行建筑工业化、装配式建筑是有优势的。（1）沈阳在20世纪60年代采用装配式模式，和北京、上海在同一水平线上，即使后来发现一些问题，但失败的经验教训也是后来的财富。（2）原来的东北设计院建材分院是北京基地设计院迁去的，集中了大批熟悉预制技术的人才，如肖凤鸣、王宗学、唐明贤，省建科院前院长黄荣辉等，都是20世纪60年代初本专业大学毕业的，有着几十年的工作经验和领导能力。如果把他们"请出山"，既弥补了当前的人才匮乏，也让他们"焕发青春"，可能会出现双赢的局面。

以上所言只是本人认识，直人直语，如有不当，欢迎指正。

建筑工业化是行业现代化的关键

王　华

江苏省住房和城乡建设厅

1. 建筑业是我国的支柱产业，2003 年全国建筑业增加值 8166 亿元，比上年增长 11.9％，占 GDP 比重为 7％，对拉动国民经济增长和全面建设小康社会做出了重要的贡献；同时，建筑业也是一个劳动力密集型的传统行业，全国建筑业从业人员近 4000 万人，占全社会从业人数的 5.4％，其中，建筑业吸纳农村富余劳动力 3000 万人，相当于农民工进城务工总数的 1/3；建筑业也属于危险作业行业，2003 年全国建筑业共发生建筑施工事故 1278 起、死亡 1512 人，分别比上年上升 5.79％和 17.03％；发生一次死亡 10 人以上特大事故 3 起。

长期以来，建筑业的劳动生产率提高速度慢，与国内其他行业相比，与国外同行业相比，大多数施工技术比较落后，科技含量低，施工效率差，劳动强度大，工程质量和安全事故居高不下，工程质量通病屡见不鲜，建设成本不断增大。究其原因是：建筑业目前存在着"五多"现象：手工操作多，现场制作多，湿作业多，材料浪费多，高空作业多。这"五多"现象一直影响着建筑业的形象，制约着建筑业的快速发展。我们的大部分建筑业产值是靠拼体力，靠人海战术，靠加班加点，靠浪费能源、资源，甚至牺牲生命换来的。

为此，在我国城镇化和城市现代化的进程中，在工程建设高潮的今天，我们如何从提高施工工效、加快工程进度，减低劳动者工作强度的角度出发，在全面提升建筑业施工技术水平上下功夫？如何接近和赶上国外先进施工技术水平？

要实现建筑业的现代化，建筑业必须走工业化的道路，依靠科技进步，用建筑工业化、部品标准化、施工机械化、装饰工厂化、企业信息化（"五化"）才能解决"五多"现象，只有实现"五化"，才能最终实现建筑业现代化。七十年代和八十年代期间，我国曾经进行过建筑工业化的试点与推广工作，最典型的就是预制空心楼板了，后来由于其板缝问题难以解决（其实是可以解决的，裂缝的主要原因是没有按照操作规程去做），目前大部分的楼板又改成现场浇筑了（其实有的现浇楼板的裂缝更多，更难处理）。笔者认为，建筑业光靠现在的刀耕火种、一砖一瓦的传统施工方式是无法现代化的。

在建筑工业化、部品标准化、施工机械化、装饰工厂化、企业信息化中，首先要解决的就是建筑工业化的问题。建筑工业化符合我国新型工业化的发展方向，是实现建筑业现代化的一个十分重要的切入点。

2. 建筑工业化，首先应从设计开始，从结构入手，建立新型结构体系，包括钢结构体系、预制装配式结构体系，要让大部分的建筑构件，包括成品、半成品，实行工厂化作业。一是要建立新型结构体系，减少施工现场作业。多层建筑应由传统的砖混结构向预制框架结构发展；高层及小高层建筑应由框架向剪力墙或钢结构方向发展；施工上应从现场浇筑向预制构件、装配式方向发展；建筑构件、成品、半成品以后场化、工厂化生产制作为主。二是要加快施工新技术的研发力度，主要是在模板、支撑及脚手架施工方向有所创新，减少施工现场的湿作业。在清水混凝土施工、新型模板支撑和悬挑脚手架有所突破；在新型围护结构体系上，大力发展和应用新型墙体材料。三是要加快"四新"成果的推广应用力度，减少施工现场手工操作。在积极推广建设部十项新技术的基础上，加快这十项新技术的转化和提升力度，其中包括提高部品件的装配化、施工的机械化能力。

在新型结构体系中，应尽快推广建设钢结构建筑，应用预制混凝土装配式结构建筑，研发复合木结构建筑。在我国，进行钢结构建设的时机已比较成熟，我国已连续8年世界钢产量第一，一批钢结构建筑已陆续建成，相应的设计标准、施工质量验收规范已出台；同时，钢结构以其施工速度快、抗震性能好、结构安全度高等特点，在建筑中应用的优势日显突出；钢结构使用面积比钢筋混凝土结构增加面积4%以上，工期大大缩短；在工程建设中采用钢结构技术有利于建筑工业化生产，促进冶金、建材、装饰等行业的发展，促进防火、防腐、保温、墙材和整体厨卫产品与技术的提高，况且钢结构可以回收，再利用，节能、环保，符合国民经济可持续发展的要求。

预制装配式结构应积极提倡。目前，大量的混凝土结构都是现场浇筑的，不仅污染环境、制造噪声，还增加了工人的劳动强度，又难以保证工程质量。南京大地建筑公司从法国引进的预制装配式结构体系（简称"世构体系"），是采用预制钢筋混凝土柱，预制预应力混凝土梁、板，通过钢筋混凝土后浇部分将梁、板、柱及节点连成整体的框架结构体系。具有减少构件截面，减轻结构自重，便于工厂化作业、施工速度快等优点，是替代砖混结构的一种新型多层装配式结构体系。该结构体系已在南京多个工程中应用，效果明显。

复合木结构应尽快研发。复合木结构不仅适用于大跨度的建筑中，还可适用于广大村镇建筑和二至三层的别墅中。应该说，与混凝土结构不同，复合木结构作为今后新型结构形式之一，极具有人性化和环保的特点。针对杨树快速生长和再生的特点，应着力开发杨树木材的深加工技术，包括木材的处理、复合、成型等，制作成建筑用的柱、梁、板等构件，并使其具有防虫、防火、易组合的能力。大量使用复合木结构，可减少对钢材、水泥、石子等建材的需求，这对资源是一种保护；同时，也为广大种植杨树的农民提供了一个优越的市场，不仅提升了杨树的使用价值，而且还为广大农民脱贫致富寻找到一个新途径。可谓是一举多得。可以预见，复合木结构的潜在能量将随着技术的成熟日益显现出来，必将会对我国的建筑业带来一场革命。

3. 首先，国家要组织对建筑工业化技术政策的研究，制定《关于大力推进建筑工业化发展的指导意见》；组织对钢结构、预制装配式结构、复合木结构等新型结构体系技术政策的研究，提出并制定出相关优惠政策和目标；编制《"十一五"建筑工业化发展规划》，确定"十一五"的发展方向和具体任务。

其次，应组织对建筑工业化体系的分类研究，制定攻关的目标，编制《建筑工业化体系技术导则》；组织对钢结构、预制结构、复合木结构技术的研究，形成钢结构、预制结构和复合木结构技术体系，研发相关配套技术和产品，解决新型结构防火、防腐等技术问题；编制相应的设计标准和技术规程，使其部品、构件规格化、模数化、标准化；研发与新型结构配套的外围护结构体系，应用新型墙板和楼板。

第三，组织研发与新型结构体系相配套的整体厨卫技术、一次性装修技术，提倡装饰、装修工厂化、装配化，增加部品件的后场化作业，减少施工现场作业；开展厨卫产品定型化、配套化和系列化的研发，提高产品的可选择性和互换性，做到配置合理，接口方便，并实现规模化生产。组织研究建筑部品件的整体吊装技术、安装技术。

第四，组织研发新型模板材料和模板支撑体系，提倡清水混凝土施工技术，推广复合叠合楼板技术；组织工具式悬挑脚手架技术的研发；研发轻质、高强、大流动度、免振捣自密实且具有良好体积稳定性及耐久性的混凝土，研究和应用轻骨料混凝土，开发纤维混凝土、聚合物混凝土、水下不分散混凝土；开发以各种工业废渣（如矿渣、粉煤灰、硅灰等）为原材料的活性矿物掺合料及各种混凝土外加剂及其应用技术；开发固体建筑废弃物再生利用技术，利用固体建筑废弃物中的碎砖、混凝土、路面沥青等制造人造再生材料。

建筑工业化是我国建筑业的发展方向。建筑工业化能够提升建筑业的科技水平和地位，改变传统建筑业的操作方式、施工工艺和人们的观念，提高施工效率，降低建设成本；提高工人的技术技能，降低劳动强度；提高工程质量，降低质量通病；提高施工文明，降低事故频率；还能带动国内许多相关产业的发展，促进冶金业、建材业、农业和装饰装修等行业的发展，加快实现建筑业的现代化。

当然，应该看到，我国劳动力的价格相对来说比较低廉，随着城镇化和现代化进程的加快，富余劳动力会越来越多；建筑业本身为广大富余劳动力创造了很多就业机会，但一旦建筑工业化的进程加快，就意味着不少劳动力会丧失就业的条件。因此，建筑工业化的速度还取决于中国的国情、建设的成本和成熟的技术。它是一个循序渐进的过程，它与国力、资源、技术息息相关，与标准化的水平、机械化的程度、工厂化的能力和信息化的普及密不可分的。有条件的经济发达地区建筑工业化的进程可以快一些，通过工程的试点、示范，总结经验，再逐步推广。

装配化不等于建筑产业化

叶 明

住房和城乡建设部科技与产业化发展中心

去年以来，我国建筑产业现代化发展迅猛，呈现出前所未有的发展势头。国家在几个重要文件中从不同角度都提出了推进建筑产业现代化的发展要求；全国 20 多个省市积极发挥政府的引导作用，纷纷出台相关的指导意见和政策措施；一大批从事设计、施工、开发、部品生产的龙头企业积极响应，勇于在新一轮发展中抓住机遇、占领先机并实现企业自身的转型升级。

但是，我们必须清醒地看到，现阶段由于建筑产业现代化处于发展的初期，尚缺乏国家层面的顶层设计，建筑产业现代化的内涵、步骤、路径还不够清晰，一些地方政府还只是盲目地用行政化手段推进，单纯地用预制率指标来衡量产业化、工业化程度，甚至简单地以"装配化"程度来论建筑产业现代化水平；一些企业虽然投入了大量的人力物力财力进行研发、应用装配式结构技术，但仍然未脱离传统的生产方式和管理模式，忽视企业的管理创新，使得工程项目的整体质量、效率、效益不高，还没有完全认识到建筑产业现代化是要从管理现代化上要质量、要效益。其主要原因是对建筑产业现代化内涵的理解和认识还不到位，还停留在以往的单一的产业化技术的研发、推广和应用层面上，还局限在一般意义上的建筑装配化。笔者认为"装配化"仅仅是推进建筑产业现代化一个特征表现，或者说，仅仅是工业化生产方式的一种生产手段、一个有效的技术方法和路径，不是建筑产业现代化的最终目的和全部。因此，在现阶段对这个问题必须要有一个清醒的认识，必须对建筑产业现代化有一个全面的理解，才能使政府工作指导有力，才能使企业在发展中赢得主动、赢得市场，才能保证建筑产业现代化持续、健康发展。

建筑产业现代化是以绿色发展为理念，以住宅建设为重点，以新型建筑工业化为核心，广泛运用信息技术和现代化管理模式，将房屋建造的全过程联结为完整的一体化产业链，实现传统生产方式向现代工业化生产方式转变，从而全面提高建筑工程的效率、效益和质量。

建筑产业现代化的核心是新型建筑工业化，而新型建筑工业化的核心要素是技术创新和管理创新。是在房屋建造的全过程中采用标准化设计、工厂化生产、装配化施工和全过程的信息化管理为主要特征的工业化生产方式，并形成完整的一体化产业链，从而实现社会化的大生产。绝不是在传统生产方式上的修修补补，也决不能简单地用"装配化"来概括或替代。

在推进建筑产业现代化过程中，一是要从整体上把握，从整体上推进。这项工作绝不是一个部门的工作，要统一认识，建立协调机制，优化配置政策资源，统筹推进、协调发展。二是要遵循市场规律，不能盲目地用行政化手段推进，更不能一哄而上，急功近利。要让工业化的技术体系和管理模式在实践中逐步发展成熟，才是健康发展之道。三是要注重管理创新，管理体制机制是可持续发展的保障。由于建筑工业化是生产方式变革，必然带来现有管理体制、机制的变化，尤其是相关主体责任范围的变化，现行的体制机制如何适应新时期建筑产业现代化发展的要求，是当前需要亟待加以研究和解决的问题。四是要培育龙头企业，发挥龙头企业的引领和带动作用。

建筑工业化成本影响因素刍议

龙玉峰　邹兴兴　徐晶璐　王春才

华阳国际设计集团建筑产业化公司

1　国内外工业化发展现状

1.1　国内工业化现状

我国正处于城市化快速推进，大规模建设的发展时期，工业化方式建设周期短、效率高，是目前工程建设的一个新兴建造模式。然而国内工业化发展面临瓶颈期，成本方面居高不下，各类工业化体系成本增量较高，不同体系间成本差异性大。工业化体系平均成本较传统现浇体系增加 200～500 元/m²，这让许多开发商在工业化领域踟蹰不前，一定程度上阻滞了工业化的推广。笔者认为工业化方式综合效益明显，但人们很难从建筑的全寿命周期来看待工业化建筑，没有形成综合成本观。市场对工业化的优越性能和品质还没有充分认识，看待工业化成本增量较为片面，没有从长远的角度来看待工业化的发展。

1.2　国外工业化发展的历程

国外发达国家的工业化发展得益于政府的政策主导，集中资金和技术，进行大规模生产，使得工厂化完全代替传统的半手工半机械的建设模式。以日本为例，在工业化发展过程中出台各项制度法规，确立工业化的建造技术体系，规范工业化产品的生产和销售。在成本方面，不同的生产方式的基础成本、土地成本、改造宅基地成本、场地准备成本等均相同，工业化带来的成本不同点主要集中在建筑成本和资金成本上，其中工期缩短带来的资金效率和人工成本的降低弥补了工业化自身增加的建筑成本。而日本人力成本较高，通过工业化生产，减少了工人在现场的工作时间，促使劳务升级，大大降低了劳动力成本，从而有效控制了工业化的成本。

2　工业化成本及影响因素解读

在我国，工业化成本构成与日本相似，传统建筑工程造价主要由直接费（含材料费、人工费、机械费、措施费）、间接费（主要为管理费）、利润、税金等构成，工业化建筑整个建造周期内较传统现浇建筑增加的费用中包括部分的材料费用、构件厂中的构件生产费用、构件运输费用以及现场施工增加的费用等。

2.1　材料费用增量

工业化建筑需要增加一些材料来保证构配件正常的安装及建筑的性能，主要包括预埋件、防水胶、PE 胶条等。其中预埋件包括调节件、套筒、吊环等。其中调节件与吊环是构件安装中的辅材，套筒的数量则受构件拆分设计的影响，不同的工业化拆分方案可能带来套筒数量的较大差异性。另外，防水胶和 PE 胶条则解决了建筑节点防水问题，用量受工业化结构体系选型及节点做法影响，因此材料增加的费用与工业化体系技术的合理性及经济性有关。

2.2 构件生产费用增量

工业化建筑构件需在工厂内遵循严谨的工序进行生产（详细流程见图1）。

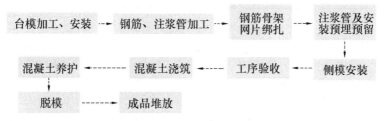

图1 工业化建筑构件生产工序

从台模安装到钢筋绑扎，再到混凝土浇筑、养护，最后形成成品构件，在整个构件生产过程中与传统现浇相比，除去增加的材料外，多出了整套生产模具。模具的种类及周转次数是影响构件生产过程中成本增量的重要因素。其中模具的种类和工业化的前期拆分设计密切相关，设计过程中对建筑整体预制部位的把握影响到预制体系的选择，进而影响预制构件的种类，这样生产过程中的模具数量也随之受到影响。设计中不同种类的预制构件越多，构件形式越复杂，则模具的成本会越高。

图2 生产过程部分图示

然而目前我国模数体系不健全，设计初期缺乏对产品标准化的有效考虑，构件设计与生产没有足够有效的沟通，以致构件标准化程度不高，生产中模具种类增加，从而极大影响了工业化成本。模具的周转次数则取决于工厂自身生产管理和技术，如生产前对模具的清理，脱模剂的使用等诸多因素。

2.3 运输费用增量

工业化构件需要从工厂运输到项目建设地，增加的运输构件费用与运输效率有关。构件的运输效率受运输距离及构件重量和大小的影响。构件重量和大小在设计的初期便需要进行考虑，常规设计中，一般控制构件重量在5t以内，其长度控制在5m以内（根据实际工业化项目中的经验数值），以保证构件能高效的运输。此外构件厂选址与项目所在地的距离关系也尤为重要，距离效率越高，其成本增量则越低。

广深区域十字型标准楼型测算的运输费用增量表（数据由万科提供）　　表1

公里 （当天往返）	台班费用 （元/台班）	运输效率50%	运输效率60%	运输效率65%	运输效率70%
≤50km	1500	231	192	178	115
70km	2000	308	256	237	154
100km	2500	385	321	296	192
150km	3200	492	410	379	246

图3　运输图示

2.4　现场施工费用增量

工业化现场施工的费用增量包含机械费用及人工安装费用，其中机械费用控制体现在塔吊布局和选型的经济性上。合理的塔吊选型需结合构件的设计，构件的重量及数量对吊装效率有很大影响，构件设计得过多吊装效率下降，构件设计得过重远端构件可能无法起吊，这都将影响到施工的成本。因此在构件拆分设计中应把构件的重量和数量控制在一个合理的数值上。

工业化的节点施工不同于传统现浇体系，往往也需要借助其他工具来辅助施工，新的施工操作方式使得工业化施工部分的人工成本提高。

2.5　其他各项成本减量

工业化建造方式虽然产生诸多成本增长因素，同时也有很多节约成本保证质量的优势。一是缩短工期，工业化建造效率高，能极大缩短项目的建造周期，从而减少资金投入；二是外墙可免除抹灰，减少繁复的抹灰工程，相应地减少了人工成本；三是节省爬架、脚手架费用和预制部分模板费用，减少了现场湿作业，也减少了施工的成本。诸如这些工业化的改变，不仅带来了成本上的减少，同时也促使建筑业这项传统行业技术升级，迈向低碳环保、科学现代的新时期。

2.6　实际项目中的成本增量

深圳某工业化项目共两栋35层住宅楼，其中标准层33层，建筑高度98.05m，标

图4　施工图示

准层层高为2.8m，建筑面积24690.64m²。其中一栋采用工业化结构体系，预制构件主要包括预制剪力墙，预制阳台叠合板，预制楼梯以及预制花池；另一栋采用传统现浇体系。

本项目主要成本变量分析表（数据来自某住宅项目）　　　　表2

序号	名　　称	工业化指标	传统方案指标	差额
工业化与传统工艺指标对比表				
一	增加项			
1	铝模 VS 木模	233.54	185.04	48.50
2	PC构件 VS 砌体	275.29	100.06	175.23
3	垂直运输设备增加费	20.00	0.00	20.00
4	咨询、设计增加费用	30.00	0.00	30.00
5	构件荷载加大增加费用	20.00	0.00	20.00
二	减少项			
1	爬架 VS 脚手架	110.97	199.45	−88.48
三	小计			205.25

表2反映了本项目传统现浇体系与工业化结构体系的成本对比，工业化结构体系较传统现浇体系理论值包括以下六项成本变量：

（1）铝模与木模成本差异：

本项目标准层建筑面积为719.64m²，以标准层的模板用量比较分析铝膜与木模的成本差异。表3中铝模租赁费按市场价68元/m²计算。工业化结构体系中相应会增加钢副框预埋安装费及外墙涂料施工费，此三部分费用均按市场价考虑。铝模施工则减少相应墙体内外墙抹灰费用。

工 业 化

序号	对比项目	单位	工程量	单价	合价	备　注
1	铝模	m²	2204.4	68.00	149899.88	包含铝模租赁费、安装费、混凝土打磨修补费用、设计费、试拼装费、后期维护费、管理费、垂直运输费、二次搬运费、铝模安装人员住宿费、总包税金等达到技术要求所需一切费用
2	钢副框预埋安装费	m²	167.14	80.00	13371.20	
3	外墙涂料施工费增加（因全吊篮施工增加费）	m²	795.22	6.03	4795.18	
4	合计	元			168066.26	
5	建筑面积	m²			719.64	
6	指标	元/m²			233.54	

传统施工

序号	工作内容	单位	工程量	单价	合价	备注
1	木模	m²	2204.4	54.05	119148.36	
2	墙面抹灰	m²	338.72	41.38	14016.23	
3	合计	元			133164.59	
4	建筑面积	m²			719.64	
5	指标	元/m²			185.04	

在传统现浇结构体系中，包含木模使用费以及抹灰费用。综合以上信息得出，工业化结构体系施工较传统结构体系施工成本总量增加约 48 元/m²。

（2）构件成本与现浇成本差异：

以本项目整楼栋为例对比，其中楼栋建筑面积为 24690.64m²。

预制构件与现浇成本比较（数据来自某住宅项目） 表4

工 业 化

序号	对比项目	单位	工程量	单价	合价	备注
1	预制构件制作—甲供（货到工地价）	m³	1792.14	3249.31	5823206.60	
2	模具费用	套	1.00	294723.4	294723.4	
3	PC驻厂人员	人/月	12.00	11800.00	141600.0	
4	构件安装费用—总包	m³	1792.14	300.00	537641.2	
5	小计	元			6797171.2	

	工 业 化					
序号	对比项目	单位	工程量	单价	合价	备注
6	建筑面积	m²			24690.64	
7	指标	元/m²			275.29	

	传统施工					
序号	对比项目	单位	工程量	单价	合价	备注
1	加气混凝土砌块外墙，200mm厚	m³	1792.14	510.00	913989.95	
2	内外墙抹灰	m²	28513.28	41.38	1179879.53	
3	内外墙钢丝网	m²	12538.24	30.04	376648.73	
4	小计	元			2470518.20	
5	建筑面积	m²			24690.64	
6	指标	元/m²			100.06	

表 4 中工业化成本部分主要包含工业化预制构件本身的制作及运输费用、模具制作费用、驻厂人员费用及预制构件现场吊装费用。传统结构体系该部分成本包含砌体墙费用、内外墙抹灰费用以及内外墙挂钢丝网费用。

由测算结果可以看出，工业化结构体系施工较传统结构体系施工，增加费用为 175.23 元/m²。

其中，模具费用由现场施工进度、项目结构形式以及生产效率等因素共同决定。本项目主要使用：预制墙模具共 8 套，每套模具按经验值 280kg/m²，模具单价按市场价 11 元/t。预制阳台板模具共 1 套，每套模具按经验值 400kg/m²，模具单价按市场价 15 元/t。预制花池模具共 1 套，每套模具按经验值 400kg/m²，模具单价按市场价 13 元/t。预制楼梯模具共 1 套，每套模具按经验值 400kg/m²，模具单价按市场价 15 元/t。

（3）爬架与脚手架成本差异：

爬架与脚手架成本比较（数据来自某住宅项目）　　　　表 5

	爬架工期为 12 个月					
序号	自爬式外架	单位	单价	工程量	施工月份	合价	备注
1	设备租赁使用费	（元/m·月）	645.00	223.20	12.00	1727568.00	
2	爬架技术服务作业费用	（元/m²）	26.00	24064.56	1.00	625678.64	含搭拆、提升以及维护

爬架工期为 12 个月						
序号	自爬式外架	单位	单价	工程量	施工月份	合价	备注
3	管理费、利润、税金（5%+5%+3.48%）	13.48%				317217.65	
4	总计（A）					2670464.28	

钢管脚手架工期为 15 个月						
二	传统钢管脚手架	单位	单价	工程量	合价	备 注
1	建筑综合脚手架搭拆（建筑物高度 110.5m 以内）	m²	66.08	24064.56	1590186.12	
2	建筑用综合脚手架使用 100m²·10 天（有效使用天数）	m²·天	0.43	59553.978.60	2561070.80	主体结构按 8 天/层计算，外架拆除完按 90 天计算。已含外架上脚手板费用
3	脚手架上挂安全网高度 110.5m 以内	m²	15.79	24064.56	379979.40	
4	靠脚手架安全挡板搭拆（建筑物高度 110.5m 以内）	m²	21.32	5531.60	117933.71	
5	靠脚手架安全挡板使用元/100m²·10 天（有效使用天数）	m²	0.11	1369071.00	150597.81	
6	总计（A）				4799767.85	

本项目工业化楼栋采用爬架施工，表 5 中主要包含爬架租赁费及爬架技术服务费用，价格均按市场价考虑。传统现浇结构体系采用外墙综合脚手架以及脚手架上安全挡板。由测算结果可以看出，工业化结构体系施工比传统结构体系施工，减少费用为 88.48 元/m²。

从整体上看，本项目工业化结构体系比传统结构体系建安成本增量约 205.25 元/m²。当工业化项目规模化之后，模板、模具、爬架等方面对工业化成本的影响将减小。根据香港理工大学针对香港公屋的维修信息的搜集和分析，工业化项目每年混凝土加固等维修费用比传统住宅每年节省 4.4 元/m²。按建筑寿命五十年计算，共节省维修费为 220 元/m²。若从整个生命周期看待工业化成本，预制部分的后期维护成本将大大减少。

3 结语

在工业化施工的项目中，虽然在生产、运输、施工全过程中，产生了一定的成本增量，但同时也带来了建筑品质和效率上的提升。工业化施工相比传统施工方式施工周期短，资金回收快；建造质量高，工厂预制能有效解决以往墙体开裂与漏水问题，保证了建成后的用户使用体验，建造方式也更为节能低碳环保。工业化建造方式提高了生产效率，缩短了工期，保障了建筑质量，促进了节能环保，优化了劳动力配置。从整个生命周期看，也减少了后期维护成本及人力成本。但在实际项目中，工业化的成本影响因素较多，其最终成本并非某一环节主导控制的，而是各方面因素综合作用的结果，我们应当以综合的成本观来看待工业化成本。

在未来的工业化项目中应控制设计、生产、施工各个环节，合理设计、高效生产、优化施工，将工业化建设推向规模化，这样才能真正达到工业化成本可控。

住宅建筑工业化关键技术研究

蒋勤俭

北京预制建筑工程研究院

近年来，我国住宅建筑飞速发展，其建造和使用对资源占用和消耗都非常巨大。与国外发达国家相比存在住宅建造周期长、施工质量差、能源及原材料消耗大、产业化程度尤其工业化程度低等问题，迫切需要采取工业化手段来提高住宅建设的质量和效率。开发符合产业化发展要求，工厂化、标准化程度高，施工速度快，节能省地、经济性好的新型工业化住宅体系，已经成为我国目前推进建筑工业化发展的一项重要工作。

1 工业化住宅建造关键技术研究课题背景

1.1 立项必要性

我国"十五"以来，对住宅产业化问题进行过研究和推广，取得了一定成效。但对预制装配整体式混凝土住宅建筑的关键技术没有进行过系统、深入的研究，至今没有形成配套的工业化技术政策和标准规范体系，已建成的示范小区工程多是现浇混凝土结构，不具有高效环保的工业化节能减排特征。

研究实施装配整体式工业化住宅建筑体系，符合目前我国正在推行实施的住宅产业化政策要求，不但可以提高住宅工程质量和装修品质；而且可以最大限度满足我国倡导地节能、节地、节水、节材和保护环境（"四节一环保"）的绿色建筑设计与施工要求。

通过系统的研究和实施，建立完整的技术体系和标准规范体系，可为装配式工业化住宅建筑的大量建设提供支撑。在日本、欧美等发达国家，预制装配混凝土技术已经比较成熟。例如，在日本已经有完整的规范标准体系，有具有专业设计、构件制作、运输、安装、装修一体化的建筑企业，住宅全部是交钥匙就可居住；装配整体式混凝土框架结构住宅建筑的高度已经突破180m。按照国外的经验，装配整体式混凝土建筑体系不仅可用于新农村建设和城镇化建设中的大量低、多层住宅建筑，同样也适用于大中城市中高层住宅建筑。

1.2 存在问题分析

我国20世纪七八十年代开发建设的预制装配式住宅建筑存在许多问题，照搬过去的经验已经不适应现时期我国住宅建设的实际需求。目前开始进行的新型工业化住宅建筑的基础性研究工作和工程试点，主要从性能和功能两方面完善提高工业化住宅的技术经济性。由于多年来我国缺乏工业化住宅的研究积累和工程实践，结构构件和部品的工业化率仍然很低。究其原因主要有以下几方面：

（1）工业化住宅建筑技术经济政策配套缺乏；工业化住宅部品认证体系及管理体系需要健全；劳动力培训体系有待建立和完善。

（2）装配式混凝土住宅结构基本受力性能及抗震性能研究不够；相关技术标准和构造

图集、技术指南不完善。

（3）装配式混凝土住宅总体设计策划能力差、细部构造、建筑部品及配套材料研究开发不够。

（4）构配件生产工艺及施工装备水平落后，施工管理及施工安装技术、检测手段不能满足要求。

1.3 主要研究内容

（1）预制装配式混凝土住宅建筑的结构性能、抗震性能等关键技术研究。

（2）建筑配套部品的系统研究、产品开发、设计配套技术研究。

（3）构配件生产、施工安装关键技术研究与开发。

（4）技术标准的研究与编制。

（5）较大规模的示范工程。

2 住宅工业化关键技术研究

2.1 基础理论与试验研究

（1）装配式混凝土建筑结构体系研究：包括框架结构、框架-剪力墙结构、剪力墙结构等；主要研究装配式叠合楼盖结构性能；装配式框架节点受力性能、抗震性能；装配式剪力墙节点受力性能、抗震性能；构件承载与变形性能，装配节点大直径钢筋浆锚连接构造的承载及连接整体性能等。

（2）装配式混凝土工业化住宅的建筑性能研究：包括墙体保温隔热性能、接缝防水性能、建筑防火性能、外墙装饰性能、墙体耐久性能及隔声性能等。

（3）装配式混凝土工业化住宅经济性能研究：包括设计与施工总体策划管理，标准化设计与施工技术，项目实施的时效性与规模效应对比等。

2.2 工业化建筑设计技术

重点研究开发以下技术：

（1）结构体系选择与模数化、标准化设计：我国的住宅建筑工业化结构体系还没有完全确立，通用结构体系和专用结构体系的协调配合还没有解决，标准化概念和设计技术还没有得到足够重视。导致目前工业化住宅设计方案实施成本高、周期长，最大的原因是缺乏有经验的设计咨询人员。

（2）构件及装配节点的深化设计：工业化住宅的关键是要解决构配件的标准化定型和装配节点的构造详图设计。

（3）工业化专用三维设计软件开发：由于装配式混凝土结构设计构造的自身特点，要求设计方案必须在施工前检查复核，确保各专业的交叉重复在设计阶段解决，提高工业化设计的准确性。

2.3 构配件优质高效加工制作技术

应制定采用机械化水平较高、具有一定规模的专业预制工厂取代目前无质量保证的分散的小厂认证管理办法，鼓励预制工厂采用先进的生产工艺和流水线、提高生产效率和产品质量、完善运输安装过程服务。实现节能减排和清洁生产。主要研究开发下列关键技术。

（1）构配件高效生产技术：采用机械化生产线可以减少工人劳动强度，提高产品质量和生产效率。

（2）构配件清洁生产技术：采用工厂化定点批量生产，最大限度减少建筑垃圾及废弃物排放，满足国家环境保护政策对建筑业推广绿色施工要求。

（3）构配件节能生产技术：采用自动控温的节能养护窑可有效降低能耗，加速模板周转，缩短工期，降低成本。

2.4 专业化施工安装技术

（1）工业化施工安装软件管理系统开发：应针对工业化住宅结构体系开发施工安装管理软件，规范指导预制构件的施工装配。

（2）安装设备及配套机具开发：结合具体工程示范开发标准化定型化住宅配套设备安装机具。

（3）工业化定型模板配件及支撑系统开发：配套模板及支撑固定用脚手架的开发与完善。

（4）装配节点专业化施工及配套材料开发：连接套筒及高强无收缩灌浆材料的开发与应用。

3 住宅工业化实施方案

3.1 政策引导与行业管理（政策支持）

充分发挥政府的指导作用，研究、建立或完善有关技术经济政策；针对装配式工业化建筑的特点，建立推广装配式建筑体系的构配件工业化生产、专业化施工安装的管理体系；建立设计研究、构配件生产、安装施工队伍的培训体系；走专业化、集成化、标准化、产业化发展道路。

3.2 预制工程标准规范体系建立与完善（技术配套）

建立以科研院所、高校、设计单位、大型房地产开发企业、构配件生产企业、施工企业组成的"产学研"团队；建立符合受力性能和抗震性能要求的预制装配式混凝土住宅结构体系，并建立相关技术标准体系；建立适用于装配式住宅建筑体系的节能配套技术，保证装配式建筑的能耗低于现浇混凝土结构。

3.3 设计、制作与施工的专业一体化公司（PCE）模式（经济考核）

确立以企业为中心，形成一套完整的建筑产业化链条，建立"研究—设计—预制—施工"一体化的专业化房屋工厂模式，带动一批传统建筑企业向专业化房屋工厂企业的转型，长期从事住宅工业化的设计与施工业务。进而推动我国住宅产业化整体水平的提升。

通过大规模试点工程的推广应用，形成专业一体化管理模式为主，预制构件专业化加工为辅的管理模式和运作方式，培训出一批新型建筑工业化企业，为新农村建设、城镇化建设和政府保障性住房建设提供良好的住宅体系。

我国住宅工业化的适宜发展路径

陈振基

深圳市建筑工业化研发中心；亚洲混凝土学会工业化委员会

1 喜见住宅工业化的课题受到关注

翻阅《墙材革新与建筑节能》最近几期，高兴地看到本刊开始关心住宅产业化的课题。笔者在本刊 2009 年第 5 期就提出"墙材革新与建筑节能的根本在于建筑工业化"的观点，认为用新型墙体材料替代实心黏土砖，而不改变墙材的手工操作方法，建筑节能只是在围护结构上增加了保温或隔热层，这和发达国家推行了几十年的建筑部件化、建筑工业化、住宅产业化的发展模式还有很大的距离。

不过，笔者对住宅产业化的概念有不同看法。这个说法是 20 世纪 60 年代末日本首先提出的，他们为了迅速建造优质价廉的房子以满足居民的需要，举全国之力开发住宅。在城市废墟上成片地用工厂里制成的部件，在现场用机械安装标准化的住宅，使设计、制造、安装、销售和管理逐渐成熟。到 20 世纪 80 年代中期已形成完整的体系。20 世纪 90 年代的住宅产业化得到进一步的发展，设计趋于多样化，工厂制造的技术水平和产品质量进一步提高，施工的机械化和自动化水平也有提升。也即住宅产业化包括了设计、施工、装修、房屋销售和管理服务等环节。在我国目前情况下，设计和施工归属于建筑工程行业，而装修、房屋经营和管理服务则归属于物业管理行业，很难"被产业化"。所以笔者认为还是提住宅建筑工业化较好。

住宅建筑工业化，就是依靠科技进步，在工厂内按标准的工艺流程，用机械设备制造出住宅的标准部件，再在工地上用机械拼装成建筑成品。这种装配式住宅的生产和施工，是对传统用各种建筑材料现场湿法施工的根本改革。

第二次世界大战后，世界房屋需求量激增，多个发达国家住宅的工业化比率已达 70%～80%。但作为世界最大的建筑大国，中国的建筑量约为世界总量的 50%，但工业化率仅为 7%，有待极大的提高。

半个世纪前我们在苏联影响下推行过装配式房屋。但是在随后的"大跃进"、"解放思想"的思潮下，技术不成熟的材料相继推出，产品质量不被重视，预制件质量差，安装要求低，节点没有可靠连接，以致在唐山大地震中预制楼板倒塌，造成居民伤亡。从那以后，人们一提工业化，就联想到那种分散构件搭接起来的"一震就散"的装配式房屋。我国的混凝土预制行业自此一蹶不振，全国数万个预制厂相继倒闭，现场作业恢复了对建筑业的垄断。

事实上，现代的工业化房屋可以做到与整体现浇结构相同的抗震性能。

我们提倡的工业化房屋的构件虽然和装配式房屋一样是预制的，但并非像过去那样把预制构件简单地搭接在一起。现代的装配式房屋在梁和柱、柱和墙板、梁和楼板的连接处都有可靠的钢筋连接，再用现浇混凝土浇成整体，达到与现浇混凝土结构"同性化"。这样，既可以将整个结构体系和各个部件的设计沿用目前整体现浇混凝土的规范，也把现代住宅不可或缺的"风火水电"的管线预埋在预制构件中，只在节点处集中连接，大大节约了现场人工。

2008年汶川地震以后国内抗震规范《建筑抗震设计规范》GB 50011—2010修订增加了"多、高层的混凝土楼、屋盖宜优先采用现浇混凝土板。当采用预制装配混凝土楼、屋盖时，应从楼盖体系和构造上采取措施，确保各预制板之间连接的整体性"的条文。实际上该规范并没有否定预制构件的采用，只是要求保证连接的整体性。

国外大量资料表明，如果按上述条文要求，能确保各预制板之间连接的整体性，预制结构的抗震性毫不亚于现浇混凝土结构。2011年11月，美国知名结构专家Alfred A. Yee博士应邀来深圳，就预制结构讲了课（笔者有幸任口译）。Yee博士在太平洋周边地区设计过多栋高层建筑，经历了多次强烈地震而无损。菲律宾马尼拉的预制建筑经受了1968年、1972年和1990年的三次里氏7.2～7.7级以上的强地震。用他的技术在日本神户建的高层办公楼，经历了1995年1月的7.2级阪神大地震而没有损坏，Yee博士因而在同年4月获得了美国夏威夷州参议院全体议员的署名贺信。

美国的关岛和全世界其他地区，低层和高层的预制混凝土结构都经受了重大地震的考验，证明是有能力抗震的。

日本是世界上抗震设计最严格的地区，东京几乎有40%的从35～43层的高层建筑是用预制混凝土结构建成的。最近东京还建造了54层的预制混凝土结构。中国大连有着建筑"美男子"之称的希望大厦，地上40层，地下3层，也是按抗震要求设计的预制混凝土结构。美国加利福尼亚州的三藩市建成了一栋39层的按四度设防的预制预应力混凝土建筑。

有关详细资料可参阅深圳市住房和建设局与亚洲混凝土协会合编、笔者主编的《国外工业化建筑的经验文集》。

2 住宅工业化从什么部件开始

一个住宅有许多部件，竖向部件有内外墙、剪力墙、框架柱；水平部件有框架梁、楼板、阳台板和屋面板；斜向部件为楼梯段。工业化房屋的部件应该从何开始推进呢？以顶层设计的角度来看，工业化部件如何从易到难、从小到大，一步步发展呢？

《墙材革新与建筑节能》2014年第6期陈福广"加快发展技术先进的优质板材推进住宅产业化进程"一文提出，建筑板材占住宅部品部件的80%左右，因此要重视建筑板材的发展。

笔者从深圳市建筑科学院得到了两个住宅样品的部件分析，该两个住宅样品是：(1) 坂田保障性房A栋一个单元标准层，每层消防电梯和客梯各一，另有一个混凝土楼梯。每层5户，标准层总面积282.15m²，全部为两房一厅，每户建筑面积56.43m²，可视为作为小户型的样本；(2) 万丈坡安置房2栋标准层，每层消防电梯和客梯各一，另有一个混凝土楼梯。每层4户，标准层总面积489.32m²，2户四房两厅两卫（面积121.55m²），2户三房两厅两卫（面积123.11m²），可视为大户型的样本。

笔者把两型住宅的部件按通用的尺寸计算出体积，再分摊到每平方米建筑面积上（表

1）。必须声明，这些体积是根据该两型住宅所用的结构体系和墙体体系得出的，体系不同的住宅，部件比例可能有差异。

两型住宅每平方米建筑面积各部件的体积和比例　　　　　　表1

序号	部件名称	小户型		大户型	
		体积	%	体积	%
1	剪力墙柱	0.173	33.4	0.090	23.26
2	梁	0.087	16.8	0.055	14.21
3	楼板	0.10	19.3	0.104	26.87
4	内墙	0.061	11.78	0.065	16.80
5	楼梯	0.01	1.93	0.004	1.03
6	外墙	0.077	14.86	0.059	15.2
7	小板	0.01	0.01	0.01	2.58

这两种户型的通用标准构件—专用非标构件—承重结构构件的比例可见表2。

通用标准构件—专用非标构件—承重结构构件的比例　　　　　　表2

编号	类别	构件名称	小户型（%）	大户型（%）
1	通用标准件	楼板、楼梯、内隔墙、小板	34.94	47.2
2	专用非标件	外墙板	14.86	15.2
3	承重结构件	剪力墙、柱和梁	50.2	37.4

这个比例分析表明，各种板材（包括楼板、楼梯、内外墙）约占部件总体积的50%～62%。

我国发展住宅工业化的适宜路径，应该是一种按部件的标准化程度和结构受力复杂程度，从易到难、从简单到复杂的路径。笔者的观点是：内墙板—楼梯和楼板—外墙板—立体构件—结构承重构件。相应各阶段的预制率可能为15%～20%、35%～40%、50%～60%、65%～75%和85%～95%。

实际上这也是香港公共房屋预制装配建筑方法的演进路径。笔者在《墙材革新与建筑节能》2006年第5期上即已撰文提及。《国外工业化建筑的经验文集》中香港房屋署结构总工程师麦耀荣也有专文介绍。

3　住宅工业化发展各阶段的细述

（1）内墙板是住宅中最简单的部件，目前国内外都有标准规格，产品也有生产规范，是工业化起步的最佳选择。内墙板在十多年前即已在国内流行，当时被视为代替砖墙效益最明显的房屋部件。但是，太多的厂家一哄而起。由于生产门槛不高，"土法上马"、"简易生产"的厂家遍地开花，低质产品充斥市场。至今仍有发展商为已投入使用的房屋的内墙板开裂、变形弄得焦头烂额，被业主追讨损失。这不但是建筑业的悲剧，对墙板的名声起了负面作用，更重要的是阻碍了住宅工业化的健康发展。

内墙板的生产、运输和安装环节必须大大提高质量，当我们的住房已经跨入每平方米万元或数万元的价位，三十年前尚可接受的那套生产工艺再也不可以用了。

混凝土制品最简单经济的养护方法是自然养护，事实上自然养护的温度、湿度和时间无法严格规定，导致成品强度和含水率难以控制，这可能是造成目前内墙板安装后变形开裂的主要原因。过去国内流行的用挤出机在长线台座上生产内墙板的工艺，主要依靠自然养护，不应再受到推崇。其次，我国墙板的安装规程也要规范化和科学化。单靠砂浆连接相邻墙板的原始方法是极不可靠的，应该改变。

图1 预制厂内代运的陶粒混凝土空心内墙板

有人认为，我国的墙板生产设备水平低，应靠引进来改变面貌。笔者二十年前用陶粒混凝土以成组立模制造空心内墙板（图1），除了板的面密度超过国家标准，被国内检测机构判为不合格外，其他指标均达到英国标准要求。由于产品全部销往香港，经香港房屋署批准可以使用。成组立模的机械化程度较高，加之使用电热养护，出模后再经泡水养护、薄膜包装，混凝土完全成熟后方拆包安装，所以使用了近百万平方米也没有出现过变形开裂事故。在综合使用热水搅拌、模具预热、早强减水等技术后，产品可以4h出模，设备每天周转4次，至今仍是该设备厂家的最佳纪录。所以，认为内墙板一定会开裂，因此不敢在工业化住宅中使用的观点是没有根据的。

（2）楼板功能也比较单一，只要跨度尺寸标准化，预制起来规格不会很多，也易于工业化。

由于住宅的房间较小，楼板跨度不一，有人认为使用工业化的预制楼板规格难以统一，因此目前多数工业化住宅常采用现浇楼板，以工具式模板、预制钢筋网和工厂化的预拌混凝土来实现工业化。笔者在主编深圳市的《住宅建筑工业化评价标准》时，把这些元素都归为工业化，但毕竟模板、钢筋和混凝土三者分开的工业化程度没有预制制品那么高，所以研究合理的预制楼板构造型式还是当务之急。

目前国内用得较多的是叠合式楼板，即下面是预制的预应力板（带加劲肋或不带加劲肋），上面铺钢筋网后现浇面层混凝土。但是由于预应力板的生产手工环节过多，混凝土强度不均匀，以致预应力放松后楼板底面不平，日后还要做天棚抹灰，费工废料。

环太平洋地震区采用了美国Yee Precast Design Group Ltd的建议（图2），在预制底板的端头留出钢筋，且向上斜弯，形成鸭筋，在预制承重墙板顶部交叉。现浇面层内增加了负弯矩钢筋，将相邻楼板连成整体。这种连接把预制底板尺寸误差对结构整体性和组合体系性能的影响降到最小，对抗地震水平力是极有利的。

空心楼板也是较好的预制楼板构造形式，这种楼板在20世纪50年代末期国内

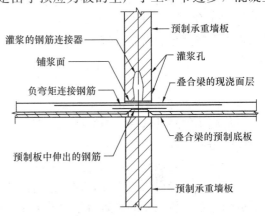

图2 预制承重墙板支承着预制混凝土板和现浇面层组成的叠合楼板

大为流行，开始时使用简单的木模，在空地上因陋就简翻转预制，待混凝土达到一定强度后再把圆芯抽出。北京第一构件厂（后来的榆构公司），用机组流水法以钢模在振动台上成型，经过蒸汽养护送往堆场，成为预制装配化的典范。后来也从东欧引进了圆孔挤出机械，相当于目前的 SP 大板生产原理。SP 大板适用于砖石结构、钢混结构和钢结构体系。1996 年国家科技部以建科［1996］182 号文件将之列为科技重点推广项目，但至今空心楼板成熟的生产和应用经验尚基本空白。

但在中国台湾和新加坡，应用新加坡 SpanDeck 集团公司的生产机械和技术，已有高层住宅使用空心楼板的成功经验。今年 9 月该集团主席美籍华人季兆桐博士应笔者邀请，来深圳讲述该公司在东南亚推广预制件的经验。

（3）预制楼梯也是极易标准化的部件，应积极推广。

现浇楼梯需要技术工人和浪费材料，是工地占时最长和对环境污染最严重的。其实，只要楼层高度和楼梯间的平面尺寸确定后，使用预制楼梯是非常方便的（图3）。新加坡的楼梯标准规格非常简单，共有 3 种踏步高度（150mm、164mm 和 175mm）和 5 个踏步级数（8～12），即可满足 3～4.2m 计 5 个不同的楼层高度。所有型号的图纸均有配筋图和安装节点详图。

图 3　安装过程中的预制楼梯

深圳市建筑工业化研发中心受市人居委的委托，自 2012 年开始在笔者的指导下研究预制楼梯段的标准化和系列化，我们选了 2.8m、2.9m、3.0m 这三种层高，根据设计模数化的原则，固定了三个楼梯间的尺寸，可供建筑师选用。经建筑专业、结构专业和预制专业多工种的磋商，做出了预制楼梯的标准化和系列化图集，并和机械吊装专业合作，提出吊装工具的设计。

以上三种预制部品都不涉及承重结构体系，由砌筑或现浇改为预制，不必更改整个结构物的设计，推进起来比较容易。

（4）前三者使用成功后再推广外墙板。

目前有些地区的发展商过分注意外墙板的预制，认为外墙板预制了，免除了人工砌筑外墙，就等同于工业化了。外墙板是工业化住宅重要的部件，但或许也是难度最大的部件，因为它和结构紧密联系，又必须满足建筑物围护结构对热工、防水、防火、美观等诸多要求。制造时还要和阳台、遮阳板、空调支架等配合，构造复杂、安装不易。如果工业化的推广面积不大，同类数量有限的外墙板因模型周转率低而成本极高，无法凸显工业化的优越性。

目前外墙板大都用钢筋混凝土作承重实体，另加保温—隔热层。混凝土的材料单价本来就高过加气混凝土价，再配以墙板起吊时需要的受弯钢筋，以及模板和连接件，使得预制外墙板的成本高达加气混凝土墙体的 5 倍以上，建筑成本提高，使得发展商不能享受到工业化的优点。

20 世纪 90 年代中国香港生产预制构件，笔者所在企业（中国香港最大的建筑企业）

生产内墙板两年后才开始试制外墙板。国内有些单位一说工业化就想到外墙板，应该说是一种误解。中国香港推广外墙板是有政策支持的。房屋署规定预制外墙板带凸窗时，窗台面积可以不计在容积率内，对于每平方英尺楼价万港元以上的发展商和住户来讲，吸引力是很大的，这就是中国香港不在乎外墙板价高的原因之一。

对于缺乏经验的地区，或者刚刚在工业化道路上起步的中小城市和农村，住宅工业化更不应该选择外墙板作为切入点。

笔者有个创新专利，是用现在广泛使用的加气砌块在工厂内制成外墙板，配有少量钢筋，不但可以减轻墙板重量达 70% 以上，且很容易满足墙体的热工要求。

（5）加快将立体部件进入工业化部件体系。立体部件顾名思义就是三维预制件，最具代表性的就是厨房和卫生间，还可能包括预制楼梯间、电梯间、垃圾管道。新加坡 1998年立法规定住宅中必须设置庇护体，供居民紧急时使用。庇护体随住户面积不同而异，建筑面积 75m² 以下的需 2.4m²（重 3.3t），大于 140m² 的单位需 4.0m²（重 4.4t）。这类庇护体也可纳入立体部件范围。

图 4　预制卫生间在吊装中（注意有一面墙是和剪力墙共用的）

预制卫生间的效益非常明显，它不但将结构体在工厂内完成制造和拼装，而且把最费工费料的水电、煤气管道都安装好，到工地现场只需接驳封口（图 4）。最重要的是：这些管道如果在住户装修时再施工，留下的缺陷将大大影响住户的日常生活。卫生间比厨房的标准化较易，因为各个国家的煮食习惯不同，国外的厨房难以用于国内，所以国外工业化的卫生间参考意义较大。

笔者将预制厨卫这类立体部件放在发展路径的后期，并非是设备和管道安装困难，而是因为从设计角度需考虑预制厨卫的墙如何与结构墙合并的问题，以避免出现双层墙。这个问题在香港也只是 2004 年才解决，在2005 年开工的葵涌工厂大厦重建项目中试验成功。

（6）结构承重构件的工业化。

前面提出的全是单个构件由现浇或砌筑改为预制，未涉及整个建筑物的承重体系。一般来讲，中高层住宅使用梁柱体系的框架承重结构即可，中国香港和新加坡因地少人多，住宅多在数十层以上，承重结构形式以剪力墙为主。

不论采用何种结构体系，结构承重构件的预制化是住宅工业化的最高境界，它关系到结构计算和力学分析，有时节点处理还必须有实验数据的支持，甚至规程的修改。所以笔者认为，工业化的尝试不应从结构体系和结构承重体系的改变开始，只能把这一步放在最后。在个别部件的工业化取得丰富经验后，才可以踏入结构承重体系的预制化。

结构体系决定后，承重部件的预制化要非常慎重，因为涉及整个建筑物的安全（不像单个构件的预制化只影响局部部位的安全），以剪力墙的预制化为例，如何保证上下预制墙段的可靠连接，使整个高度（有时可高达百余米）内由个别预制件组合起来的剪力墙如同现浇整体剪力墙一样工作就非常重要了。

中国香港仔葵涌工厂大厦使用了预制结构墙和立体厨卫，使得工业化住宅从 20 世纪 90 年代开始使用的预制平面板材跨入了更高级的"立体预制组件建筑方法"，预制率得到成倍的增长。

4 政府主导，动员多方力量，创造中国式的住宅工业化模式

工业化房屋的建造成本在推行初期可能较高，而维修成本和节能成本的效益又无法在短期内显示；另一方面，节能减排、绿色安全施工、促进产业结构调整等宏观效益也难以"数量化"来"抵销"成本的上升。所以，推行建筑工业化的最大受益者是全社会，政府就应该"给力"，发挥作用来推动建筑工业化。

政府的作用可以体现在以下方面：

（1）在保障性住房的规划、设计和承建过程中，大力推进住宅工业化。

（2）利用政府批核设计的权利，制定一套审查制度，比如像新加坡的易建性规范一样，设计必须达到一定的工业化分值方允许施工。

（3）要改革预制构件的征税制度，不要把房屋的半成品—预制构件视作产品征税，以降低工业化部件的成本。

（4）组织发展商、设计院、施工企业一起开展标准规范、结构体系、通用图集、成套技术等的研究。只有动员全社会的力量，才可能把关系建筑业发展的传统生产方式转到工业化道路上来。

中国的住宅工业化发展模式应该是政府主导、企业参与、循序渐进、城乡兼顾，多层次、多方位地发展。《墙材革新与建筑节能》杂志 2012 年第 2 期有人撰文"部品小型化是农村住宅工业化的发展方向"，文章提出农村仍然以低层和多层为主，吊装设备配备能力有限，预制构件必须小型化，才可以增加在农村推广工业化住宅的可能性。此文的观点极为正确。

PC 住宅中预制墙体不同安装方法的探讨

谷明旺

深圳市现代营造科技有限公司

随着我国住宅产业化的发展，越来越多的企业开始进行"工业化住宅"的研发和生产，追求"像造汽车一样的造房子"，将房屋分解为多个模块在工厂加工成半成品，现场只要进行装配施工即可变为成品住宅，在许多发达国家由于人工成本很高，工业化生产的住宅不但品质好、施工速度快，甚至比传统的现场施工造价更低，其成熟的技术已经得到广泛认可，并逐渐成为住宅生产的主流方式，其中用预制混凝土构件（precast components，简称 PC）建设的 PC 住宅以优良的性价比在不同国家受到普遍欢迎。

欧洲等国在"二战"结束后开始发展用 PC 构件进行大量的住宅生产，发展至今德国、法国已经出现产能过剩，20 世纪六七十年代起，美国、加拿大、日本等国的 PC 住宅技术开始发展，近二十年来，PC 住宅在中东、新加坡、中国香港、中国澳门开始兴起，并已被市场接受。我国在 20 世纪八九十年代也曾兴起过"装配式大板住宅"，但由于受到各方面条件的制约，大板结构构件之间多以简单的机械连接为主，在房屋性能方面存在众多严重缺陷，很快就被市场淘汰，截至目前，由于自然条件、资源条件、技术标准的差别，各国对 PC 墙板的构造设计和安装方法存在很大的区别。

中国的 PC 住宅结构特征主要就是"两块板"——墙板和楼板，其中的 PC 楼板与国外大同小异，但由于外墙板兼具维护、防水、隔声、采光、通风、保温、装饰等多项复杂功能，不同的构造方法、生产工艺和安装工法决定了不同的 PC 住宅技术路线和结构体系，这也是 PC 住宅发展的关键，为了解决好质量、进度、成本之间的矛盾，众多的国内企业纷纷从日本、德国、法国、美国、澳大利亚等国家引进各种不同的 PC 技术，各国的 PC 住宅之间的技术和性能差异很大，行业内也产生了"中国的 PC 住宅主体结构应该采用什么样的技术体系？"的争论，其实，对于 PC 墙板的安装技术无外乎"后安装法"（日本工法）、"先安装法"（香港工法）两种主流的安装方式，为了说明两种不同工法的区别和适应性，本文作者总结数年研究与实践的心得，简述 PC 墙体的主流生产和安装方式，并结合我国住宅主要是"墙结构"的特点，与读者共同探寻适合我国 PC 住宅技术发展的正确方向。

所谓"后安装法"即：待房屋的主体结构施工完成后，再将预制好的 PC 墙板作为非承重结构安装在主体结构上，其中主体结构可以是钢结构、现浇混凝土结构、预制混凝土结构，这样的非承重 PC 墙板又称为外墙挂板，此做法在欧美日非常多，尤其以日本发展的最为成熟。

"后安装法"的特点是：由于安装过程会产生误差积累，因此对主体建筑的施工精度和 PC 构件的制作精度要求都非常高，导致主体施工费用、构件模具费用和安装人工费用都很高，而且构件之间多数采用螺栓、埋件等机械式连接，构件之间不可避免地存在"缝隙"，为了美观往往将这些缝隙设计成明缝，必须要进行填缝处理或打胶密封，这种工法必须进行细致的施工，否则容易在防水、隔声等方面出现问题。

图1　某集团后安装法实践

图2　某样板楼缝隙出现渗水

图3　某企业实践的后安装法构件之间存在明缝

图4　为了掩盖明管明线，只能增加造价做SI体系

　　"后安装法"适合与钢结构或高精度的PC结构主体相结合，其现场施工时基本是以"干作业"为主，可以说"后安装法"是PC建筑发展的高级阶段，在美国一般是配合钢结构主体或后张预应力混凝土结构使用，而敬业的日本人可以把PC构件做得像钢结构一样的精准，把后装工法发挥到了极致，因此将"后安装法"称为"日本工法"亦当之无愧。

　　所谓"先安装法"即：在进行建筑主体施工时，把PC墙板先安装就位，用现浇的混凝土将PC墙板连接为整体的结构，其主体结构构件一般为现浇混凝土或预制叠合混凝土结构，先安装法的PC墙板既可以是非承重墙体，也可以是承重墙体，甚至是抗震的剪力墙。

　　"先安装法"的特点是：在施工过程中，用现浇混凝土来填充PC构件之间的空隙而形成"无缝连接"的结构，现浇连接施工的过程是消除误差的机会，而不会形成"误差积累"，从而大大降低了构件生产和现场施工的难度，更易于市场推广。同时构件之间"无缝连接"的构造增强了房间的防水、隔声性能。香港房屋署在发展PC住宅的过程中，先是从法国和日本引进了"后安装法"，结果普遍出现了缝隙漏水的情况，给后期维护带来了难度，为了解决这一难题他们从新加坡引进了"先安装法"，整体无缝连接的结构彻底解决了香港房屋外墙渗漏的维修之苦，因此香港房屋署将这种工法不断改进和推广至今，现在我国香港已经有几千万平方米公屋和居屋采用先安装法的 PC 外墙，因此"先安装法"又被叫做"香港工法"。

图 5　北京万科的先安装法施工

图 6　长沙远大的先安装法施工

图 7　快而居的先安装法试验（墙板预埋了插座）

图 8　快而居装配整体式样板楼施工

究竟哪种工法更符合我国 PC 住宅的发展需求呢？面对这一疑问，众多国内外企业对两种工法进行了实践探索，特别是万科和长沙远大都在实际工程中应用过两种工法，笔者也曾在快而居公司对两种工法进行了实验对比，基本掌握了两种不同工法各自的优缺点，并结合我国的住宅特性，系统地研究了它们在建筑结构设计、预制构件拆解、构件生产、安装构造等方面的区别（表 1）。

不同工法优缺点　　　　　　　　　　　　　　　　　　　　　　表 1

对比内容	先安装法 （香港工法）	后安装法 （日本工法）	总结
设计上的区别： 是否可承重，与主体结构的关系	既可设计为弹性约束的非承重外墙，也可设计成承重墙或抗震剪力墙。既可参与结构受力，也可与结构弱连接	一般设计为非承重外墙作为外墙挂板使用，PC 墙板被当成"荷载"依附在主体结构上，同时不会约束主体结构的变形，受力特征类似于幕墙	将 PC 墙板设计成剪力墙参与结构受力是一种发展和创新，也是解决我国剪力墙结构为主的多高层住宅重要的技术手段

对比内容	先安装法 （香港工法）	后安装法 （日本工法）	总结
连接方式区别：整浇连接和机械式连接	在PC构件与现浇混凝土交接部位留出连接钢筋，并做出键槽或自然粗糙面以保证新旧混凝土连接成为整体	在PC构件与主体结构交接部位预埋螺栓或埋件，通过螺栓或焊接等机械连接方式固定墙板	先安装法PC构件连接部位的自然粗糙面制作效果是新旧混凝土连接成为整体的关键技术，在我国香港已经十分普及
构件之间连接的性能区别：无缝和明缝	新旧混凝土被"无缝连接"，施工缝处具备一定的自防水性能，一般不需额外处理，也不需要后期维护	构件之间存在宏观的明缝，必须进行填缝处理，以提高房屋的防水、防火、隔声性能	后装法对填缝材质的强度、弹性、耐久性要求较高，目前主要依靠进口，维护周期约5~20年
PC墙板精度要求	构件边缘一般有伸出连接钢筋，接合面设有键槽或自然粗糙面，现浇部分可适应PC墙板的误差，因此对PC墙板的精度要求较低	构件边缘一般不出钢筋，而是在构件表面预留预埋连接螺栓或埋件，PC墙板的尺寸以及各连接件的位置要求十分精确，否则将影响安装	在后安装法施工中，如果构件精度不高，或者主体结构的精度不高，将导致PC墙板无法正确地安装
水电管线的做法区别	可以类似于现浇结构在PC墙板中预留预埋暗管或暗线，在现场通过现浇部位连接成为系统	由于构件之间成为"硬碰硬"式的连接，一般只能在PC墙板表面走明线明管	日本工法只能采用SI的理念，必须要做精装修来处理明线明管，无形中提高了工程造价
PC墙板的生产成本	由于出筋的需要，模具制作和装、拆模具相对复杂，构件的生产成本略高	模具构造简单，但对模具的制作精度要求非常高，构件的生产成本略低	后安装法模具费用高、预埋件费用高，目前"日本工法"的构件成本是"香港工法"的2倍左右
对工程进度的影响	结构封顶时等于主体和PC外墙已经完工	PC外墙的安装滞后于主体结构施工	

从以上对比的内容不难看出，"日本工法"以干式作业为主，其结构体系更趋向于"装配式结构"，而香港工法提倡预制与现浇相结合，结构体系为"装配整体式结构"，从在编的国家行业标准《装配式混凝土结构技术规程》内容来看，国内PC住宅的发展方向是装配整体式结构，国内众多企业在PC外墙技术的发展趋势也与此相符，比如万科、长沙远大都经历了从学习"日本工法"开始，后来逐步转变为"香港工法"而走向成熟运用，黑龙江宇辉、中南建设也都采用了"先立墙、后浇筑"的施工方法，走的是装配整体式结构的道路，这些用先安装工法建造的PC住宅，其性能与传统工艺建造的住宅基本没有区别。

对PC住宅预制外墙的安装工法研究，不是简单地聚焦于"先装"还是"后装"，其意义在于两种不同的工法在前期的结构设计、构件拆解、构件模具、构件生产、安装施工环节存在着重大区别，并且在房屋性能、建筑成本方面影响巨大，对于合理确定PC住宅的技术路线和结构体系具有重要的意义。"香港工法"比较适合当前中国住宅产业化重点发展"装配整体式结构"的现状，而"纯装配式"的"日本工法"则可用于公共性建筑。

装配式建筑深化设计的思考——安徽省滨河安置房工程项目

刘 备 毕乾坤 邓凌晨

宇辉集团

1 工程概况

滨河小区安置房工程（以下简称"滨河小区"）是由合肥市经开区重点工程建设管理局打造的住宅产业化项目，是利国利民的政府安居工程。该项目位于合肥市经开区，总建

图1 滨河小区

筑面积约为18万 m^2，工程概算4.36亿元，是安徽省首个采用预制复合夹心外墙板的产业化项目，实现了建筑保温装饰一体化。预制混凝土夹心墙板是由内层混凝土墙板（内叶墙板）、保温层及外层混凝土墙板（外叶墙板）经过预制制造完成的非组合式混凝土墙板。下文将预制混凝土夹心墙板简称为夹心板或夹心墙板。在我国大力推行环保绿色建筑的基础上，在建筑工业化慢慢展开的背景下，预制混凝土夹心墙作为外墙板能够很好地提高整个建筑物的预制率。而且，由于外页墙对于保温层的保护，可以使保温层达到跟主体结构等寿命，从而降低了后期维护的费用。

楼号	5~12号	1~3号	4号
户型	A户型	B户型	C户型
层数	30	18	30
层高（m）	2.9	2.9	2.9
建筑面积（m²）	132121.49	24975.60	10382.81
结构形式	装配整体式剪力墙结构		

滨河小区二期安置房工程项目信息一览表　　　　　表1

注：该项目总建筑面积约18万 m^2，住宅部分地下室及架空层采用现浇方式，架空层以上采用装配方式，预制装配面积约15万 m^2，总体预制率达80%。其中幼儿园、地库、文体用房等公建部分采用现浇方式施工。

该项目采用设计、施工一体化的建造模式，由宇辉集团负责实施，创造了安徽地区建筑产业现代化项目多项之最：（1）竣工规模最大；（2）竣工时间最早；（3）装配率最高；（4）建筑高度最高。

该项目住宅部分全部采用宇辉自主研发的装配整体式剪力墙结构技术体系建造。该技

术体系核心表现为：竖向连接——约束浆锚钢筋搭接连接，水平连接——箍筋封闭环插销连接技术。预制构件包括外墙板、内墙板、叠合板、叠合梁、楼梯、整体阳台、轻质隔墙板及异形构件。

滨河小区项目预制构件一览表　　　　　　　　　　　　　　　　　　　　表2

构件类型	工程量（m³）	备　注	
外墙板	2974.79	复合夹心保湿外墙板50mm、装饰层＋50mm、保温层＋200mm结构层。窗口设置返槛，水平缝设置企口防水构造	
内墙板		200mm预制混凝土墙体，自带管线	
叠合板	565.42	60mm预制＋80mm现浇	
叠合梁		现浇140mm	
楼梯	38.88	自带防滑条、滴水线	
整体阳台	34.16	自带保湿、返梁	
轻质隔墙板	384.75	空心率达50%	
异形件	131.84	装饰性构件	
建筑总体积	5160.39	预制构件总体积	4129.84
预制率		80.3%	

注：预制率＝预制构件总体积/建筑总体积。

2 深化设计

深化设计在装配式建筑施工中具有重要的作用，此项工作目前尚未形成成熟的制度和工作程序。深化设计是指综合考虑工厂化生产、装配化施工、一体化装修和信息化管理等因素对原设计图进行细化、补充和完善。是在常规建筑设计的基础上对装配式建筑技术的延伸设计。

深化设计涉及土建设计（建筑、结构、给水排水、暖通、电气、燃气、节能、构件图）；室内设计（与预制构件相连的预留洞孔、管线、预埋件等）；部品设计（栏杆、门窗、百叶、空调机位等预制构件相连的部品）；施工组织设计（构件生产、物流组织、现场组织等内容，对设计提出合理化要求）等许多方面。

深化设计分为验算和图纸两个部分，一般包括以下内容：

（1）构件模板图、构件配筋图、预埋件详图、机电设备专业管线及预留孔洞图、夹心保温墙板的拉结件布置图及保温板排板图、带饰面砖或饰面板构件的排砖图或排板图、现场装配图等；

（2）预制构件脱模、翻转过程中混凝土强度、构件承载力、构件变形以及吊具、预埋吊件的承载力验算等；吊装、运输、堆放、后浇注混凝土等时预制构件验算、起吊设备与装置的承载力验算；预制构件安装过程中各种施工临时荷载作用下构件支架系统和临时固定支撑的承载力验算；

（3）施工工艺要求

传统建筑生产模式，是将设计与建造环节分开，设计阶段完成蓝图、扩初至施工图交底即目标完成。而建筑工业化生产方式，是设计施工一体化，设计环节成为关键，该环节不仅是设计蓝图至施工图的过程，而且需要将构配件标准及生产工艺、建造阶段的配套技术、建造规范等都纳入到设计中。装配式建筑从设计、研发到构件生产、构件安装，都是一个全新的课题。深化设计是龙头，是建筑产业现代化技术系统的集成者，各项先进技术的应用首先应在设计中集成、优化，设计的优劣直接影响各项技术的应用效果。深化设计时要求设计师要考虑得更综合、更全面、更精细。

3 思考

滨河小区项目虽然取得一定的成功，但在项目实施的过程中仍出现了一些由于设计欠缺带来的生产、运输、施工中的技术难题，现就滨河小区实施过程出现的问题，反思深化设计的欠缺。做如下总结：

1. 模数协调、标准设计

该项目由于设计初期未深刻考虑装配整体式结构建筑的预制构件深化设计要求及生产工艺，同时甲方为求体现建筑的个性化及多样化，其建筑立面造型、户型、结构选型、装饰线条均不能达到统一，给后期深化设计带来了极大的难题。构件模数不一、造型多变，连接节点设计及模具设计均增加了难度。总结深化设计经验、结合装配式建筑技术革新，新建建筑设计中主要建筑构件如承重墙、柱、梁、门窗洞口等，都应当符合模数化的要求，严格遵守模数协调规则，以利于构配件的工业化生产和装配化施工；同时装配式建筑设计中遵循预制构件"少规格、多组合"原则，从而实现预制构件和内装部品的标准化、系列化和通用化，完善住宅产业配套应用技术，提升工程质量，降低建造成本。

2. 设计前置、全程跟踪

该项目在实施阶段出现多项设计变更，不仅导致已生产的构件部品需重新设计并生产，更延误了现场安装的施工进度。设计变更是装配式建筑实施的硬伤。该项目引起变更的原因主要是建造方式的差异及深化设计阶段设计深度不够。装配式建筑深化设计需"设计前置、全程跟踪，细节决定成败"。深化设计阶段应充分考虑到现场施工技术措施，应提前制定塔吊、人货电梯附着方案等。

3. 碰撞检查、BIM应用

该项目预制构件仅墙体类型近2000种，每块构件同时包含建筑、结构、给排水、电气、暖通等专业的信息。构件种类多、预埋件量大，导致构件生产过程中多次出现专业碰撞，现场吊装困难等问题。BIM是打破传统二维设计的束缚，以建筑信息为基准，在三维空间构件建筑模型，所有专业同平面工作，做到可视化、协调方便。通过BIM三维碰撞检查，各个专业协同设计，完成深化设计工作，做到"专业零碰撞"。进行4D模拟（三维模型加项目的发展时间），也就是根据施工的组织设计模拟实际施工，从而确定合理的施工方案来指导施工。同时还可以进行5D模拟（基于3D模型的造价控制），从而实现成本控制。BIM技术应用于装配式建筑领域开发、设计、生产、施工、管理等方面，是技术的重大提升，也是未来的发展方向。

4. 设计是关键、研发是核心

装配式建筑从设计、研发到构件生产、构件安装，都是一个全新的课题。该项目在施工过程中出现墙板自重大吊装困难、竖向墙板安装难度大，外防护架成本高、安全性低等问题。项目实施之初，就秉承"设计是关键、研发是核心"理念，对其进行深入研究，本着"设计服务施工、研发围绕设计"宗旨进行深化设计。为减轻墙板自重、摆脱过重对垂直运输设备的要求，研发出叠合式剪力墙板；为使竖向钢筋更易插入墙体，提高墙体安装效率，设计时将墙体下部采用扩孔处理，吊装速度可以大大提高；为提高外防护架的施工使用效率和安全性，研发出"一层架体，两层防护"的新型外防护架，该外防护架已成功申请了3项新型实用专利。为减少现场木工，提出了免模板施工工艺，设计时墙体自带混凝土模板，现场无需支模，减少木工的同时提高现场施工质量；通过大量实验，验证了大跨度板在装配式建筑中的适用性，进一步提高了构件的标准化，提高施工及安装效率。该项目的实施表明，设计在装配式建筑实施环节中的重要性。设计是关键；研究完善装配式建筑施工技术，加快装配式建筑发展，研发是核心。

5.颠覆传统设计思维、打造全新设计管理

该项目采用设计施工一体化实施，有利于深化设计。以传统的设计管理进行装配式建设深化设计是行不通的，装配式建筑深化设计急需全新的设计管理，颠覆传统设计方式、深度和流程。方案设计根据技术策划要点做好平面设计和立面设计。平面设计在保证满足使用功能的基础上，实现住宅套型设计的标准化与系列化，遵循"少规格、多组合"的设计原则。立面设计考虑构件生产加工的可能性，根据装配式建造方式的特点实现个性化与多样化；初步设计根据各专业的技术要求进行协同设计，优化预制构件种类，充分考虑设备专业管线预留预埋，可进行专项的经济性评估，分析影响成本的因素，制定合理的技术措施；施工图设计需各专业在初步设计阶段指定的协同设计条件展开工作。各专业根据预制构件、部品、设备设施等生产企业提供的设计参数，充分考虑各专业预留预埋要求；构件加工图设计是将在构件尺寸控制的基础上增加结构钢筋、水、暖、电的设备预埋，通过BIM碰撞检查、4D模拟最终形成的构件详图。

4 结语

从新型建筑工业化提出到今天已经发展20余年，国家也相应出台了行业规范、标准图集，未来新型建筑工业化必将进入正轨。工业化建筑体系包含结构体系、维护体系以及部品部件体系，要实现三大体系的集成，必须在深化设计阶段进行技术集成，并贯彻于整个项目的全过程。同时新型建筑工业化必须以科技创新为支撑、以新型结构体系为基础、以标准化设计为引导，最终确定深化设计方案，深化设计的深度也无疑直接影响了工业化建筑的施工与质量。

作为安徽省规模最大且第一个竣工的住宅产业化成片住宅小区项目，也是安徽省第一个住宅产业化工程示范工地项目。与传统建房相比，建筑产业化住房具有四大优点："得房率高，保温效果好，维修频率低，外观颜值高。"借助滨河小区项目的成功实施，对深化设计工作做出深刻思考。深化设计是装配式建筑实现过程中的重要一环，可以说起到承上启下的作用。深化设计制度、流程、方法等需完善，以便更好地推进建筑产业现代化的发展。

关于 PC 建筑的几点思考

钟志强

深圳华阳国际集团建筑产业化公司

PC（precast-concrete）建筑近年来在国内日益受到追捧，从促进建筑产业现代化的角度来看这是好事。但如何把好事做好，还有很多功课要做，我认为首要的就是对当前PC建筑发展有全面、正确的认识。笔者从事 PC 行业近 20 年，有一些思考，与大家分享一下，希望能抛砖引玉，启迪更多智慧，促进行业健康发展。

1 历史的轮回？

时隔多年，PC 建筑在国内再次受到重视，可谓情理之中，意料之外。很多人说，我国现在又大力推进预制装配式混凝土建筑，是不是要回去走 30 年前的老路？这话不全对，但也有一定的道理。

早在 20 世纪 50 年代，我国从苏联等国家引入预制装配式混凝土建筑技术，大力发展基于 PC 的各类建筑，推动建筑工业化的发展。到 20 世纪 80 年代初，我国 PC 建筑已经形成完备的技术体系，产品涉及工业与民用建筑、市政设施、大型基础设施等。据 1983 年统计，中国已编制建筑通用标准图 924 册，不少地区编制了本地区的统一产品目录，PC 建筑的发展处于平稳上升态势。当时的状况与发达国家相比有一定差距，但差距不是很大。

之后的 30 年时间里，我国 PC 行业出现了分化，有的领域蓬勃发展，有的领域逐渐衰落。

在市政和基础设施领域，尽管现浇混凝土技术也有很好的发展，但预制技术始终占据重要地位，甚至是主导地位。看一下我们过去 30 年建设的各种高速公路、港口、地下管道，都在大量使用 PC 技术，而且效果良好。地铁盾构管片从无到有，助推我国地铁建设技术一步跻身全球先进行列。预制综合管廊自去年起也提到了日程上，发展前景良好。尤其是铁路建设领域，PC 的应用更是达到了极致，除了常规的桥梁、轨枕，在高铁建设中更是大量应用高强、高性能混凝土制作各种功能性构件，为高铁技术领军全球贡献力量。

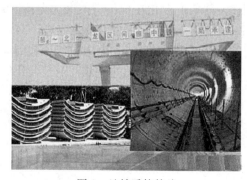

图 1　地铁盾构管片　　　　　　　图 2　高铁桥梁上部结构 PC 构件

在工业与民用建筑领域，PC应用大幅度萎缩，从设计到生产、施工都全面转向现浇模式。到2005年左右，国内除了个别地方还在生产少量空心板、工业厂房构件外，PC在工民建领域的应用几乎绝迹。珠三角和长三角地区有一些构件厂也生产高端建筑构件，但专供出口，与国内市场无关。

图3　PC排架结构单层工业厂方　　　　　图4　国外常用的PC预制外墙

造成这一问题的原因，我认为可能有以下几方面：

• 改革开放，房屋建设的计划经济模式被打破，不利于建筑工业化统筹推进；

• 市场化的开发商出现，以迎合消费者为主导的多元化设计理念不利于产品标准化；

• 行业高速发展，太容易获利，而PC技术和管理需要积累，鲜有设计、开发和施工单位愿意花精力研究；

• 农民工进城，源源不断的廉价劳动力供给，降低了现浇施工的人工成本；

• 商品混凝土、大模板等技术的发展，降低了现浇施工的难度和成本；

• 当时PC建筑的一些缺陷（抗震性、防水、隔声差等）没有持续研究和改进。

但是，这种情形在2005年以后出现了新的变化，PC建筑在国内又逐步受到重视。北京奥运会场馆建设（2005～2008年），大量采用清水混凝土预制构件，应用部位从预制看台到外墙挂板，甚至是地面装饰材料，让国内众多业主和设计师耳目一新。以万科为代表的开发企业也对PC建筑倾注热情（主要是王石本人的推动），在2005～2008年的几年间尝试了一大批试点项目：包括第五寓（预制框架和挂板）、天津阅湖苑（外墙挂板、预制叠合板等）、北京中粮万科假日风景（预制剪力墙）、上海新里程（预制挂板、PCF）等等。这些项目无论从技术水平、材料选择、质量标准都与30年前不可同日而语，因此并不是简单的重复。但二者之间又有必然的联系，是建筑工业化推进工作时隔30年后的再次回归——重新回到依靠科技和机械作业而非经验和手工作业的建造方式上来。

之所以出现这种变化，有自然环境的压力（资源枯竭、环境污染等），有社会环境的压力（农民工工资上涨、建筑业产能过剩等），也有企业主动寻求技术创新和承担社会责任的动力。与此同时，发达国家的PC技术近年来取得了很大进步，大量项目的实践证明，PC建筑在一定条件下无论经济效益还是社会效益都明显优于现浇或者其他方式建筑。一些国外设计师参与的项目（如奥运工程、深圳大运会工程、香港瑞安在内地的住宅开发项目）就明确提出了采用PC的方案，他们认识到，PC明显好于其他建造方式。由此，国内对 PC 建筑的认识也悄然发生变化。更多有追求、有先见之明的企业开始从不同角度持续推进 PC 建筑的发展。至于为何是 PC，而不是钢结构或者木结构，限于篇幅，此处不讨论。

图 5　津东丽湖阅湖苑（2007）　　　　图 6　深圳大运会龙岗体育场看台（2009）

因此，目前的 PC 建筑热潮并不是对 30 年前 PC 建筑的简单重复，而是有极大的提升空间，是在社会、技术、经济发展不同阶段的必然选择，可以说是大势所趋，势不可挡。

2　如何做好 PC 建筑？

站在历史坐标上，我们目前参与 PC 建筑的人其实肩负着很重要的责任，这是我国建筑业和房地产业转型升级的一次关键机会，前面大规模建设的建筑很多已经被证明是"短命"的，如何让现在建设的这些建筑经得住历史的考验，任重道远。

PC 建筑要做好，需要从商业模式、技术路线、管理手段上进行创新和完善。目前行业内有一些企业对此认识并不十分清楚，只是随大流，盲目投资，等经营上或者房屋质量出现问题的时候已经晚了。限于篇幅，笔者仅从设计和施工的角度谈一点看法。

真正好的 PC 建筑，在设计的时候应遵循以下逻辑：

1. 结构设计的不同

笔者对结构不懂，本不该妄议，但屡屡看到行业内把 PC 结构"等同现浇"就觉得不妥。笔者接触过的大量好的 PC 结构，如桥梁、看台板、地铁管片、地下管道（廊），其结构计算主要按照每个构件本身的承载力进行，通过适当方式连接成整体。连接部位通常做成可变形方式，根据变形的方向和大小，将连接处做成滑动、铰支或者固支。此时，每一个构件甚至每个部位需要承受的力是很明确的、简单的，需要整体受力的结构也明确地知道其薄弱环节在哪里。不会像整体现浇结构常常出现复杂的，计算不清的受力部位。当出现地震等灾害的时候，PC 结构主要通过节点处的应变来消除应力，不至于让应力在结构内部持续传递。此时对结构安全性的要求主要是限制构件以及结构的相对变形量，防止单独或连续倒塌。同时，通过设置隔震垫、阻尼器、弹簧等实现应力和应变消解。整体现浇混凝土结构，无论框架还是剪力墙，都强调构件和节点在震害来临时"耗能"，通过材料破坏过程消解地震能量。将按照现浇逻辑进行设计的结构进行"拆分"，预制，然后"等同现浇"施工连接，我认为并不能发挥 PC 结构的优势，反而有很多劣势。因此，我的观点是：现浇就是现浇，预制就是预制，在同一栋建筑里，可以混合采用，但不要杂交。

2. 高强材料和预应力的应用

由于生产工艺不同，PC结构更易于采用各种高强材料和预应力技术。这在市政和基础设施领域已经体现得淋漓尽致，但民用建筑领域鲜有好的案例。PC构件由于工厂化生产，可以采用干硬性混凝土、挤压成型、高频振捣、高温养护、离心成型等工艺，混凝土的抗压强度可以轻松做到80MPa以上，而现场现浇结构限于自然条件，很难做到。预应力技术更是让PC结构如虎添翼。采用先张法预应力制作的桥梁构件，通过采用高强混凝土和高强钢绞线、钢筋技术，在同等跨度和承载力条件下，与全现浇结构相比梁高可以大大降低，自重减少50%以上。后张法预应力更是可以实现构件的连续连接和整体弹性受力，利于抵御震害。

图7　国内某预制工业厂房

采用了预制牛腿柱、预应力吊车梁、鱼腹梁、预应力屋架、预应力屋面板/墙面板、抗剪斜撑、橡胶支座等，属典型的PC结构。

3. 混凝土特性的发挥

混凝土的基本特性是可塑性，无论强度、形状、颜色、质感都是可塑的，也可以与其他材料复合。这些特性让混凝土变得丰富多彩，我且称之为"百变金刚"。遗憾的是，国内大部分工程仅仅把混凝土当做一种普通结构抗压材料来用，并不真正了解广义混凝土的概念，也没有把混凝土的优良特性用好。这些特性往往也是要在工厂化的条件下才能实现，因此PC在国内的发展潜力还很大，值得期待。

混凝土的另一个特性是耐久性，暴露在自然环境中的混凝土可以抵御常规的各种侵蚀（防水、防火、防虫等），优于钢、木材以及其他很多材料。在有适当表面防护的条件下，PC构件的寿命超过100年没问题，而且可以拆下来重复使用。如果对内部化学成分进行适当改性，还可以制造出耐酸、耐碱、耐高温、抗冻融等特种混凝土。这种特性使得混凝土可以做成结构和装饰一体的构件，也就是常说的"清水混凝土"，很多人将清水混凝土和装饰混凝土混为一谈。笔者认为，清水混凝土（fair-faced concrete）是指一次成型之后不再做二次装饰的混凝土，即结构和装饰一体的混凝土，强调素面朝天，不加粉饰；装饰混凝土（decorative concrete）则是指通过混凝土的颜色、质感、纹理形成表面装饰效果的混凝土，可以有二次装饰成分，但必须是以混凝土作为主要装饰面。

图 8　鄂尔多斯东升体育场预制 PC 外墙　　　　　　　图 9　国外某建筑预制 PC 外墙

从生产制造和施工的角度，PC 建筑其实是两种实施模式。

一种称之为 PC 产品。上述排架结构单层工业厂房属于高度标准化的产品，其厂房跨度、高度、所用构件的型号，甚至各种构件的尺寸、配筋都已经有标准图集，经过试验检验，无需更改。如果市场需求旺盛，厂家可以连续生产，形成库存，产品由设计院选用即可，至于用在什么工程，构件厂在所不问。这些构件厂通常不接受定制产品，因为批量小、没有经济效益。这些构件厂的产品很多按照工业品进行管理，主要由技术监督局进行质量监督，实行型式检验、年检加自检的质量监管。类似的产品还有电线杆、预制混凝土管道、预制预应力空心楼板、预制隔墙板、建筑小型构件（过梁、雨篷、檐口）等。施工单位只对进现场的产品进行质量把关，产品制造过程原则上不干预。国内目前经营效益较好，参与建筑产业化项目很少的构件厂，几乎都是在做 PC 产品，总数量可能有几万家。

另一种称之为 PC 工程。项目根据特定的需要设计成预制结构，然后按照施工要求进行组织。整个项目用到的预制构件都经过了严格的受力计算，可能有重复，但都有特定编号和使用限制，同一型号可以互换，不同型号不能互换。不同工程的构件绝对不能互换，除非设计允许。这样的案例包括桥梁、地铁管片、预制看台、预制房屋等。这些预制构件往往不能单独进行受力检验（或者检验也没有意义），其质量监控要严格按照施工和验收规范（GB 50666，GB 50204）进行，制造过程需要监理参与，保留完整的施工过程资料（材料进场检验、隐检、预检、交接检），即："用过程合格证明结果合格"。目前国内已经实施的大部分产业化项目其实都是预制工程。

区别上述两者的意义在于，不同的厂家参与 PC 生产经营，应当遵循不同的模式：大型建设集团承建 PC 工程更有优势，传统预制构件厂制造 PC 产品更有优势。一旦错位，可能会很痛苦。

3　成本还是造价？

目前行业推进 PC 建筑普遍遇到的问题是"成本高"，我认为这是一个伪命题。

我们建造任何一栋建筑，都要消耗一定资源，不管是物质资源（材料、设备、金钱）、人力资源还是时间、空间资源。建筑领域常用的一个词叫"造价"，之所以叫造价，我的理解，是因为每一栋建筑的建造是一个不可逆、独一无二的过程，最终所形成的产品也是独一无二的。所以我们只能在一定的限制条件（如时间、规划指标、品质、档次要求）下来分析，某一定栋建筑的建造过程有没有不合理的支出，建筑物有没有达到预期的质量、性能目标。

PC 建筑造价是建立在 PC 施工工艺之上的，与传统现浇工艺有很大区别，建造过程不一样，建筑品质也会不一样，简单比较二者之间的"成本"并不成立。建筑领域不断进行技术、施工工艺创新，最终的目标只有两个：在同等造价条件下提高建筑性能，或者在同等建筑性能条件下降低造价。如果一个工艺创新能够同时降低造价和提高建筑品质当然最好。

遗憾的是，注重经济利益、短期利益仍然是多数开发企业的常态。一味追求低成本，要求新工艺要低于现有工艺"成本"的心态，导致开发企业很少主动采用 PC 建筑。实际上，随着房地产发展拐点出现，供给侧改革已刻不容缓，适当增加建安造价，大幅度提高房屋品质才是未来发展的正道。如果将这种信息正确地传递给消费者，消费者也愿意埋单，这才是良性循环的开始。

图 10 日本东京塔住宅楼

檐高 158m 的东京湾双子塔是日本预制装配式建筑的标志性建筑。在发达国家，PC 建筑由于其耐久性、舒适性好，被认为是高品质的象征，可以获得市场认可。

诚然，我国这一轮 PC 建筑的发展其实也有很多不健康的因素掺杂，导致很多试点项目与传统现浇建筑相比造价偏高，质量降低，甚至二者兼而有之，这极大地损害了行业发展的形象。

建议可以从以下几方面加以改进：

1. 优化 PC 建筑设计，采用适合预制的设计方案，提高 PC 建筑的附加值，降低成本；

2. 改进 PC 构件制造工艺，降低工厂措施摊销费用；

3. 改进安装施工工艺，降低机械、人工消耗；

4. 政府出台强制性措施，提高建设工程环保、安全、质量成本，淘汰落后生产方式；

5. 提高结构施工质量验收标准，严格工程验收程序，淘汰不合格产品和企业。

希望通过企业和政府双方的努力，使 PC 建筑的造价逐渐降下来，同时淘汰低价低质竞争者，净化市场环境，真正体现建筑产品"优质优价"，使行业早日步入良性循环。

预制装配整体式混凝土住宅结构体系的研究与应用

吕超兵　刘茂龙　吴　超　张季超

广州大学

1　引言

我国住宅建设目前还是呈现生产效率低、综合质量差、资源消耗高、污染严重等特点，处于粗放型的生产方式。现有住宅生产方式已经不能完全满足可持续发展的要求，住宅建设要实现质的转变、从根本上解决住房问题，就必须走适合我国国情的住宅产业化之路，而预制装配整体式混凝土结构体系可作为我国住宅产业化发展方向的一个较好选择。

预制装配整体式混凝土住宅结构体系产业化的研究和推广，对于节能环保，提高住宅产品品质，促进行业中建筑材料、部品的标准化生产等方面也都具有非常重要的意义。

2　预制装配整体式混凝土住宅结构体系的特点

预制混凝土结构与传统建筑相比具有以下特点：

(1) 施工方便，模板和现浇混凝土作业很少，预制楼板无需支撑，叠合楼板模板很少。采用预制及半预制形式，现场湿作业大大减少，有利于环境保护和减少施工扰民，更可以减少材料和能源浪费。

(2) 建造速度快，对周围生活工作影响小。尤其是在闹市区，如百货公司、闹市区停车场、过街天桥等工程，施工工期紧、工作面狭窄，而采用预制装配整体式混凝土结构可解决长期存在的噪声、粉尘污染等问题。

(3) 建筑的尺寸符合模数要求，建筑构件较标准，具有较大的适应性。

(4) 预制结构工期短，投资回收快。通过预制和装配式生产方式，减少了现浇结构的支模、拆模和混凝土养护等时间，可大幅度减少建造周期，减少现场施工及管理人员数量，大大提高了企业的经济效益。

(5) 在预制装配式建筑建造的过程中可以实现全自动化生产和现代化控制，这在一定程度上可以促进建筑工业的工业化大生产。工业化劳动生产效率高、生产环境稳定，构件的定型和标准化有利于机械化生产，而且按标准严格检验出厂产品，因而质量保证率高。

3　预制装配整体式混凝土住宅结构体系研究

3.1　"现浇柱＋叠合梁＋叠合板"装配式框架设计流程

预制装配整体式混凝土住宅结构体系主要采用框架结构，其梁、楼板均为预制构件，在构件吊装就位后，焊接或绑扎节点区钢筋，浇筑节点混凝土，从而将其连成整体框架结构。设计具体流程如下：

(1) 在整体性能上预制装配整体式框架结构要达到现浇混凝土框架结构效果，框架结构整体分析设计计算、单锚预制装配整体式框架竖向和水平荷载内力分析、结构内力组合计算等与现浇混凝土框架结构相似，在预制装配整体式混凝土住宅中称为等现浇强度设计。

（2）预制装配整体式框架结构整体分析设计计算，要进行中震屈服验算和大震弹塑性验算，对超限值和薄弱位置进行现浇和加强配筋。

（3）预制装配整体式框架整体分析设计计算后，需要进行施工验算。施工验算主要包括叠合构件承载力极限状态验算、叠合构件正常使用状态验算、梁—柱节点抗剪承载力验算、梁端结合面抗剪验算等。

（4）预制装配整体式框架结构内力分析与组合效应估算采用的方法与现浇混凝土框架结构相同，可采用分层法与D值法。

（5）预制装配整体式框架结构构件设计，包括现浇柱、预制梁、梁柱节点、预制板。现浇框架柱确定长度后按偏心受压构件计算配置钢筋，选取最不利内力截面；预制梁按受弯构件计算纵筋，按斜截面受剪计算箍筋，并且要对梁端负弯矩进行调幅；梁柱节点是保证整体性关键，注意钢筋连接与锚固；叠合板按受弯构件设计，选取板厚，计算其内力。

3.2 预制装配整体式混凝土住宅结构体系结构构件构造设计

预制装配整体式框架结构的抗震性能与整体性上要通过结构构件构造来实现。与现浇混凝土框架比较，预制装配整体式框架结构的柱、梁、板、连接形式的构造有其特殊的设计要求，以下是针对柱、梁、板、连接形式的特殊构造进行研究得出的结论：

（1）柱构造设计：首先不同柱模预制出来接合面的柱头与柱脚设计存在差异，其次设计应满足柱脚灌浆厚度要求与处理、局部柱模构造特征与作用、柱边倒角作用与构造要求、柱主筋和箍筋配置构造等方面的要求；

（2）梁构造设计应注意：梁连接面和梁侧壁的构造要求、梁顶设计情况与构造特征、梁预留洞种类与不同种类的构造特征、预制梁配筋土筋放置、配置要求以及梁箍筋不同构造的调整；

（3）板构造设计：首先确定预制板配置桁架筋的型号、配置尺寸、规格构造以及轻质填充材料制品规格，其次满足预制板厚度要求并进行厚度计算；

（4）预制装配整体式混凝土住宅结构体系结构中存在各种形式的节点连接形式，主要包括：柱与柱的连接、梁与梁连接、板与板连接、梁柱节点连接等。其中柱与柱的连接形式主要有：榫式连接、钢板连接、浆锚连接等；梁柱连接形式主要有：牛腿连接、钢吊架式梁柱节点连接、螺栓梁柱节点连接。

3.3 施工管理

施工管理采用了"6S"施工管理技术。"6S"由整顿（SEIRI）、整理（SEITON)、清扫（SEISO）、清洁（SEIKETSU）、素养（SHITSUKE）、安全（SECURITY）组成。"6S"施工管理技术是正在推广的基于预制装配整体式混凝土住宅结构体系技术的住宅产业化建设施工过程管理科学化，借鉴日本"5S"法后形成的具有自己特殊的管理方式，在要求文明施工同时强化安全施工。具体施工管理如下：

1. 整理。按规定施工方需要每周集中进行施工现场整理，将工作场所中的物品区分为必要的与不必要的，不必要的物品以及每天产生的废品都要彻底清除，判定标准可以视物品的使用频率而定。通过以上措施可实现以下目标：（1）减少库存量；（2）减少材料混放和混料；（3）减少磕碰，提高质量；（4）现场整洁，道路畅通，提高作业效率；（5）改善施工作业面积。

2. 整顿。针对整理的结果，把需要的人、事、物分门别类依规定的位置放置，摆放整齐，明确数量，加以标示。其目的是使工作场所一目了然，避免寻找物品而浪费时间，创建整整齐齐的工作环境。具体措施包括：物品摆放目视化（过目知数）；物料摆放科学合理（常用近放，少用远放）；按照施工现场平面图摆放物料、机具。

3. 消扫。清除工作场所内的脏污，并防止脏污的发生。保持工作场所干净卫生，将工作场所当作施工工程的一部分加以清扫，不增专门的清扫工，每日都要做到工完人净场洁。具体措施包括：（1）根据施工班组、个人划分清扫责任区，定期执行扫除、清理脏污；（2）每班下班前30min各工种班组对本作业区域及设备进行清扫和保养；（3）每周一下班前1h针对施工作业场合和场区道路要统一集中清扫。

4. 清洁。将整理、整顿、清扫进行到底，并制度化、公开化、透明化地执行及维护，目的是维持以上的成果。具体措施包括：（1）反复不断地进行整理、整顿、清扫活动，并将其中好的做法规范化、制度化；（2）制定评比办法和奖惩制度，项目部经常派人巡查，以引起全体施工人员的重视；（3）做到现场生活区域作业区明显分开，环境整洁，并且不被污染。

5. 素养。培养工人形成能够正确执行任务的习惯，培养现场施工人员遵守规则施工的良好习惯，营造良好的团结精神。具体措施包括：（1）坚持定期对员工进行教育培训；（2）施工现场人员包括项目经理人员按照岗位的不同分别统一着装戴胸卡与安全帽；（3）制定共同遵守的规则、规定；（4）每天开早晚会宣导，培养自律精神。

6. 安全。重视全员工安全教育，每时每刻都有安全第一概念，防患于未然。具体措施包括：（1）禁止野蛮施工、强行施工，施工应符合规定要求进行；（2）施工场地应设置项目介绍标牌及警示标牌；（3）根据作业工种不同和季节不同，合理选择防护服、护目镜、安全鞋、手部护具、头部护具、听力保具、安全带、口罩等。

4 预制装配整体式混凝土住宅结构体系应用

随着我国经济的发展，预制装配整体式混凝土住宅结构体系的研究、应用、推广工作将不断深化。下面介绍预制装配整体式混凝土住宅结构体系的应用推广情况。

万科先后完成了四栋预制装配整体式混凝土住宅结构体系试验楼：

（1）第1栋工业化实验楼为全预制6层混凝土框架结构体系。在此试验楼中应用了叠合板技术、预制混凝土整体厨卫技术、预制混凝土外维护技术、整体式卫生间、工业化屋顶等。

（2）在第2栋实验楼尝试了预制柱模现浇柱、应用给水分水器和排水集水器的同层排水和分离式的内装修表皮等技术，初步形成工业化住宅技术体系（S是skeleton的简称，是支撑体、骨架的意思，指的是建筑的主体，具体来说是指框架和非轻质的外墙、公共部位的设备管线等；I是infill的简称，是填充体的意思，指的是建筑内部装修和外部装修和室内设备管线等；V指的是万科，Vanke，VSI技术就是万科自己开发的一种基于工业化建设方式的、适合S-I分离原则的住宅建造技术），这标志着万科的工业化业化住宅技术准备工作具备了推广基础。

（3）第 3 栋试验楼是对"VSI"工业化住宅体系的优化与借鉴日本预制技术的一次实践，尝试了适合工业化技术体系的施工机具，包括脚手架、临时支撑和模具等，其建成标志着万科"VSI"工业化住宅技术体系已经具备推广应用的基础和条件，同时也顺应国家7090 政策，开发了每户 86m² 的住宅产品。

（4）第 4 栋试验楼（"青年之家"）是万科第一次按照客户群细分市场要求、采用梁柱全预制的纯框架结构体系，并以精装修作为住宅的交付使用标准。纯框架结构体系设计使建筑构件种类、型号更加统一和单纯，更便于施工和生产；整体内装也围绕模块进行设计，使部分室内家私能够通用，并形成如卫生间、家政空间等功能模块；设备方面，充分发挥"VSI"住宅体系的优势，运用了如同层排水、室内通风等技术。

已经投放市场使用的项目有：

① 上海新里程 20 号、21 号楼，其外墙结构完全采用预制钢筋混凝土结构，墙板由工厂生产出后，在工地现场进行"粘贴拼装"。唯一进行现场手工作业的仅限于楼房的横梁和结构。整个建造过程达到流水线化。初步整合了工业化住宅的设计、生产、施工等方面的社会资源。

② 万科基于第 4 栋试验楼，在深圳万科第五园，建造了总面积约 10000m² 工业化住宅，在工业化住宅的技术体系、工程管理、合作资源等方面进行进一步的有益尝试。

5 结语与展望

针对预制装配整体式结构体系还存在的问题，对装配整体式结构体系引入技术创新的机制，探索新型的装配式结构体系，充分发挥装配整体式结构体系的优点，不断改善其整体性能和优化设计理论。

通过对预制装配整体式混凝土住宅结构体系框架结构及构件设计、构件构造等方面的介绍与研究，可以推测随着对预制装配整体式混凝土住宅结构体系性能研究的不断深入、预制装配整体式混凝土住宅结构体系设计理论及其施工管理制度的不断完善、预制装配整体式混凝土住宅结构体系将被广泛应用和推广，预制装配整体式混凝土结构住宅结构体系产业化生产将成为我国住宅产业化发展方向的一个较好选择，必然会给建筑业带来革命性的突破。

参 考 文 献

[1] 严薇，曹永红，李国荣. 装配式结构体系的发展与建筑工业化[J]. 重庆建筑大学学报，2004，26（5）：130～136.

[2] 薛伟辰. 多层顶制混凝土框架结构应用与研究综述报告[R]. 2006(4).

[3] 张季超，王慧英，楚先峰等. 预制混凝土结构的效益评价及其在我国的发展. 建筑技术，2007，1：9～11.

[4] 张季超，楚先锋，邱剑辉等. 高效、节能、环保预制钢筋混凝土结构住宅体系及其产业化. 第 17 届全国结构工程学术会议论文集(第Ⅰ册)[C]，2008.

[5] 广州大学结构工程研究所. 万科新型装配式预制钢筋混凝土框架结构体系主次梁中节点试验报告[R]. 2009.1.

[6] 广州大学结构工程研究所. 万科新型装配式预制钢筋混凝土框架结构体系主次梁端节点试验报告[R]. 2009.1.

［7］ 广州大学结构工程研究所. 万科新型装配式预制钢筋混凝土框架结构体系梁板端节点试验报告
　　　［R］. 2009.1.
［8］ 广州大学结构工程研究所, 万科新型装配式预制钢筋混凝土框架结构体系梁板中节点试验报告
　　　［R］. 2009.1.

保障性住房中推广装配整体式住宅浅探

吴伟[1]　沈贻[2]

[1]上海市住房保障和房屋管理局科技教育处
[2]上海市住房保障和房屋管理局住房建设监管处

今年，北京、南京等城市开始在保障性住房中试点装配整体式住宅，上海也即将开展此类试点。如何利用好这一契机，创新发展，转型驱动，稳妥地推进装配整体式住宅，促进上海工业化住宅发展和住宅产业升级，是摆在我们面前的重要课题。

1 保障性住房中推广装配整体式住宅的基础条件已较成熟

装配整体式住宅技术是工业化住宅的主要标志之一，是推进工业化住宅的前提和基础。在各级领导的关心和各方努力下，上海在装配整体式住宅推广应用方面开展了卓有成效的工作：一是已有多年成功实践。万科、瑞安和建工等公司先后开展了装配整体式住宅建设的探索。2007年，万科房产公司在"万科新里程"项目中开发了国内第一个利用装配整体式住宅生产方式建造的商品住宅楼。目前上海浦东、闵行、宝山等地已有装配整体式住宅约30万 m^2。二是工艺技术明显改善。随着预制装配技术、材料的发展，预制板质量、施工工艺、节点控制技术和抗震性能等有了很大改善，过去空心预制板抗震性差、易产生裂缝和渗漏等问题得到基本解决，装配整体式住宅关键工艺技术已经基本稳定成熟。三是标准体系初步形成。在课题研究和项目实践基础上，上海已经编制出台了《装配整体式住宅混凝土构件制作、施工及质量验收规程》、《装配整体式混凝土住宅体系设计规程》等地方性规范，明确了装配整体式住宅的设计、施工、验收要求，为技术推广应用提供了较好的技术支撑。四是配套扶持政策正在制订。参考北京出台的配套政策，我市住宅产业化主管部门正在研究制订相关指导意见和激励政策，尤其是要加强在保障性住房建设中装配整体式住宅的推广应用。综上可见，上海在保障性住房中推广装配整体式住宅技术的条件已经较为成熟。

2 保障性住房中推广装配整体式住宅具有诸多优势

保障性住房具有建设规模大、户型面积小、户型标准化程度高等特点，易于采用装配整体式工业化生产。利用大量建设保障性住房这个时机，大力推行装配整体式住宅，不仅能够保证住房质量，提高效率，缩短工期，节能降耗，而且有利于加快上海住宅产业升级和促进住宅产业化目标的实现。装配整体式住宅技术完全可以为本市保障性住房建设提供产业化建设的技术支撑，与传统施工相比其优势主要有三点：

（1）建设效率提高。装配整体式住宅的主体构件实行工厂化预制生产，在工厂里预制构件生产受季节和天气影响较小，也不像传统施工受作业面的影响只能串联施工，可迅速提供作业面，为多专业并联施工创造条件，从而加快工程进度。装配整体式住宅施工与传统施工方法（一般 7d 一层）相比，可缩短工期 20％以上。提高效率、缩短工期这一优势，对于更高效地完成保障性住房的建设任务，具有重要意义。

（2）质量更有保障。在装配整体式住宅技术体系中，构件在生产车间内按照严格的制作、养护、验收等标准化流程生产，使得各类构件的质量得到更有效的控制，质量更有保障。与传统施工相比，装配整体式住宅将人为因素对工程质量和结构安全的影响因素降到最低，能较好地解决开裂、渗漏等质量通病的发生。如通过将门窗框预制在混凝土墙板内，使框和混凝土产生良好的结合，可以基本避免门窗渗水缝隙产生，其渗水概率仅为千分之一（理论值），从而较好地解决住宅门窗渗水问题。又如，通过采用预制节能复合墙体，既可以满足节能标准要求，又对解决节能保温材料与住宅建筑主体不同寿命的问题提供了解决方案。

（3）资源节约环保。工厂化生产预制构件，可以采用预应力高强钢筋及高强混凝土，在保证质量的前提下，梁板截面积减少，自重减轻，可以有效节约钢材和水泥，减少建材生产过程中的二氧化碳排放。现场装配式施工过程几乎不产生扬尘，水泥砂浆用量也明显减少。现场作业的振动、机具运转、工地汽笛产生的噪音明显降低，施工工地和现场周边的环境可以得到有效保护。装配整体式住宅节能减排相关情况，详见表1。

装配整体式住宅节能减排定量分析表   表 1

项目		节能量/m²	节能降耗率	备 注
建造过程	电	5.3kWh/m²	31％	减少了浇捣、焊接、垂直运输用电
	水	0.25t/m²	36％	减少了生活用水、现场施工用水
	模板	0.0065t/m²	54％	减少了现场木模板利用
	装修材料	每户实施全装修可节约材料1.5t	—	以每户 100m² 计；避免了拆除墙体、管线等造成的浪费
使用过程	电	8.58kWh/(m²·a)	符合 65％ 节能要求	据 2005 年调研，每平方米建筑居民年空调耗能约为 13.2kWh。装配整体式住宅，通过空调设备和围护结构节能可实现节能 65％

3 保障性住房中推广装配整体式住宅的对策建议

从装配整体式住宅的既有研究成果和试点应用情况来看，在保障性住房中推广装配整体式住宅的基础和条件已经具备，时机也比较成熟。对推进这项工作中，我们提出统筹规划、把握关键、布局抓手三点建议，仅供参考。

1. 在推进战略方面，应加强统筹规划、分段推进

推进装配整体式住宅，建议在认真研究基础上，科学编制发展规划，分阶段推进，从项目试点到面上推广，再到全面推进。

（1）第一阶段（2010～2012 年）的发展目标：在现有的装配整体式住宅项目基础上，进一步引进消化吸收国内外先进经验和成功案例，不失时机地在保障性住房中开展装配整体式住宅项目试点。研究编制保障性住房工业化生产标准套型建筑图集和装配整体式住宅体系相关标准规范。形成政策聚焦，抓紧出台成套的土地、规划、金融、财政、税收、科

技等方面的鼓励政策，培育装配整体式住宅开发、设计、施工、构配件生产等企业的市场发展，理顺立项、设计、审图、施工、监理、验收、交付等整个建设工作链。2010年新开工保障性住房中装配整体式住宅试点项目3万㎡、2011年10万㎡、2012年30万以上，单体住宅结构的预制装配化率达到15％以上。

（2）第二阶段（2013～2017年）的发展目标：回顾总结试点经验的基础上，在保障性住房中进一步推进装配整体式住宅，开展面上推广。初步建立装配整体式住宅技术体系和工业化生产标准，形成较完备的上下游产业链。住宅产业集团初具规模，培训集聚一大批产业工人。生产成本相对降低，住宅质量明显提高。到2017年，装配整体式住宅面积占保障性住房新开工总量的40％以上，单体住宅结构的预制装配化率达到25％以上。

（3）第三阶段（2018～2020年）的发展目标：在综合分析总结前两个阶段经验基础上，全面推进装配整体式住宅。住宅产业集团规模进一步扩大，在行业中具有重要影响。形成较为完善的住宅产业化技术标准体系，优化装配整体式住宅生产的工艺及流程，明显降低生产成本。工业化住宅生产方式能被市民普遍接受，并对住宅产业生产方式变革产生重大影响。到2020年，装配整体式住宅面积占保障性住房新开工总量的60％以上，占商品住宅新开工比例的20％以上。单体住宅结构的预制装配化率达到30％以上。

2. 在工程技术方面，关键要做好住宅结构类型选择

结构是住宅建筑中的支撑主体，其结构类型对建筑材料、施工技术、建造方式等起着决定性作用，并直接影响到住宅的经济性、适用性和安全性、耐久性。因此，选择合理的装配整体式住宅结构类型，对于装配整体式住宅技术在保障性住房中的顺利推进是非常重要的。

装配整体式住宅的结构类型可分为预制装配式剪力墙结构、框剪结构、内浇外挂结构、冷弯薄壁型钢结构、热轧H型钢结构、钢管混凝土结构等。

（1）预制装配式剪力墙结构的主要优点是：结构整体性能好，节点构造易处理，预制墙板之间的水平缝和竖向缝的接缝处理简单，避免出现接缝开裂等问题。主要缺点是：需要一定量的现场浇注混凝土，墙板预制的工艺设备要求高，在7度以上抗震设防地区和高层建筑，需解决好受力钢筋的连接问题。该结构技术在欧洲已经成功应用30余年，现已在安徽合肥滨湖康园项目、哈尔滨洛克小镇及保利公园等项目中试点应用。

（2）预制装配式框架—剪力墙结构的主要优点是：结构受力明确，建造迅速，节省劳动力，节点施工工艺较简单，竖向受力构件可根据需要替换为现浇构件，建筑空间布置灵活，较易实现大空间。主要缺点是：对主筋灌浆锚固要求较高，室内出现凸梁凸柱，外墙围护部分构造相对复杂。该结构技术在欧洲、日本也已成功应用数十年，现已在上海万科新里程等项目中正式应用。

（3）冷弯薄壁型钢结构、热轧H型钢结构、钢管混凝土结构等钢结构的主要优点是：质轻高强、构件截面小、抗震性能好、施工速度快、可实现大跨度等优点。主要缺点是：冷弯薄壁型钢结构仅适用于低层住宅建筑；重钢结构防火性能差、防腐投入大、工程造价高；尚未形成完整的建筑技术体系。因此这些结构类型不太适合在保障性住房中推广应用。

综上所述，根据适用性、安全性、耐久性和经济性等综合性要求，结合上海保障性住房实际，在保障性住房建设中推广装配整体式住宅，其结构体系应以预制装配式剪力墙结

构和预制装配式框剪结构两种类型为主。同时，我们还应继续加强研究试点，不断完善优化结构技术，逐步形成适合上海保障性住房的装配整体式住宅结构体系。

3. 在产业抓手方面，应着眼布局上海住宅产业集团的创建

上海在保障性住房中应用装配整体式住宅，一方面是为了有利于推广先进适用技术，缩短工期、尽早预售，以及解决开裂、渗漏、保温等技术难题，但更重要的是为了响应中央"调结构，转方式"的号召，走新型工业化发展道路，发展先进的住宅生产力，加快转变当前粗放型住宅生产方式，促进住宅产业化目标的实现。从国外的发展经验来看，建立住宅产业集团是推动住宅产业化发展的必由之路，是产业推进的重要支撑和有力抓手。

住宅产业集团是集住宅投资、产品研究开发、设计、配构件部品制造、施工和售后服务于一体的住宅生产企业，是一种智力、技术、资金密集型、能够承担各种住宅生产任务的大型企业集团。住宅产业集团的组成部门一般由公司事业本部、构配件生产部门、销售营业部门、建筑施工部门等组成。住宅产业集团规模较大，在住宅市场上占有很大优势。以日本住宅产业集团中规模居前的大和房屋集团（Daiwa House Group）为例，该集团在日本设有85家支店、11家工业化住宅工场，员工约1.5万名，2007年销售额超过1.5万亿日元。

住宅产业集团是住宅产业的"小巨人"，相对于分散经营的住宅生产方式，住宅产业集团主要有如下优势：一是规模大、集成度高，对产业发展具有重要的影响力。通过合理配置资源，发挥规模经济效益，可以有效降低成本。二是综合各种企业组织形态优势的住宅产业集团，可以促进集团内部专业分工与协作发展，发挥组合效益，带动产业内部中小企业和其他相关企业，提高产业整体实力。三是住宅产业集团一般都拥有强大的研究开发手段和研究机构，具备高级技术人才、熟练工人、研究设备和资金上的优势，具有较强的开发和应用先进技术的能力，从而有利于住宅产业的技术进步与创新发展。

住宅产业集团实行一体化生产经营，在住宅产品生产经营全过程中涉及的领域较广、管理跨度较大，公司经营、治理要求较高。所以，建议根据装配整体式住宅开发、设计、施工、构配件生产等企业的市场培育和发展情况，通过政策扶持、企业主导，以上海建工、上海城建等具有优良的素质和发展潜力企业为核心，整合优质资源，组建上海住宅产业集团，为上海住宅产业发展提供强大的发展动力。

参 考 文 献

[1] 沈定亮. 保障性住房中推广预制装配式住宅的可行性. 上海建材，2010，4：8～10.
[2] 曹霁阳等. 住宅工业化生产可解决传统建房方式诸多弊端. 载于 http://finance.qq.com/a/20100903/001904.htm。
[3] 纪颖波，王松. 工业化住宅与传统住宅节能比较分析. 城市问题，2010，4：11～14.
[4] 叶明. 工业化住宅技术体系研究. 住宅产业，2009，10：15～18.
[5] 董凌等. 工业化住宅简述——从结构材料和结构类型的发展探讨中国工业化住宅发展之路. 建筑前沿，2010，7：118～120.
[6] 穆秀玲等. 天津"住宅产业化集团型"模式推进，培育四大板块. 载于 http://tj.focus.cn/news/2010-02-20/861262.html

工业化内填充墙的研发与设计

刘东卫

中国建筑标准设计研究院有限公司

【摘要】结合新型工业化体系发展，提出了新型内装填充体技术解决方案；阐述了示范工程建筑填充体的样板间建造的实施要点，并对其标准化设计、空间适应性设计、部品模块化设计和内装部品集成技术应用进行了探讨。

1 我国住宅工业化发展及其新型工业化体系的课题

当前，由于我国建筑产业现代化发展基础性研究工作开展不够，相关建筑产业化的建筑体系与部品技术的研究与技术开发明显滞后，阻碍了建筑产业现代化的进程。住宅工业化仍在较低的水平上徘徊，存在技术标准不全面、部品之间缺乏接口协调、没有与住宅工业化相配套的国家推行标准与住宅体系等问题，阻碍了住宅生产工业化进程，造成住宅普遍存在质量问题。

建筑产业现代化的建筑通用体系与部品技术是工业化生产建造的基础和前提。任何建筑都可以使用的子体系称作子体系的通用化，将通用化子体系集成构成的总体系为通用体系。大力创建我国新型建筑工业化的建筑通用体系与部品技术，应当成为当前我国建设发展方式转变的科技攻关目标，将突破传统生产建设模式，促进建筑产业的技术升级换代，对推动建筑产业现代化具有重大的意义。

2 新型内装工业化的住宅建筑填充体技术解决方案

1. 住宅工业化生产特征

住宅生产工业化就是用"工业性"的方法建造住宅，这种"工业性"与"制造业"基本相同，就是把已经在一般工业领域里建立起来的生产及管理的方式、方法等"引进并应用"在住宅领域里。这种"引进并应用"主要是引进方法，将住宅需求情况归纳出来，并使之达到标准化。住宅生产工业化并非只是简单的施工方法和技术问题，应该既要使住宅的建造方法适应生产方法的发展，也要合理化生产。其生产的工业化主要体现在合理化、组织化、标准化等方面。这种生产工业化的住宅是一种用经济的方法生产出的、质量优良且品质相同的住宅。

2. 住宅支撑体与填充体建造

SI住宅体系是指住宅的支撑体S（Skeleton）和填充体I（Infill）完全分离的住宅建设体系，是为了实现住宅长寿化各种尝试中的基本理念。SI住宅体系提高了住宅支撑体的物理耐久性，使住宅的生命周期得以延伸，同时降低了维护管理费，也控制了资源的消费，成为今后住宅建设和设计的一个方向。SI住宅在结构和主要部品耐久性的提高、设备部品维护更新性的提高和户内平面变更与改装适应性的考虑三方面具有显著特征。

3. 新型工业化建筑通用体系

SI 住宅体系及其技术已经成为世界住宅产业现代化和新型住宅工业化通用体系与生产技术研发方向,我国应当大力推行采用支撑体和填充体的新型工业化发展模式,并构建建筑支撑体和填充体的新型住宅工业化通用体系。

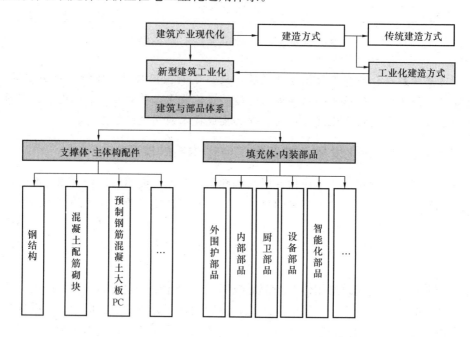

图 1　新型工业化建筑通用体系

工业化领域的通用住宅体系,是推进住宅产业现代化的重要内容。通过构建我国建筑产业现代化的新型工业化建筑体系,可为建筑产业现代化提供坚实的技术支撑。

4. 填充体技术解决方案

住宅建筑填充体技术解决方案的研发,是以 SI 住宅体系的新型工业化的住宅建筑通用体系为基础,强调住宅全寿命期和全产业链的整体设计方法和两阶段工业化生产体系与技术集成。

住宅建筑填充体技术解决方案的研发,考虑了工业化的生产措施,通过结构主体系统和住宅部品体系的应用,可在使用工业化成套部品基础上建造多样化住宅,是一种住宅工业化内装建造与设计的建筑通用体系。采用新型内装工业化的住宅建筑填充体技术解决方案,有 5 个方面优势:1)保障质量,部品在工厂制作,且工地现场采用干式作业,可以最大限度保证产品质量和性能;2)降低成本,提高劳动生产率,节省大量人工和管理费用,大大缩短开发周期,综合效益明显,从而降低住宅生产成本;3)节能环保,减少原材料的浪费,施工现场大部分为干法施工,噪声粉尘和建筑垃圾等污染大为减少;4)便于维护,降低了后期的运营维护难度,为部品更新变化创造了可能,实现住宅的可持续发展;5)集成部品,可实现工业化生产,采用通用部品,并有效解决施工生产的尺寸误差和模数接口问题。

152

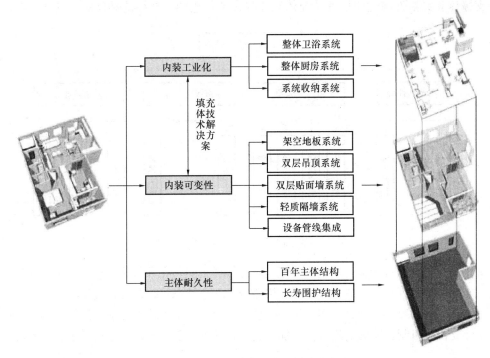

図2 新型住宅工业化解决方案

3　示范工程住宅建筑填充体样板间的建造实施

1. 示范工程概况

2012 年 5 月 18 日，中国房地产业协会和日本国日中建筑住宅产业协议会签署了《中日住宅示范项目建设合作意向书》，就促进中日两国在住宅建设领域进一步深化交流、合作开发示范项目等达成一致意见，并委托中国建筑设计研究院（集团）的中国建筑标准设计研究院负责示范项目的组织实施和设计研发工作。"中国百年住宅"示范工程的基本目标是，针对我国住宅粗放型建设模式和房地产业的技术转型升级的课题，通过中国百年住宅示范工程攻关新型住宅工业化关键技术，实现以新型工业化技术建造的可持续住宅。

中国百年住宅是以建筑全生命周期的理念为基础，围绕保证住宅性能和品质的规划设计、施工建造、维护使用、再生改建等技术为核心的新型工业化体系与应用集成技术，力求全面实现建设产业化、建筑的长寿化、品质的优良化和绿色低碳化，提高住宅综合价值，建设可持续居住的人居环境。

上海绿地南翔·中国百年住宅示范工程 11 号楼为 20 层，90m² 以下中小套型。项目在建立符合产业化要求的住宅建筑体系和部品体系基础上，把住宅研发设计、部品生产、施工建造和组织管理等环节联结为一个完整的产业链，通过设计标准化、部品工厂化、建造装配化实现了通用化的新型工业化住宅体系，构建并实施了工业化内装部品体系和集成技术。

绿地南翔·中国百年住宅示范工程以长寿化可持续建设为目标，从社会资源和环境的可持续发展出发，既考虑到降低地球环境负荷和资源消耗，也要满足不同居住者居住需求和生活方式、便于后期管理和更新改造。采用支撑体 S 与填充体 I 分离体系，具有高耐久性的支撑体和灵活性与适应性的填充体整体提高了住宅的居住性能和质量。

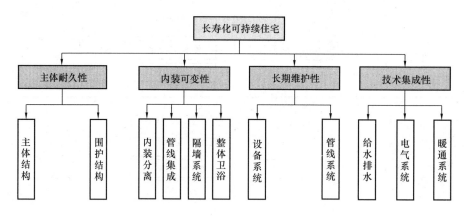

图3 中国百年住宅示范工程建设目标

　　绿地南翔·中国百年住宅示范工程建筑填充体样板间，在项目规划设计、施工建造、技术集成、部品整合等各个环节中进行了严格监督管理和动态跟踪评估，确保项目实施，取得了很多技术创新和突破。项目的实施是一个系统工程，提出了技术标准条件等方面的保障措施，从建立协调机制、明确实施责任、加强建设管理等方面对规划实施进行了具体部署。

图4 样板间D-1平面

图5 样板间D-2平面

2.主体标准化设计

（1）支撑体大空间化

　　提供大空间结构体系，尽可能取消室内承重墙体，为套型多样性选择和全生命周期变化创造条件。减少现浇量，减少施工难度等。通过前期设计阶段对结构体系整体设计考虑，有效提高后期施工效率，合理控制建设成本，保证施工质量与内装模数接口。

（2）住栋形体规整化

　　合理控制楼栋体形系数，减少开口凹槽，减少墙体凹凸，满足楼栋对于节能、节地、节材要求。规整化的住栋提高套内空间使用率，居住舒适度相应提高，且可保证施工的合理性。

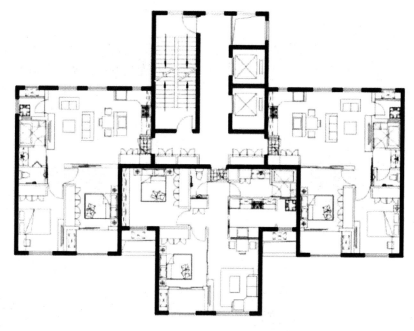

图 6　住栋形体规整化

（3）住栋构成集约化

模块与公共交通核心模块组合成单元，结构简明布局清晰，套型系列可组合成不同住栋来适应不同条件。住栋公共空间集中管井管线等设施，易于管理和维修。卫浴等部分可作为独立模块置入不同套型中，为工业化建造提供条件。

图 7　住栋构成集约化

3. 空间适应性设计

（1）套型系列化与多样化

住栋套型按使用空间面积分大、中、小三个类型的系列套型。套型设计充分考虑不同家庭结构及居住人口的情况，在同一套型内可实现多种套型变换。基于环境行为学，套内空间设计充分考虑人体尺度，在满足安全性和基本使用需求的同时，提高套内空间的舒适度与宜居性。

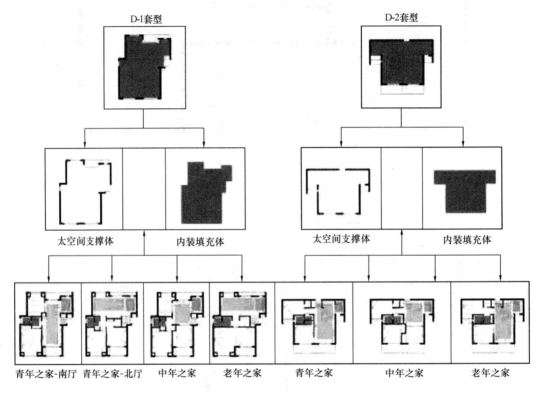

图 8　套型系列化与多样化

（2）空间可变性与灵活性

套型设计从住宅全生命周期角度出发，套型宜采用大空间可变性高的结构体系，提高内部空间的灵活性与可变性，方便用户今后的改造。套型内部空间采用可实现空间灵活分割的隔墙体系，满足不同用户对于空间的多样化需求。考虑日常维护修理以及日后设备管线更新、优化的需要。

（3）空间集约化与开放化

充分利用空间集中化的特点，尽可能减少相互关联性强的使用空间之间的阻隔，采用 LDK 餐厨交流系统，开放式的餐厨空间，使厨房、餐厅和客厅空间连为一体。厨房采用开放式，与用餐空间紧密联系在一起，客厅部分既从使用上独立出去又与餐厨空间在空间上保持密切的联系。通过以饮食生活习惯的"制作—就餐—交流"行为互动为目的，形成互动空间、优化了视觉感受，也有利于家庭成员在厨房与客厅之间的快乐交流。

156

图 9　空间集约化与开放化

4. 部品模块化设计

（1）模块化的整体卫生间

采用模块化的整体卫生间便于施工建造。使用干湿分离式整体卫浴系统，按照人的行为习惯和使用流线设计，彼此分离，干湿分区，互不干扰。在套型设计时，充分合理考虑三者之间的相互关系，将盥洗室作为浴室的前室空间，便于淋浴前后更衣和换洗衣服。厕室内即马桶间可单独设置或者与浴室空间合并。整体浴室是建造体系的重要组成部分，分离式卫浴空间实现了干湿分区，大大提高了模数精度和节约了墙面空间面积。

图 10　样板间模块化整体卫生间实景

（2）模块化的整体厨房

整体厨房是 SI 体系适应性内装部品中最直接展现工业化工艺水准的部分。所有柜体均采用环保型板材一次切割成型，提高拼缝处的精细化设计，避免产生较大的误差。上吊柜边缝交界处采用树脂材质收边条，抗腐蚀能力强且不易开裂。优选高质量合页、龙头、壁柜内置分隔等五金构件，减少了居住者二次选购。

图 11　样板间模块化整体厨房实景

（3）模块化的系统收纳

模块化的系统收纳，便于施工建造。收纳空间合理布局，按照居住者的动线轨迹，设置收纳空间。玄关、客厅、餐厅、厨房、卫生间、卧室等都有相对应的收纳空间。最大限度合理地设置收纳，提高空间的使用效率满足了住户的基本使用需要，力求做到就近收纳、分类储藏，最大化收纳空间。

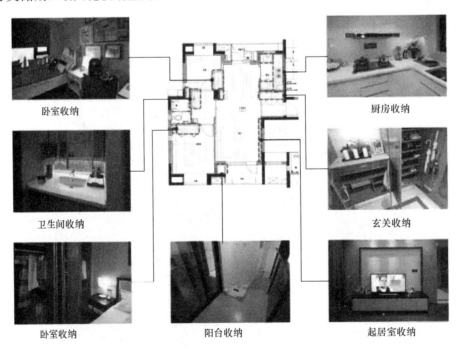

图 12　样板间 D-1 系统收纳

5. 部品与集成技术应用

绿地南翔·中国百年住宅示范工程建筑填充体样板间，吸取了国际前沿理念和住宅发展与建设经验，探索研发住宅先导技术，突出体现住宅产业现代化的发展方向，推动对传统住宅产业的更新改造，通过科技创新促进科技成果向生产转化。传播先进的最新前沿的干式内装技术，实现综合性技术解决方案的攻关落地。

158

	技术要点	实景照片
1 架空系统	① 卫生间集中降板，地面做架空处理 ② 卫生间之外的地面不做架空处理 ③ 采用架空层配线方式 ④ 减少结构墙体与内装部品之间的安装误差 ⑤ 实现内装整体部品定制生产	
2 轻质隔墙系统	① 在设计上为灵活分隔提供可能 ② 将来的空间变化更加容易 ③ 建筑物自身轻量化，桩基、结构体的成本可降低	
3 给水系统	① 给水管线走双层吊顶中 ② 使用给水分水器，设备设置在阳台	
4 排水系统	① 排水管采用多头集中排水管 ② 临近卫生间设置排水立管 ③ 排水立管减少，成本降低	
5 电气系统	① 带式电缆，不将配线埋设在主体中 ② 开关和插座的高度注重适老化设计 ③ 采用 LED 节能灯	
6 通风系统	① 套内整体空气循环：从各居室的自然通风口进风，卫生间、厨房出风 ② 设置新风换气机（进气型与排气型组合配置）、浴室干燥器 ③ 卫生间、厨房的气味不容易流入走廊、居室空间	

	技术要点	实景照片
7 供暖系统	① 采用干式地暖，整体工业化施工 ② 便于维修管理 ③ 便于将来更换管道	
8 故障检修系统	① 在空调的冷媒管的弯曲部分、厨房的吊顶、卫生间的地面降板部分设置检修口 ② 便于管道的检修、维护和更新	
9 健康部品系统	① 起居室和卧室背景墙选用环保型调湿面板，可调节空气温度，同时吸收有害气体 ②木工部分的产品达到日本 F4 星级 ③ 采用环保型壁纸	
10 工业化部品系统	① 工业化生产，板材一次成型，减少次品 ② 降低现场的调整量，缩短人工操作工期 ③ 降低手工作业，拼缝处精细化设计	

  项目产业化技术建设实施取得大批技术成果，取得 4 个方面的重大技术进步，第一是创建了我国新型住宅工业化的内装部品构架；第二是形成了设计标准化、部品工厂化、建造装配化、采用通用化的标准化部品体系；第三是系统实施到设计、生产、施工、维护等产业链各个环节；第四是研发应用了建筑长寿化、品质优良化、绿色低碳化的可持续发展的部品与工业化集成技术。

  绿地南翔·中国百年住宅示范工程建筑填充体样板间，实现了标准化为基础的大规模部品在工厂成批量生产与供应，攻关了大量干式工法与技术等应用创新，形成了新型内装工业化通用体系。相对于传统模式可有效缩短工期，实现综合成本降低，具有显著的节能减排效果，保证部件生产质量以及后期维修更换。绿地南翔·中国百年住宅示范工程全面提高了住宅建筑全寿命期的长久品质，为我国新时期可持续住宅建设指明了新的方向。

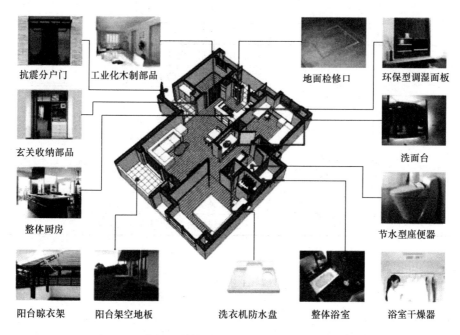

抗震分户门　工业化木制部品　地面检修口　环保型调湿面板

玄关收纳部品　洗面台

整体厨房　节水型座便器

阳台晾衣架　阳台架空地板　洗衣机防水盘　整体浴室　浴室干燥器

图 13　样板间 D-1 集成技术应用

中国百年住宅示范工程长寿化技术集成应用　　　　　　　　　　　　表 2

	系统	子系统	关键技术
填充体长寿化技术集成	1　内装分隔部品	架空地板	① 地板下面采用树脂或金属地脚螺栓支撑
			② 架空空间用来铺设给排水管线
			③ 安装分水器的地板处设置地面检修口
			④ 在地板与墙体交界处预留缝隙，起到隔声效果
			⑤ 地板优先施工工法
		双层吊顶	① 采用装饰吊顶板，并提高保温隔热性能
			② 架空空间用来铺设电气管线、通风管线、灯具设备等
		双层贴面墙	① 墙体表层采用树脂螺栓或木龙骨，外贴石膏板实现双层墙体
			② 架空空间用来铺设电气管线、开关及插座使用
			③ 结合内保温工艺，充分利用双层墙体的架空空间
			④ 采用环保壁纸
		轻质隔墙	① 可移动/不落地装配式分隔墙
			② 采用环保壁纸
	2　内装设备部品	给排水系统	① 部分楼板降板，实现同层排水
			② 分支管给水
			③ 地板下设检修口
		电气系统	① 采用架空层配线方式
			② 采用带式电缆，不将配线埋设在主体中，直接粘贴
			③ 开关和插座的高度注重适老化设计
			④ 使用 LED 节能灯
		暖通系统	① 设置新风换气机、浴室干燥器
			② 设置干式地暖

系统		子系统	关键技术
填充体长寿化技术集成	3 内装模块部品	整体卫浴	① 工厂预制、现场装配，整体模压、一次成型
			② 防水盘结构，防水性和耐久性好
			③ 配有检修口
			④ 采用节水型坐便器、水龙头等
		整体厨房	① 整体配置厨房用具和电器
			② 综合设计给排水、电气、燃气等设备管线
			③ 符合人体工程学，提高使用舒适度
		系统收纳	① 便于灵活拆卸和组装
			② 综合设置独立式、开敞式、步入式

参 考 文 献

［1］ （日）内田祥哉．建筑工业化通用体系［M］．姚国华等译．上海：上海科学技术出版社，1983.

［2］ 刘东卫．日本集合住宅建设经验与启示［J］．住宅产业，2008(6)：85～87.

［3］ 吴东航，章林伟．日本住宅建设与产业化［M］．北京：中国建筑工业出版社，2009.

北京万科金域华府工业化高层住宅

张海松

北京住总第三开发建设有限公司

1 住总万科工业化住宅简介

金域华府全装配工业化高层住宅工程，为 27 层总高约 80m，是目前全国已建最高的全装配式住宅。

建设单位：住总万科房地产开发有限公司，施工单位：北京住总第三开发建设有限公司。

本工程地下 2 层、地上 27 层，总建筑面积 11838m²，总高度 79.85m，单层面积 395.05m²，层高 2.9m，两梯四户，楼梯形式为剪刀梯。

标准层：外墙板 22 块，内墙板 13 块，叠合板 46 块，8t 预制悬挑构件 11 块，其他预制构件 10 块，共计 102 块，其中外墙板为挤塑聚苯板复合夹芯板，最大构件重量为 8t，楼梯为 4t。现浇混凝土用量 63.46m³。

产业化实施团队组建：

公司：组建住宅产业化项目研究小组，主要对产业化住宅施工技术、质量及生产计划进行策划。

专业班组配备：

图 1 金域华府全装配式住宅

根据施工工序，项目配备专业施工班组，并对吊装、注浆等工种进行专业培训，确保持证上岗。

深化设计：

在住宅楼施工前，项目从生产、施工等参建各方的角度出发，对构件进行深化设计。

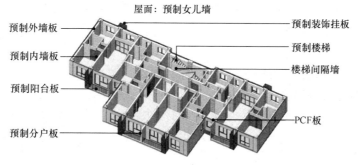

图 2 工程情况

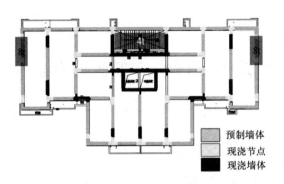

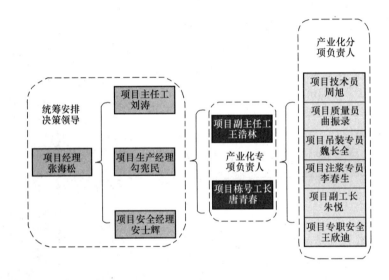

图3 标准层

图4 团队组建

预制墙体深化设计	表1
斜支撑预埋套筒定位	模板及固定孔位
圈边龙骨固定孔位	构件企口设计
外窗木砖预埋	其他预留孔洞

预制叠合板深化设计包括烟风道洞口、吊点预埋、电盒预埋及板边企口设计等。

建设单位职责：委托驻场监理。

构件生产首件验收、构件安装首段验收。

构件厂职责：按京建法16号执行。除了材料验收外，还包括构件生产过程：丝头加工、接头连接、连接件数量等隐蔽验收，预制构件结构性能检测、夹心保温外墙板传热系数性能检测。

2 中期实施

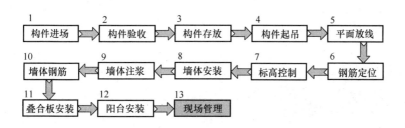

图 5　中期实施

构件安装：

【吊装钢扁担】

为保证预制构件吊装时，便于安装，吊装构件时采用钢扁担吊装，根据吊装需要，钢扁担上下两侧各开 21 个 50mm 圆孔。

【PC 外墙位置控制】：

1）安装前，按图纸，在顶板弹出相应控制线。

2）安装时，按位置控制线就位安装，有偏差时，使用工具及时微调。

3）控制外墙面平整度。

4）控制缝隙偏差。

图 6　PC 外墙位置控制

【钢筋位置不到位】

1）构件生产钢筋定位不准，导致现场钢筋位置偏差。

2）现场墙体位置不准，造成钢筋位置偏差。后续直接导致墙体位置、拼缝等一系列问题。可见钢筋定位、放线、检查验收、责任心的重要性。

【板面平整度不到位】

图 7　板面平整度不到位

1）安装时只关注内侧，不关注外侧。

2）使用工具控制墙面平整度。

3）要有与项工序的检查验收。

【引导绳的使用】

图 8　使用引导大绳

便于初始构件定位、定向，有效提高安装速度。应该列为规定施作。

【构件设计及生产问题】

图9　保护层厚度不够

图10　厚度合格

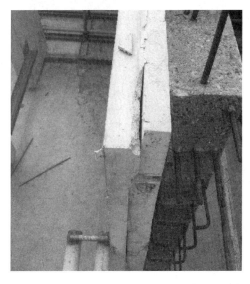

图11　厚度不够容易破损，导致渗水、冬季冻胀造成外页板脱落

【构件节点防水】

图12　为防止保温板细小缝隙进水，
构件出厂前应做好节点防渗漏保护

安装重点：

1）聚乙烯棒、坐浆料防漏浆。

2）底面分仓、分段灌注。

3）上孔珠江、下孔流出。

【墙体注浆】

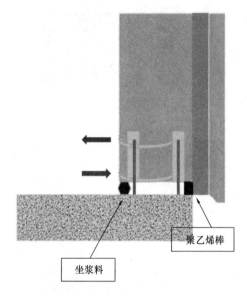

图 13　防漏浆

重点：

1）注浆工业培训、业经培训。

2）浆料严格按说明配置。

3）操作全程监控。

4）舱内清理干净、湿润。

5）留置影像资料。

与用工具，保证坐浆厚度　　　　与职人员，监控质量

图 14　墙体注浆

坐浆采用与用工具，控制坐浆料塞缝厚度小于 3cm。设立与职注浆负责人，对注浆质量进行监控，每块预制墙体注浆都留有影像资料，并用黑板标明日期、型号等。

【墙体钢筋】

丁字墙体箍筋设计为分体箍筋。

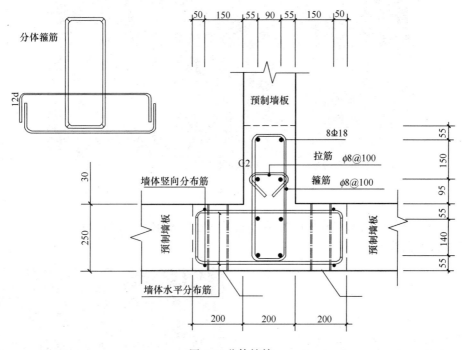

图 15　分体箍筋

优点：设计考虑现场施工避免破坏预留箍筋。

1）X、Y、Z 三方向钢筋交叉，包括叠合板外伸钢筋、墙体预留主筋、墙体开口箍筋、连梁箍筋、连梁主筋。

2）空间较小，很难绑扎。

3）此部分严重降效。

图 16　墙体钢筋

【铝合金模板】

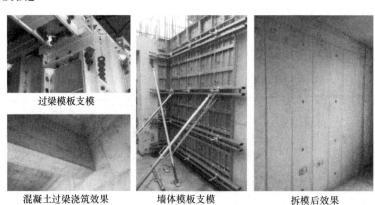

图 17　铝合金模板

为解决节点处模板未与构件刚性结合漏浆问题，采用构件留 30mm 宽、8mm 深的企口，模板安装防漏条。

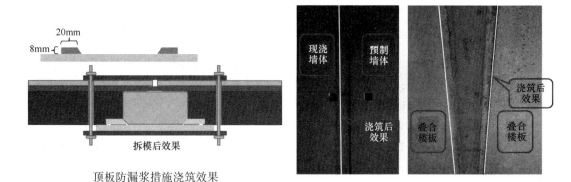

图 18　浇筑后效果

现浇节点使用铝合金模板，待叠合板安装完成后实现墙顶一次浇筑，节约工期 1 天。

【叠合板安装】

1）叠合板钢筋不与墙体钢筋冲突，图纸深化时需考虑位置关系。

2）叠合板钢筋不与梁主筋冲突，应先拆除主筋后还原。

3）叠合板胡子筋严禁现场弯曲。

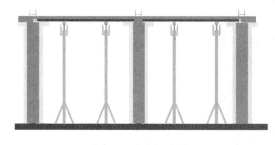

图 19　叠合板支撑

图 20　叠合板安装

注意：

1）支撑间距及位置要经过验算。

2）施工时独立支撑位置需与方案一致，防止构件裂缝。

【阳台安装】

阳台板、悬挑板定位，挑板定位采用四点、一平、一尺法，即四点：墙面两点，构件两点。

一平：构件找平。

一尺：构件外伸长度安装时采用斜面安装，即一端先落地对正，再对正另一端。

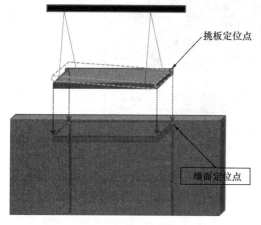

图 21　阳台安装 1

图 22　阳台安装 2

【工序验收】

1）过程按工序验收。

2）每道工序必项 100％合格。

对当天发生的施工工序部位、用工人数、时间、遇到的问题进行确认和分析。

资料管理装配式资料与现浇结构区别部分　　　　　　　　　表 2

序号	资料名称	序号	资料名称
1	抗剪预埋件	7	灌浆施工检查验收记录
2	进场检验	8	灌浆现场制作检验记录
3	墙体吊装前隐蔽工程检查	9	铝模板检查记录 1
4	吊装检查记录	10	模板及支撑
5	余撑检查记录	11	抗剪焊接
6	坐浆检查记录		

实验管理装配式实验与现浇结构区别部分　　　　　　　　　表 3

工业化结构施工试验项目	
1	灌浆料原材进场检验
2	坐浆料原材进场检验
3	灌浆料 28 天试块抗压强度
4	灌浆套筒工艺检验
5	灌浆套筒 28 天拉拔强度

工程实施阶段，项目部根据整体网络施工进度计划图，编制"整体穿插施工循环计划表"将结构施工、初装修施工、精装修施工、外檐施工所有工序进行排序、衔接，通过工序的有效衔接，将各分包各工序计划的准确度进行锁定，项目部将进度计划张贴于现场，实现进度控制可视化，通过每天各工序进度确认，实现多道工序、多家分包"同时、有序、准确"施工。

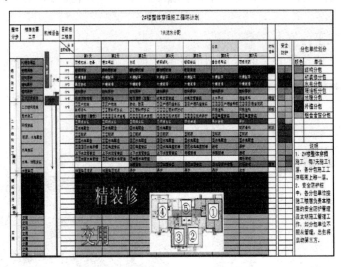

图23　立体穿插示意

穿插原因：结构特殊，结构工期长，通过立体穿插缩短整体工期。

通过整体工序穿插的有序组织，将初装修、精装修提前插入，结构施工一层，装修提升一层，实现结构施工至23层，2层达到交用标准，有效实现"合同签订提前、部品加工提前、工期提前"。

3　万科工业化住宅后期总结技术经济分析

序号	项目	说明	效果
1	用水量	养护用水减少	节约334吨
2	木材	构件的使用降低顶板木材的使用	节约177493元
3	工期		节约2个月
4	模板	墙体为构件，减少墙体模板面积	节约349102元

图24　经济分析

用工分析：2号装配式住宅楼单层用工人数28人，同面积的现浇住宅楼用工人数42人；2号楼节省用工量33.3%。

工种	2#装配式住宅楼	现浇住宅楼	降低率
钢筋工	7	15	53.3%
混凝土工	8	12	33.3%
灌浆工	4	-	-100%
模板工（吊装工）	6	12	50%
测量工	3	3	-

图25　用工分析

工业化带来的效率提升分析：

分类	需改进部分
图纸设计	设计阶段应考虑施工难易度，便于现场实施
	各别节点比较复杂，需要相应规范等支持进行改进
现场施工	产业化各级管理及工人施工素质有待提升
	产业化施工应当以技术质量指导现场
	产业化施工的精度控制应该更严格
	产业化施工的各道工序验收应该更严格
	好的工具才能做出好的质量
	各个环节的精细才能确保后期的精准（构件生产、现场安装）
	前期策划很重要，精细的策划才能做出精细的工程。

图26　效率提升分析

PC 建筑应用标准化设计的意义和方法

龙玉峰　王保林　丁　宏

华阳国际设计集团建筑产业化公司

近年来，我国建筑工业化的发展速度明显加快，很多地方政府开始在政策和资金方面加大扶持力度，全国形成了一批以北京、上海、深圳、沈阳、合肥为代表的住宅产业化先锋试点城市，在新技术研发、新体系建立等方面取得大量突破，对推动行业快速发展起到带头示范作用。

在行业起步发展期，大规模快速推进建筑工业化仍面临诸多问题和困难。其中，建造成本增加问题是当前最主要问题之一，规模化是解决建造成本主要方法，但目前市场上的工业化项目规模普遍较小，很多城市又未形成统一的技术标准和产品标准，规模化的效应难以发挥，成本制约问题较大。合理的控制成本，提高住宅产品质量是产业链各个环节都在重点关注研究的问题。

建筑设计是构件加工制造、组装施工的上游环节，处在产业链的策划阶段，对工程成本、建筑品质影响关键。经过近年的研究和实践，我们认为在单个 PC 建筑项目中大力应用标准化设计对成本控制有积极影响，通过项目内部建筑、部品、构件的设计标准化可以实现项目最大程度规模化效益，对提升产品质量、降低建造成本、简化施工难度和提高建造效率等有很大的促进作用，同时对进一步建立地区、国家的工业化产品目录、产品标准有重要作用。

标准化设计的方法：

PC 建筑标准化设计是在建筑标准化设计基础上增加对项目应用的部品（如：门窗、栏杆、空调百叶、雨篷等）、构件（如：预制外墙、阳台、楼梯、叠合楼板、叠合梁等）进行标准化设计，使其在项目中实现种类最少化、重复数量最大化，以发挥工业化规模效益。

1　建筑标准化设计的方法

1. 在 PC 建筑中应用模数设计

模数是一个基本尺寸单位，在 PC 建筑中应用模数设计可以简化构件与构件、构件与部品、部品与部品之间的连接关系，并可为设计创造丰富的组合方式。在 PC 建筑设计中，一般以成品建材或重要部品的基本尺寸来考虑基本模数，基本模数的取值越小，设计灵活度相应越大，构件组合对应会更复杂。PC 建筑的预制比例越高，模数发挥的作用越大越明显，在低预制率的 PC 建筑中，设计按功能需要设计符合统一模数的空间尺度，非预制部分（如现浇墙柱）的尺寸也亦受模数约束。为便于设计阶段简单、方便的应用模数，构件、部品可以采用基本模数或分模数来设计，制造阶段则采用负尺寸来控制构件大小，负尺寸的取值一般需根据加工误差、施工需要及设计效果等综合考虑。

2. 选择合适的模块进行标准化设计

建筑设计中适合标准化的模块通常按形体大小可分为大模块和小模块两大类，大模块包括：户型模块、标准楼层模块、单元楼栋模块等；小模块包括：房间模块（如厨房、卫生间模块）、构件模块和部品模块等。在建造规模较大的PC建筑工程中（如大型的商品房小区、保障房小区等），宜选择大模块进行标准化设计（图1：深圳龙悦居三期，共6栋4002套保障房，应用了三种标准化户型模块）。选用大模块可以给建筑设计提供更多变化可能性，能在标准化的同时兼顾局部个性化需求，当以户型为模块时其内部小模块（如：户型模块中包含的房间、构件和部品模块），可以在平面形式、立面形式上作任何需要的变化；在重复规模小或独栋建筑项目上，宜选择小模块进行标准化设计（图2：第五寓项目中应用的标准化构件、部品模块），小模块标准化对提高单个构件的重复使用量，降低小规模工业化项目成本具有重要意义。在实际项目中，同时应用两类模块的案例也很多，如在某标准层不同户型模块中设计开间、进深一致的房间，其对应的外墙、楼板构件及相应部品可共用标准化小模块。

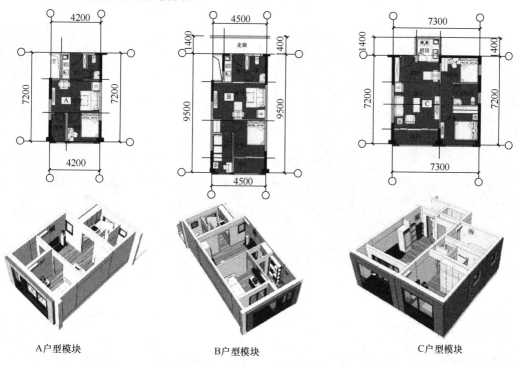

A户型模块　　　　　　　　B户型模块　　　　　　　　C户型模块

图1　龙悦居三期选用的户型模块标准化示意

3. 对标准的模块进行精细化设计

应用标准户型及大量重复部品、构件的PC建筑项目，在一定程度上容易产生建筑外观单调感，解决单调感的有效方法就是要像设计工业制品一样，将每个构件、部品的设计做到美观和工艺的有机结合。在其外观设计上，需要对表面色彩（图3）和表面机理（包括表面凹凸和表面材质）（图4）进行仔细推敲、对比，并对初定的设计效果进行试生产检验，确保设计效果通过工厂制造可以实现；在立面整体组合时，要考虑适度的变化，尽量通过各种部品的变化组合，把建筑外观的层次感（图5）、丰富性（图6）以及工业生产的精致感呈现出来（图7），构件的精细化设计可充分展示工厂制造对精度控制的优势，特别是异形构件精细设计的实现效果远高于传统手工作业（图8）。

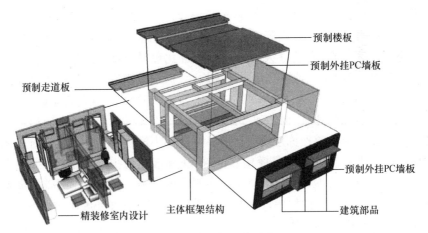

预制楼板

预制外挂PC墙板

预制走道板

预制外挂PC墙板

精装修室内设计　　主体框架结构　　建筑部品

图2　小模块标准化示意

图3　预制构件表面色彩示意

图4　预制构件表面机理示意

图5　立面组合效果1

图6　立面组合效果2

图 7 预制外墙加工效果

图 8 弧形预制阳台效果

2 部品、构件标准化设计方法

1. 预制外墙标准化设计

外墙预制是现阶段建筑工业化普遍应用的一种方式，预制外墙可以杜绝墙体渗漏和门窗接缝处渗漏的质量通病，同时对墙体的耐久性和保温、隔热的稳定性有很大改善，很多城市在产业政策文件中明确提出外墙预制是优先发展内容，但是预制外墙也是现阶段工业化成本增加的主要构件，对其进行标准化设计有重要意义。

预制外墙标准化设计的方法有：

（1）尽量采用二维外墙构件，慎用三维构件，二维构件在模具成本和运输成本上较三维构件具有明显优势；

（2）因功能需要的三维构件应尽量采用二维构件分解或采用简单的三维构件替代；

（3）统一建筑外圈结构梁高和门窗洞口的顶高；

（4）形状相同、宽度相近的外墙构件，设计相同的窗户大小；

（5）外墙构件的宽度尽量控制在 3.6～5.5m 的尺寸范围内；

（6）合理设计端头外墙构件可减少构件种类并实现设计美观的需求（如图 9 所示）。

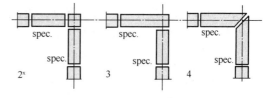
图 9 外墙端头构件的常用形式示意

2. 预制楼板标准化设计

楼板预制对提高施工作业环境和节约木材资源有重要意义。预制楼板分为预应力预制楼板和非预应力预制楼板，预应力预制楼板因生产工艺要求均为标准化产品（宽度统一），国内目前在 PC 建筑中应用的基本为非预应力预制叠合楼板，没有统一尺寸限定，其标准化设计方法有：

（1）在平面规整的项目中（如：住宅公寓、商务公寓或酒店项目）应尽量设计柱网规整、跨度相等的平面空间；

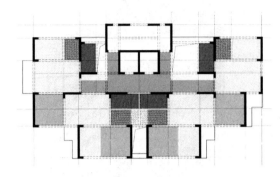

图10　相同功能空间开间、进深统一示意

（2）统一设计具有相同功能的房间开间或进深尺寸（如图10所示）；

（3）在平面功能设计时应把需要降板的功能区集中布置；

（4）楼板构件形状设计应尽量方正，并应有一边长小于2.5m。

3. 预制梁、柱标准化设计梁、柱构件均属于结构受力构件，设计在满足受力安全的状况下应尽量统一梁、柱截面尺寸，平面结构柱网布置应尽量均匀，相近跨度的梁截面设计应统一，并尽量减少次梁数量。预制框架结构体系较适合进行大比例的梁、柱预制，在非框架体系中，设计应根据实际需要和经济比较选择相近的梁、柱进行标准化设计。

4. 预制楼梯、阳台标准化设计楼梯施工是现浇施工中最复杂的部位之一，预制楼梯可减少施工难度、提高建造效率。楼梯标准化设计的方法有：统一楼梯梯段设计，两跑楼梯可以根据需要设计成带休息平台和不带休息平台的标准楼梯构件，剪刀梯则宜取踏步段进行标准化设计，通常一种建筑类型的项目只需设计一个楼梯模具就能满足预制要求，对于架空层或非标准层楼梯无法共用上部标准化构件时均宜采用现浇方式来完成。

预制阳台标准化设计的关键在于统一阳台外观尺寸，对同样功能的阳台设计应统一大小，阳台构件宜设计成选择带反坎的二维构件，带预制栏板的三维阳台构件在预制、运输上均不经济。

3　小结

伴随住宅产业化快速发展，标准化设计将会越来越多的被应用，对其研究、总结也将会更加深入、全面。作为一种重要的设计方法、设计理念，我们期待更多的同仁参与总结、共享经验，为促进住宅产业化健康、快速发展作贡献。

香港预制混凝土外墙设计方法与施工技术

戴　鹏

有利华建筑预制件（深圳）有限公司

1　混凝土预制外墙工程应用背景

后装式预制外墙最早出现在 20 世纪八九十年代中国香港地区的政府公共房屋工程，承建商首先完成大楼主体结构，再将预制外墙整体装嵌上去，然后使用金属托架固定住外墙，并在现场用不收缩砂浆填满外墙与结构之间的安装缝隙为永久固定。该类建筑主要用来安置灾民，低收入居民和作为拆迁中转房屋等，建筑要求不高，多属于救急性质工程。

到 20 世纪 90 年代中期，采用后装式预制外墙建造的大楼，受设计局限和施工质量差，如墙面渗漏等问题，屡被住户投诉。于是，取而代之是先装式预制外墙施工技术，即先把预制外墙安装到位，通过与现浇模板的连接，使用现浇混凝土来填满预制构件预处理面与大楼结构主体的空隙，形成相对无缝的结构连接。在预制件的施工技术有了一定储备发展的前提条件下，中国香港政府从房屋政策层面上开始大量推出公共房屋建设，1997年中国香港房屋署首次推出了"和谐式"大楼设计，采用"标准单位"概念设计，大量使用先装式预制外墙和大铁板模互相配合的建筑技术。2003 年，中国香港屋宇署首次发布《预制混凝土建造作业守则》2003 年版本，将预制混凝土建造作业技术水平提升到规范化的程度。

中国香港预制混凝土建造技术来源于公共房屋建设，其本身设计简练，所用材料实用，强调装配式建筑设计的易建性和经济性。预制构件的设计以标准图纸发布施行，利于各工程设计方参照使用，预制件重复性高，便于推广。随着预制外墙在楼宇建筑工程中的大规模应用，其建造成本也在开始逐年降低。

2　预制外墙的分类

预制外墙在大楼的结构体系中一般为非结构性构件，不参与主体结构的受力作用。预制外墙的自身结构出发，大致上可分为 3 种主要类型：

（1）"两边支撑，一边连系"型

其自身结构被设计为两边支撑，一边连系。预制外墙的竖向荷载被传递到两边的剪力墙或柱。预制外墙面的上半部分横向荷载被传递给楼面板，下半部分横向荷载通过窗户下的梁传递到两边剪力墙或柱。预制外墙底部设计有 20mm 的空腔，用来调整安装预制外墙的水平高低。在建筑期内，这些 20mm 空腔不会封闭，确保预制外墙的竖向荷载不会逐层叠加，以免下一层预制外墙承受自重以外的荷载，错误的施工可能导致下层预制外墙窗口裂缝。其结构示意模型及实物照片如图 1 所示。

采用此结构模型概念设计的预制外墙如图 2 所示。

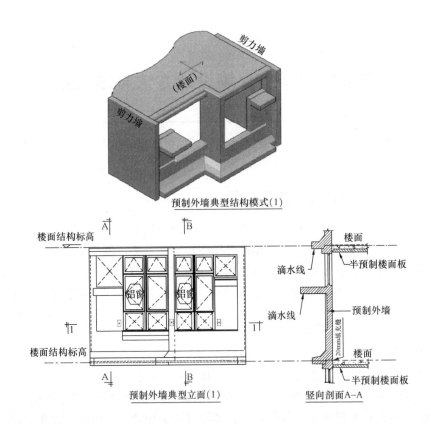

图1 "两边支撑，一边连系"型预制外墙立面和剖面示意

图2 预制外墙实景

（2）"三边支撑"型

其自身结构为三边支撑。竖向荷载被传递到两边的剪力墙或柱。预制外墙面的上半部分横向荷载被传递横梁，下半部分横向荷载通过窗下梁传递到两边剪力墙或柱。预制墙底部设计有20mm的空腔，用来调整安装预制外墙的水平。单层荷载可以传递给上一层或下一层楼面梁。其结构示意模型如图3所示。

采用此结构模型概念设计的预制外墙如图4所示，预制外墙顶部薄板一般作为梁的模板使用。

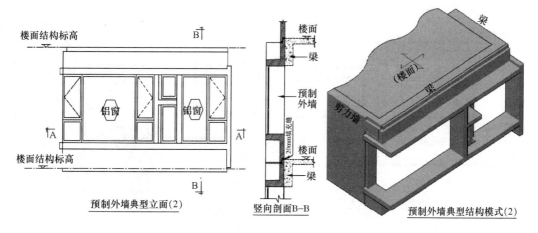

图 3 "三边支撑"型预制外墙立面和剖面示意

图 4 预制外墙实景

（3）顶梁型

预制外墙的顶部设计成结构连系梁，作为大楼整体结构的一部分。其自身结构被设计为两边支撑或吊墙。竖向荷载被传递到两边的剪力墙或柱。预制外墙面的上半部分横向荷载被传递连系梁，下半部分通过窗下墙传递到两边剪力墙或柱。预制墙底部设计有 20mm 的空腔，用来调整安装预制外墙的水平高低。其结构示意模型如图 5 所示。

3 预制外墙的接缝

预制接缝的防风雨效果直接体现了居民对预制工程的信心，根据不同地区的气候特征，选用合适的建筑材料来设计预制外墙的接缝是直接体现预制工程质量好坏的最重要一环。

（1）水平接缝

考虑到预制工厂的一般生产工艺水平和本地建筑工地工人安装技术水平，水平横缝高度一般设计为 20mm，这主要是用来调节预制外墙尺寸的生产误差和安装误差。横缝在构造上一般采用企口缝（高低台阶），高度差在 25～75mm 之间，利用此构造达到防水的目的。根据中国香港工程经验，一般取 75mm 为最小值。因本地区多雨且受台风影响，这个数据也考虑雨水的毛细作用影响。如果单独使用平缝，除非在少雨地区，一般需要增加

181

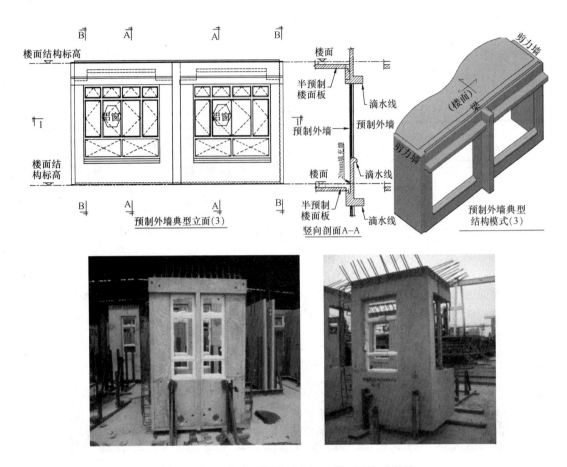

图5　"顶梁"型预制外墙立面和剖面示意及实景

挡雨的雨篷或窗檐。当然这需要在建筑物外观上考虑一定的妥协。典型的预制外墙水平接缝如图6所示。

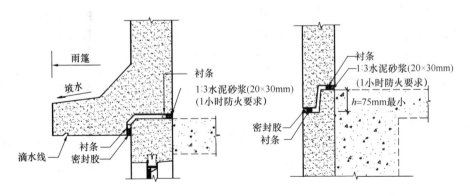

图6　水平接缝示意

水平接缝在设计上应考虑满足预制外墙承受外界环境影响的变化，例如热胀冷缩、风荷载作用等导致预制外墙尺寸变化从而引致接缝宽度变化。接缝内填充胶的深度一般要求大于接缝宽5mm。因本地区规范没有抗震设计要求，故一般设计未做考虑。

182

预制外墙所用密封胶在材料性能上要求选用耐候性好（抗高温，抗低温），与混凝土相容，且防水、防霉等性能应满足到达设计要求。对于一些重要的建筑工程，1：1比例测试模型应客户要求被用来测试水平接缝的抗风抗雨设计效果。

（2）竖向接缝（垂直缝）

竖向接缝可分为湿式施工缝和干式碰口缝。

湿式施工缝就是传统的混凝土施工缝。预制外墙伸入结构（剪力墙或柱）10～20mm，便于预制外墙和现浇墙体的模具连接。预制件与结构连接的构件表面参照结构规范要求用水洗方法处理连接面。在预制外墙结合面上设有凹槽，用来提高施工缝混凝土粘结效果，增强防水作用。若大楼结构没有合适的位置用来连接预制外墙，可能需要增加额外的构造柱。用来永久封闭预制外墙的垂直缝。典型的预制外墙垂直接缝如图7所示。

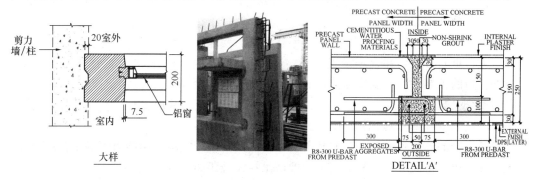

图7　竖向垂直接缝示意

干式碰口缝被用来解决相邻的预制外墙之间的碰口。一般在构造上需要考虑设置2道防水胶条、1道防火胶条、不收缩砂浆，每层预留疏水孔。需要考虑到外界环境影响（温度、风荷载）的外部作用可能引起的预制外墙形变，会导致预制外墙内部装修层的裂缝。另外，由于防水、防火胶条有一定的保养期（一般不超过10～15年）引致的维修保养费用问题需要在工程费用中考虑。除设计因数外，干式碰口缝对预制外墙生产工艺（尺寸误差）和工地安装技术水平有较高要求。典型的干式碰口接缝如图8所示。

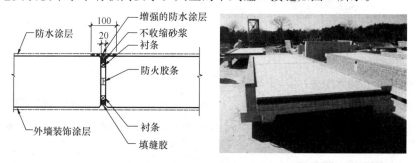

图8　干式碰口接缝示意

4　建筑施工过程设计

（1）模拟的建筑过程

为尽可能减少预制外墙板在工地组装的设计错误，1：1比例模拟样板房与BIM辅助技术用来提前模拟工地建筑工程。建筑样板房实景见图9。

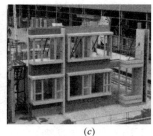

(a)　　　　　　　　　　(b)　　　　　　　　　　(c)

图9　建筑样板房

(a) 聚贤居预制外墙样板房；(b) 粉岭117号预制外墙样板房；(c) 绿幽雅苑预制外墙样板房

（2）预制外墙的起吊

预制外墙因建筑外观设计不同，其形状各异，要保持在起吊状态的垂直性，必须对预制外墙进行重心分析，并合理设置吊点。超过2个吊点，则需要考虑选择合适的吊运工具。不合适的预制外墙吊点位置会影响预制件安装的安全和延长安装的时间。临时起吊的吊点的安全系数（FOS），一般要求取3～4，吊链的安全系数取5，起吊要求对混凝土的最小强度取 $15N/mm^2$。如图10所示。

对于薄壁的预制外墙而言，尤其需要考虑选用混凝土抗拔实用能力强的吊钉。装配式建筑构件的单件最大重量一般受制于工地塔吊在设计距离上的最大负荷能力。

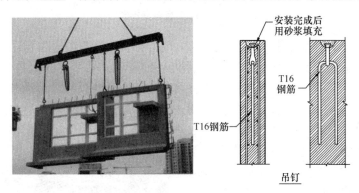

图10　预制外墙的起吊

（3）预制外墙临时安装

因预制外墙的支撑结构（剪力墙、柱）等结构混凝土到达设计的目标需要一定时间，在之前安装时需提供临时钢撑、角架等固定预制外墙，以保证预制外墙抵抗临时的风荷载、施工荷载等，如图11所示。

（4）预制外墙运输和存放

公路运输一般超高限制为4.5m，超宽限制为2.4m。超高预制外墙的运输会增加工程成本，需要在构件设计阶段给予提前考虑。构件的尺寸和通用运输车辆（自吊车，平板拖车）尺寸在设计阶段已被详细配合规划，最大限度利用车辆运输限重，以减轻运输费用。工地内施工布置需考虑构件临时存放场地和运输道路，装配式建筑构件的快速运输优点需要良好的工地运输管理配合才能充分体现。

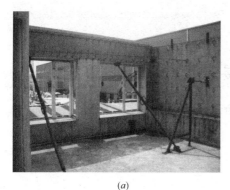 

(a)　　　　　　　　　　　　　　　　(b)

图 11　临时的支撑

运输和装车布置示意如图 12 所示。

（5）建筑流程（典型的施工方法）

预制外墙可配合传统建筑施工法，也可以和半预制楼面系统、预制盒子结构、半预制墙等其他预制系统联合施工，如图 13 所示。根据预制装配式大楼结构形式，户型单位的数量多少，可灵活采用全层装配施工法，或半层高低装配施工法，大楼建筑施工周期一般采用 4d 或 6d（建筑业界称为 6d 循环法），以平衡工期，施工机械，工人安排，预制构件安装的相互影响，获得最大的建筑经济效益。

图 12　装车和运输

(a)　　　　　　　　　　(b)　　　　　　　　　　(c)

(d)　　　　　　　　　　(e)　　　　　　　　　　(f)

图 13　预制外墙施工流程

（a）运输预制外墙到工地；（b）完成楼面，起吊预制外墙；（c）安装斜撑，角架；（d）绑扎剪力墙、柱钢筋；
（e）扎线管，质量检查；（f）墙、柱及上一层混凝土施工（循环）

新加坡工业化住宅发展对我国的借鉴和启示

纪颖波

北方工业大学

1 工业化住宅的定义和优势

工业化住宅是指用建筑工业化的方式生产的住宅，建筑工业化是指为以构件预制化生产、装配式施工为生产方式，以设计标准化、构件部品化、施工机械化为特征，能够整合设计、生产、施工等整个产业链，实现建筑产品节能、环保、全生命周期价值最大化的可持续发展的新型的建筑生产方式。与传统住宅生产方式相比较，工业化生产方式的优势见表1。正是由于工业化生产方式在生产效率、资源和能源节约以及环境保护等方面不可替代的优势，工业化住宅是我国发展的方向。

传统生产方式与建筑工业化生产方式的对比　　　　　　　　　　　　表1

比较项目	传统生产方式	建筑工业化生产方式
劳动生产率	现场作业，生产效率较低	住宅构件和部品工厂生产，现场施工机械化程度高，劳动生产率较高
资源与能源的消耗	耗地、耗水、耗能、耗材	循环经济特征明显（例如模板循环使用次数高、养护水循环使用），资源节约
建筑环境污染	建筑垃圾、建筑扬尘和建筑噪声是城市环境污染的重要来源	工厂生产，大大减少噪声和扬尘、建筑垃圾回收率提高
施工人员	农民工流动性大、劳动时间长、福利待遇差、社会保障程度低	工厂生产和现场机械化安装对工人的技能要求高，有利于整建制的劳务企业的发展
建筑寿命	传统住宅结构形式的可改造差，建筑寿命低	SI结构形式，住宅内部空间有更好的可改造性，延长住宅寿命
建筑工程质量与安全	现场施工限制了工程质量水平，露天作业、高空作业等增大安全事故隐患	工厂生产和机械化安装生产方式的变化，大大提高产品质量并降低安全隐患

2 新加坡工业化住宅的发展历程

建筑工业化的基本思想最初形成于20世纪20～30年代的欧洲，并在第二次世界大战后在世界各国迅速发展起来。

新加坡建国伊始，政府面临房荒、就业和交通三个难题，其中住房问题最为突出。当时全国有40％的人口居住在棚户区。1960年2月，新加坡成立了建屋发展局，开始全面负责公共住房的建设，为居民提供可负担得起的组屋及配套设施。经过近半个世纪的努力，新加坡共建造了近100万套组屋，95％的新加坡人拥有自己的住房，居住在组屋中的人口约占总人口的 82%。组屋制度让"居者有其屋"成了社会现实，新加坡也因此成为世界上住房问题解决得最成功的国家之一，新加坡的建筑工业化也在组屋的建设中得到发展。

1. 第一次工业化尝试为解决房荒问题，实现政府的建屋计划，新加坡建屋发展局于 20 世纪 60 年代开始尝试推行建筑工业化，用工业化的施工方法进行住宅建造。1963 年，为了研究大板预制体系对当地条件的适用性，弥补传统建筑方法低效率的缺陷，新加坡建屋发展局把一份要求采用法国"Barats"大板预制体系建造 10 幢以标准三房为单位、每幢 10 层的建造合同给了当地的一家承包商。该体系是法国于 60 年代建立的大板住宅建筑体系，被很多国家采纳和学习。从理论上讲，该体系的使用不仅可以提高建筑效率，而且建筑费用应该比使用传统建造方法低 6%。然而，16 个多月过后，该项目只完成了 2 层。剩下的 8 层只好由承包商采用传统的建造方法建完。项目的执行结果与预期目标相差很远，新加坡第一次建筑工业化的尝试以失败告终。失败的主要原因有两个：一个是该项目在执行过程中碰到了许多问题，如现场和工人的管理问题、财务问题；另一个原因是该项目的承包商是当地的，缺乏预制经验。

2. 第二次工业化尝试 1973 年，为了加快住宅建设速度，减少劳动力的使用数量并从预制技术中获得效益，新加坡建屋发展局通过一份要求采用丹麦的"Larsen&Nielsen"大板预制体系 6 年内建造 8820 套 4 房的公寓住宅，价值 8200 万美元的建造合同，开始进行工业化建造方法的第二次尝试。放弃法国的大板预制体系，采用 20 世纪 70 年代得到广泛使用的丹麦大板预制体系发展建筑工业化，新加坡在引进预制技术、发展建筑工业化的过程中充分发挥了后发优势，另外，汲取第一次的失败经验，建屋发展局此次没有把建造合同给当地的承包商，而是给了一家当地和丹麦的合资企业。由于处于建筑工业化的发展初期，该项目的建造费用比使用传统建造方法高 16.7%，承包商为此建立了一个生产预制混凝土构件的预制工厂。然而，由于承包商的施工管理方法不适应当地条件，加上 1974 年的石油价格上升引起的建材价格螺旋式上升导致财务危机加重，承包商开始建设不久后就进入了清算，建屋发展局别无选择，只能终止合同，在没有完成一栋建筑的情况下，该项目就被放弃了。从这两次失败的尝试中可以总结出建筑工业化的以下三点主要经验。

第一，建筑工业化不一定适合所有的工程项目。推行建筑工业化的主要目的是提高建造能力，加快建造速度，提高建筑质量。工业化方法的选择取决于是否缺乏熟练劳动力、非熟练劳动力工资的高低、建材资源的特点以及工程的类型、规模。劳动力多工资低，就不一定要用机械很复杂的生产线，花费过多的投资。工程规模大，设计重复使用次数多，建筑艺术要求复杂程度不高，工业化程度就应该高。

第二，建筑工业化需要大量的可建造工程数量以降低建筑成本。推行建筑工业化需要为预制构件工厂及设备投入大量资金，这些投资增加了建筑成本，因此需要大量的合同数量，实现规模经济，而新加坡当地传统方法的建造成本在 20 世纪 60、70 年代已处于世界较低水平，因此，如果缺乏大量的合同数量来降低工业建造成本，工业化建筑方法很难比得上当地传统的建造方法。

第三，建筑工业化最重要的要保证预制构件产品的生产和现场工作计划的协调。而国外承包商并不熟悉当地的建筑行业，尤其是当地的施工条件和施工习惯，并且建筑工人缺乏预制经验，对使用工业化方法维持工作进度产生的问题也不熟悉，这些会导致设备在建造过程中的间断性闲置，从而降低了机器设备的使用效率，增加了建造成本，使工业化建筑方法在实际应用上非常不经济。

3. 第三次工业化尝试尽管 20 世纪 60 年代和 70 年代引进这种先进的工业化建筑方法都失败了，但为了提高建筑行业的技术水平和劳动生产率，建屋发展局还是决定使用工业化方法来生产住宅。1981 年和 1982 年，新加坡建屋发展局做了第三次建筑工业化的尝试，开始在公共住宅项目即组屋建设中推行大规模的工业化。为了得到适合新加坡本土国情的工业化建筑方法，建屋发展局进行了试点，分别和澳洲（2 个）、法国、日本、韩国和新加坡国家的承包商签订了六个合约，并分别要求采用预制梁板、大型隔板预制、半预制现场现浇墙板和预制浴室及楼梯、大型隔板预制、累积强力法（现场现浇梁板及用预制轻重量混凝土隔墙）和半预制（现场现浇墙、板及用预制垃圾槽）6 种不同的建筑系统。这批合约是承包 3 房式和 4 房式的组屋，总计 6.5 万套房，并须在 6～7 年完成。这些合约略等于新加坡建屋发展局 1982～1987 年五年新建计划的 30%。

这些项目的结构都分别采用了完全预制系统和半预制系统，广泛使用了预制混凝土构件，比如预制梁、框架、墙、管、垃圾槽和楼梯等。由于标准化和重复性程度高，工业化建筑方法具有较高的生产率。与相似建设规模的传统设计相比，这些项目的建设时间从18 个月下降到 8～14 个月。同时，预制构件的大规模使用使这些项目的建造成本与传统建筑方法相比也具有优势。

通过这几项合约的实践，新加坡对工业化建筑方法进行了及时评估，结合新加坡建筑的具体情况，决定采用预制混凝土组件，如外墙、垃圾槽、楼板及走廊护墙等进行组屋建设，并配合使用机械化模板系统，新加坡的建筑工业化由此开始稳步发展。另外，随着这几个工业化项目的完成，建屋发展局把重点从大规模的工业化转向低量灵活的预制加工，大量的本土预制混凝土构件制造商开始出现，预制混凝土构件，比如垃圾槽、楼梯，开始越来越多地运用在建屋发展局的公共项目中，随着预制技术优越性的显现，私人部门也越来越多地运用工业化建筑方法。

3　新加坡工业化住宅发展对我国的借鉴和启示

1. 国家主导并制定合适的行业规范

新加坡的建筑工业化主要是通过其组屋计划得以实现和发展的。建屋发展局既是政府机构，又是房地产经营企业。作为国家开发部下属的法定机构，建屋发展局全权负责所有的公屋房产及其规划、建设、租赁和管理业务，不仅可以强制征地进行公屋建设，而且可以得到政府强大的财政支持，有效解决了建筑工业化发展初期成本较高的问题，从而使新加坡的建筑工业化得以顺利发展。建屋发展局还制定了行业规范来推动建筑工业化的发展。考虑到预制是增加建筑设计可建性的主要方法之一，新加坡建屋发展局于 2001 年规定建筑项目的可建性分值必须达到最低分，建筑规划才具备获得批准的条件，以此推动预制技术的使用和建筑工业化的发展。

早在 1992 年，新加坡建筑业发展局就开始推广建筑业的可建性设计，该推广在公共部门取得了成功，其建筑设计的可建性与以前相比提高了很多，建筑质量因此得到改善，现场生产率也得到了提高。通过该体系可以客观计算出建筑设计的可建性分值，分值越高的建筑设计，其劳动力生产率越高。建筑设计的可建性分值是由结构体系、维护体系和其他可建性特征三部分的分值汇总求和得到的。除此之外，如果使用预制浴室、预制厕所，可以得到加分。例如：结构体系的可建性分值＝［(采用预制结构体系的建筑面积)/全部建筑面积(包括屋顶面积和地下室面积)］×(特定结构体系对应的劳工节省指数)×权重因子50；维护体系的可建性分值是＝［(采用预制内外墙板的长度)/全部内外墙板长度(不包括地下室挡土墙的长度)］×(维护体系对应的劳工节省指数)×权重因子50。

其他可建性特征主要包括标准化的梁、柱和门窗以及预制构件的使用。其中，每部分的分值由建屋发展局直接给出。最后，通过对三部分可建性分值的加总，得到建筑设计总的可建性分值。分值越高，其可建性越强，建筑质量和劳动生产率也越高。

2. 对有预制经验外资承包商的经济支持在建筑工业化的发展初期，为了使合同条款对有预制经验的外资承包商更有吸引力，新加坡建屋发展局为承包商对工厂和现场设备的部分投资提供免息融资，这些贷款是由金融机构的需求债券作为担保，可在合同期限的最后12月内偿还。另外，在部分预制合同中，建屋发展局还同意按商定的剩余价值购买外资承包商的2个预制工厂和设备，这些经济政策为新加坡引进工业化建筑方法，发展建筑工业化起到了良好的支持作用。

3. 工业化建筑方法的本土化新加坡在建筑工业化的发展历程中一直都很重视工业化建筑方法的本土化。建屋发展局一方面要对承包商进行严格审查，要求他们在国外已建造过预制系统，有预制经验，另一方面要求他们必须结合新加坡的具体情况作预制系统，并保证结构的安全，而且，对于建筑品质的所有结构部分，必须符合建屋发展局所规定的微差限额。另外，鉴于新加坡的气候比较热，并经常有暴雨，建屋发展局在重点考虑预制组屋的强度和稳定性的基础上，格外考虑了预制组屋的不漏水性，建屋发展局在20世纪80年代的6个工业化建筑项目的合约中规定，承包商必须保证房屋有十年的防漏性。正是通过这些工业化建筑方法的本土化，新加坡的建筑工业化才得以快速发展。

从新加坡工业化住宅发展的经验来看，在推进工业化住宅发展的初期，政府必须在行业规范和标准制定、试点推广、经济优惠政策和密切联系本国实际吸收国外先进经验起到主导作用，来启动一个国家和地区工业化住宅发展的这台战车，更好更快地实现工业化住宅建设的可持续发展。

参 考 文 献

[1] 曹成磊. 国内外建筑工业化发展概况[J]. 铁道标准设计，1979，(2)：10～11.

[2] 姜阵剑. 国内外住宅产业发展现状与发展方向[J]. 建筑，2004，(5)：45～47.

[3] 王华. 建筑工业化是行业现代化的关键[J]. 建筑，2004，(7)：58.

[4] 姚慧，韩丽红. 循环经济——促进我顾住宅产业化的必然选择[J]. 资源与产业，2007，(2)：24～27.

[5] 阮斌. 新加坡的住宅产业政策[J]. 长江建设，2002，(3)：40.

[6] A. K. Wong, S. H. K. Yeh. Housing a Nation, 25 Years of Public Housing in Singapore. Singapore：Housing and Development Board，1985，175～177.

[7] BCA. Building and Construction Authority of Singapore, Code of Practice on Buildable Design, September, Singapore, 2005.

[8] CIDB. Construction Industry Development Board, Raising Singapore's Construction Productivity,

Construction Productivity Task Force Report, Singapore, 1992.

[9] Mahdi Nasereddin, MichaelA. Mullens, Dayana Cope. Automated simulator development: A strategy for modeling modular housing production [J] . Auto-mation in Construction, 2007, (16): 212~223.

[10] Mohammed Fadhil Dulaimi, Florence Y. Y. Ling, George Ofori. Engines for change in Singapore's construction industry: an industry view of Singapore's Construction 21 report[J]. Building and Environment. 2004, (39): 699~711.

日本住宅工业化的中国式思辨

付灿华

深圳市住宅产业协会

近日，在中国建筑标准设计研究院举行的"可持续建筑与住宅产业化技术系列论坛"第二场分论坛上，来自日本早稻田大学、明治大学、藤田建设、国土交通省的专家，以图文并茂的方式，深入浅出地介绍了日本建筑工业化与PC（预制混凝土结构）的发展历程、技术与工法、相关标准等，吸引了来自全国各地的百余位业内人士参加。

"住宅PC化技术在我国仍处于探索时期，和日本等成熟国家的差距主要在于技术理念"，论坛主要负责人中国建筑设计标准研究院执行总建筑师刘东卫向《中国建设报·中国住房》记者表示："论坛将邀请一批国内外学者和专家授业解惑，传播先进的技术理念和前沿实践，展示国内外最新的技术解决方案，以推进我国住宅产业的可持续发展，同时也为相关管理者、建造者、研究者提供技术信息交流的互动平台。"

这场以日本PC技术为主题的论坛上，不仅勾勒出半个多世纪以来日本政府、行业、企业联动的全景图，中外专家还针对不同问题展开了深度对话与热烈探讨。

政府领路公租房力推早在20世纪50年代后期，日本便开始了住宅的PC化生产。当时，由于第二次世界大战后住宅出现严重的供给不足，加之青壮年劳动力紧缺，于是，日本建设省、公团（公营公司）便开始主导PC技术的研究，并在公租房等政府项目中强力实施。在随后的数十年间，政府引导贯穿始终，PC技术也从政府项目、公共住宅走向市场化的商品化住宅、医院商场、学校仓库等各类建筑，最终得到全面推广。

"PC的应用正是从政府主导转向市场主导的"，日本结构一级建筑师、国土交通省JICA项目专家三瓶昭彦介绍道，日本政府在一开始便制定出了发展政策，以国家为主体，一方面联合企业与研究所，一方面在政府项目中强制推广。"就像中国做保障房一样，政府宣布要建造几千栋此类标准的房子，开发商因此觉得有这么大的市场和订单，建一个工厂是值得的。于是，一个又一个的工厂建造起来，市场与研究得到了同步推进。"

对这种发轫于政府政策的推广模式，深圳市建筑科学研究院副总建筑师刘丹颇有感触。她对记者表示，我国的住宅PC化生产存在许多制约，其中最主要的，一是标准缺失，二是产业链难以衔接。"我们在实践中便发现，要找到配套产品十分困难。在没有标准参照、没有市场规模的情况下，大多数企业都会顾虑，如果加大投入进行专门的研发、设计、生产、制模等，谁能保证做完这一单还有下一单？"而解决这些问题的关键在于，"像日本早期一样，仍有赖于政府大力推进。"她认为，首先需要政府牵头制定一些标准，为所有开发、设计、生产、施工、评价的企业和机构提供依据；再推出一系列循序渐进的措施，并对不同实施程度的企业给予差别化奖励，给企业吃下一颗"定心丸"，方能形成整体氛围，真正促进住宅PC化发展。

此外，大多数专家的共识是，我国正大力建设的保障房应是实现住宅工业化生产的良好契机，日本从公共住宅开始强推 PC 技术的做法，值得借鉴。

1. 从剪力墙到框架

记者了解到，日本 PC 住宅的技术路线也几经变迁。不难发现，早期的 PC 技术以 WPC 施工法为主，即墙式预制钢筋混凝土结构。这种对承重墙、地板、楼梯等进行 PC 化的剪力墙结构在一开始占据主要地位，但多用于低层或多层住宅，随后，因为岛国地震频发等因素，框架结构开始出现，并逐渐与剪力墙结构结合应用，直至单独成为主流，在住宅、医院、商铺、仓库等各种建筑中得到大量运用。

在我国，剪力墙是现有新建建筑的主流结构形式，而面对住宅 PC 生产的路线选择时，剪力墙与框架结构各有拥趸。不过，更多业内人士认为，框架结构大梁大柱的特点并不符合中国人的居住习惯，因而更倾向于剪力墙结构。

但是，刘东卫对记者表示，框架体系其实更具灵活性，也更有利于提高抗震性能。他介绍道，"目前，国内一些企业所尝试的住宅 PC 化生产，多类似于 WPC 施工法，也就是日本在 PC 的最初始阶段所采用的体系。"记者同时也了解到，在万科和日本鹿岛联合打造的沈阳春河项目中，也正存有体系选择的分歧：万科坚持做剪力墙，而鹿岛坚持做框架。

是剪力墙还是框架，在这个特殊的探索时期，仍无定论。

2. 构件连接推陈出新

而在论坛现场，更多的人被日本企业的种种技术模型、图纸照片所吸引，其中最引人注目也是专家介绍最多的，是各式 PC 构件的连接方式。

三瓶昭彦介绍道，比起地震较少的欧美各国，日本要求更复杂的接合法。在经过早期研究后，1988~1993 年，日美进行了关于预制混凝土框架结构的共同研究，其成果之一就是做出了接合部位设计手册，此后，各种接合方式得到开发。目前，日本各大型建设企业都进行了专业化研究，创造出了形形色色、丰富多样的连接技艺和产品，形成了自己的专利技术，更好地保证了 PC 住宅的质量。

"可以说，构件连接是住宅 PC 化生产的最核心技术。"住房和城乡建设部住宅产业化促进中心技术与产品处处长叶明告诉记者："很多人对这种住宅工厂化预制、现场组装形式的安全性感到疑惑，认为大块的构件如果连接不牢固遇到地震破坏怎么办？这种担忧并非多余，事实上，科学合理的连接正是确保 PC 住宅安全性的重要因素，同时，不同的连接方式也决定了住宅不同的预制化率、不同的构件形式与排列组合等。"

目前，国内几大预制构件厂正加大对构件连接的研究与实验，日本企业的一些做法与创意，提供了某种参考。

3. 综合考量的成本观

对于国内多数企业关注的成本问题，三瓶昭彦介绍了日本的情况："同样的建筑物测算起来，肯定是传统工法比 PC 生产要便宜。但是，现在施工方、甲方追求的并不仅仅是单纯成本的高低，而是要对工期长短、质量优劣等因素进行综合考虑。因此，一般而言，如果 PC 生产的成本与传统施工的成本持平或略高，大多数施工方与甲方更倾向于选择 PC，因为能够获得更高的综合利益。"

当然，PC 化生产的成本也不一定总是高于传统施工。如商铺、超市等尺寸、形状都十分确定、变化不大的建筑，由于构件生产等已经十分成熟，PC 便占据成本优势。"比如一个3万平方米的商铺采用PC工法就会比传统工艺便宜"。

北京市住房和城乡建设委员会建筑节能与建筑材料管理处副处长李禄荣，时常遇到不少企业因为成本考虑而对PC望而却步，他表示："日本企业的这种成本观念带来了一个启示，对PC的成本考量一定要综合看待，要从住宅全生命周期、从整体效益来考虑。当务之急，是要尽快推广，只有实现量产化，才能使成本问题的制约得到降低。"

4.日本的困惑

一个有意思的现象是，在许多国内企业甚至专业人士眼中，日本的住宅工业化技术、体系、体制都已十分完善。与这种盲目的美好印象不同的是，日本住宅PC化生产也面临多重瓶颈。

首先，各大企业的自行研究导致设计、施工等环节出现脱节。记者了解到，虽然起到了不可估量的重要作用，但是，各企业的专业化研究也形成了一个个封闭的技术系统，这种状况的弊端在多个公司合作同一项目时便显露明显。

三瓶昭彦解释道，一个大型建筑不可能由一个公司独立完成，但不同公司都形成了各自不同的技术体系，当项目进行到施工环节时，设计单位与施工单位、不同施工单位之间便时常出现冲突。冲突的结果，或者是好的设计难以得到工法支持，或者是好的工法得不到实施，"这个矛盾到现在也没有解决，施工与设计方法的研究的脱节，造成了很多人力物力的浪费。"

其次，结构设计法方面的问题。PC结构由于其特殊性，有时会与日本建筑基准法相抵触，尤其是在目前日本没有确立抗震设计法的情况下，一些项目需要另行经过财团法人日本建筑中心的结构评定或结构评估，并为此进行多项试验，由此导致增加投入、程序效率低下。

最后，性价比问题仍是焦点。PC技术是在日本经济的快速增长及劳动力不足、工期缩短等背景下出现的，而在经济繁荣与萧条的不断变化中，性价比问题便长期受到讨论，尤其是在泡沫经济崩溃后。

尽管问题尚难解决，但是，"没有人会否认PC作为一种建筑技术在未来的发展"，三瓶表示。事实上，作为一个PC技术较为成熟且应用广泛的国家，日本的这些体制、管理、市场等多方面的问题，对于正处在探索过程中的我国住宅PC化而言，同样面临，且更值得思考。

德国建筑工业化发展方向与特征

夏锋　樊骅

宝业集团上海建筑工业化研究院

1　引言

近几年，随着建筑工业化及建筑产业化的发展进程热度越来越高，越来越多的企业开始关注这个看似很新的产业，也有很多企业大量投入资金和资源，以求在未来的发展中占得先机。但所有的先行企业都被还不完整完善的产业链所束缚，其发展速度和发展规模极大的受到影响。

本文将简单介绍德国建筑业的历史和分类，装配式建筑上下游产业链现状及其特征，最后结合在德国考察期间对建筑工业化的所见所想，希望通过这些介绍让更多的人了解建筑工业化在德国的现状、明白产业链完善的重要性。

2　建筑工业化在德国的历史

德国建筑工业化的历史也是德国国家的历史。"二战"后的德国，面临着资源短缺、人力匮乏、住房需求量大等显著问题，一系列制约导致了德国建筑业无法再走过去传统建筑路线，从而转向了发展机械制造、以机械取代人工、智能信息管理的新型道路。从钢结构到混凝土结构，继而发展到预制混凝土和木结构，发展至今的混合结构，各种结构体系反映建筑工业化在德国所走过的路线，尤其是其中的混合结构，可谓提炼了德国多年建筑工业化的精华，融合了混凝土、钢结构、木结构和玻璃结构等，拥有设计简单、结构合理、施工便捷、灵活可变、节能环保、因地制宜、美观大方等多种优势，是德国当今使用最为广泛的结构体系。

混凝土作为目前国内应用最广泛的材料，在此以德国混凝土材料的发展为例来看德国建筑工业化整体的发展趋势。混凝土在德国的发展历史和三块领域的发展密切相关：混凝土材料本身的发展、预制建筑的需求发展以及人们对混凝土材质审美观念的发展。而且这三个方面都是相辅相成，谁都离不开谁。混凝土预制件的种类和形式也随着这三个领域的需求在过去的一个世纪内得到飞速的发展。

1. 混凝土预制件的发展伴随着混凝土材料的发展

约瑟夫·阿斯谱丁，英国人，泥水匠。1824 年 10 月 21 日，他在利兹获得英国第5022 号的"波特兰水泥"专利证书，从而一举成为流芳百世的水泥发明人，但其发明的水泥的稳定性无法保证，直到 1844 年，同为英国人艾萨克·查尔斯·约翰森进行了本质性的改良奠定了今天硅酸盐水泥的发明。1 年后，即 1845 年，德国生产出了人造石楼梯，即德国的第一个混凝土预制件，开启了德国混凝土预制件的历史。以下以大事记的方式来说明德国混凝土预制件的历史：

1845 年，德国生产出了人造石楼梯，即德国的第一个混凝土预制件；

1849 年，法国园丁约瑟夫·莫尼尔〔en：Joseph Monier（英文）〕于 1849 年发明钢筋混凝土并于 1867 年取得包括钢筋混凝土花盆以及紧随其后应用于公路护栏的钢筋混凝土梁柱的专利；

1850～1870 年，随着 1850 年德国制造出第一批硅酸盐水泥，之后的 20 年，被大量应用到水泥管的制造中；

图 1　德国混合结构体系建筑

图 2　德国第一栋预制建筑（左）德国包豪斯（右）

1870 年，随着流动砂浆的配方确定，房屋立面的装饰线条；立柱、栏杆等装饰构件得到大量的生产；屋面的混凝土预制瓦也得到大量的生产；

1878 年，普鲁士州颁布硅酸盐水泥的规范；

1890 年，德国工程师 C. F. W Doehring 对自己发明预应力混凝土申请专利；

1903 年，德国汉堡建筑公司 Juergen Hinrich Magens 建立世界上第一个商品混凝土搅拌站，第一次对可运输的"商品混凝土"申请专利；

1907 年，用混凝土预制件建造柏林国家图书馆的穹顶；

1912 年，John E. Cozelmann 用钢筋混凝土预制了多层建筑的所有构件，并为此申请了专利；

1929 年，第一条钢筋混凝土马路被修建；

1930 年，研发出用于地下工程的有缓凝要求的混凝土；

1940 年前后，混凝土预制件也被大量用到军工需要的场所；

1948 年，第一座预应力混凝土桥梁在西德被修建；

1954 年，新的商混搅拌运输车的发明代替了老的运输工具，全国 50％的水泥产量由商混站来消耗；

20 世纪 50 年代和 60 年代，东德地区和西德工业区造了大量的多层预制板式住宅楼；

20 世纪 60 年代末，德国 Filigran 公司发明了钢筋桁架，同时也发明了钢筋桁架叠合楼板；

1978 年，钢纤维混凝土得到大量的应用；

20 世纪 80 年代中期，德国 Filigran 公司发明了预制钢筋桁架叠合墙板；

20 世纪 90 年代，板式预制构件的流水线设备得到了大量的发展。

2. 预制建筑的需求促进了混凝土预制件在该领域的发展

预制建筑的需求对混凝土预制件的发展的促进主要表现在四个方面：

第一，预制房屋（House）方面。对于预制房屋，最早出现在中世纪，那时人们主要使用木材来进行房屋结构和围护的预制，至今大家在德国仍能看到木结构的外露的 Fach-werk 的特色民居，随着 20 世纪 20 年代德国包豪斯关于房屋功能块的强化，使得用混凝土预制件来代替有些部件来实现房屋的建造变得可能，也是基本那个年代建立的联邦预制房屋协会在今后的 80 年中不断地壮大成员企业，这些企业都有共同的特征：家族私营企业，他们能够敏锐地适应市场需求，通过协会形成合力，不断开发新的房屋体系来适应人们日益增长的需求。混凝土预制件的应用自然也是顺应了预制房屋对品质、效率以及功能提升的需求。例如，随着 20 世纪 80 年代双面叠合墙板的发明，很多房屋的地下室纷纷采用叠合板体系来建造，其建造速度大大加快。随着复合功能的预制墙体纷纷开发出来，以及对节能的要求，如今活跃在预制房屋市场上除了木结构的高品质 House 之外，还有大量全预制的混凝土预制排屋和别墅。

图 3　预制混凝土别墅（左）木结构排屋（右）

图 4　多层预制住宅

图 5　预制混凝土公共建筑

第二，预制多层住宅方面。预制多层住宅主要是"二战"之后，随着经济的复苏，战后的重建，以及外国劳工的引入，需要大量的住房，而传统的别墅式多样化的住宅无法满足发展的速度，因此单一标准化的预制板式多层住宅楼被大量设计和建造，极大地促进和扩展了混凝土预制件的设计生产和施工的产业链。这也使得之后的产品升级换代以及生产设备升级换代成为可能和必然。

第三，预制公共建筑及工业建筑方面。公共建筑随着人们的生活及工作需求本身也是在不断的发展过程中，随着钢筋桁架叠合楼板的发明和完善，大多办公楼式的公共建筑采用无梁楼盖式的板柱结构体系，建筑师对这类建筑的立面特殊设计也彰显出这类办公楼的美观大气，大量的使用也促进了桁架叠合楼板体系的设计，生产和施工的研究提升。而公共停车楼也是促进了预制梁柱，以及大跨度预应力双 T 板的大量应用。而工业建筑方面，预制混凝土结构的厂房也是一直延续下来，期间也出现了材料组合多样化，比如预制柱与木结构的预制梁结合，加上钢结构与混凝土的结合。这类多样性的组合也使得很多预制构件的连接方式方面出现很多创新。

第四，节能环保方面。随着工业革命后社会生产力的突飞猛进，环境问题的日益显现也早已引起德国对建筑行业节能减排的重视，并于 2001 年颁布了第一版节能条例，进一步加快了建筑工业化的研发和应用速度，通过试验和实践将高保温材料、能源存储利用设备、隔声门窗等和预制构件有机整合，以满足节能条例对民用、公用建筑的各项指标。

3. 混凝土预制件的表现力与建筑美学的发展

随着新材料和新工艺的不断出现，建筑师们对于建筑的表现力方面有了更多的选择，很多以前无法实现或者实现代价奇高的想法，现在可以通过新工艺完成的混凝土预制件来实现。而人们对清水混凝土的喜爱，也逐渐使得除了现浇工艺清水混凝土外，预制清水混凝土构件也越来越多地进入到人们的生活中。而纤维混凝土的发展也使得薄壳式的灵活多样的 GRC 产品也受到建筑师的青睐。甚至透光式的混凝土构件也出现在时尚的建筑场所。而高强混凝土的应用，也使得混凝土预制这个工艺不仅仅在结构体里应用，多样的立面，摩登的家具，甚至日常生活之中用来攀岩的墙体，美观现代的滑轮运动场地，生活中的装饰，文具等等。建筑师们和工业设计师们，在德国这个对基础材料研究扎实，工艺设计经验丰富，功能与美学并重的国家，不断地用混凝土预制这个方式给人们创造生活中的美感！

3　当今德国预制构件主要的应用方向

当今德国在建筑工业化的框架下，基本已看不见传统现浇方式生产的建筑形式，而其

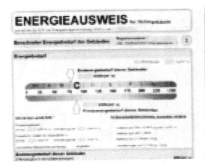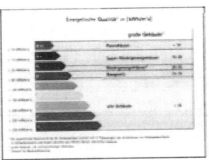

图 6　德国节能减排指标证书

图 7　德国预制件表现和美学发展

应用方向可概括为以下几点：

工业建筑和设施：或钢结构，或复合木结构，或预制混凝土结构的大框度梁柱构件，以及钢结构或预制混凝土的围护墙板，排水沟渠，隔墙系统，楼板屋顶等。

百年建筑：钢结构、木结构的梁柱在百年建筑的修葺方面应用广泛。

住宅、酒店、办公楼：叠合板搭配保温体系，复合多层预制木结构或钢结构梁，钢柱，以及各类材料形式预制楼梯、阳台、平台等。

别墅、会所：轻钢、木结构、预制清水混凝土，结构安全，美观大方。

道桥建设：钢结构、预制混凝土结构道路防护栏，以钢结构和预制箱形混凝土为主的桥梁，甚至木结构桥梁。

地下及隧道工程：叠合板式地下车库，地下管道，检查井，盾构管片等。

由此可见，德国建筑工业化的表现形式多样，结构形式和技术路线种类繁多。据德国统计，多数建筑为以工业化模板系统现浇混凝土结合钢、木、混凝土、玻璃等预制构件所组成的复合体，泛工业化的概念下，比例已达80%以上。而中国工业化在经历了发展停滞再起步的过程，不可一味照搬德国，未来在不同区域选用使用的体系和技术路线是必经之路。

4　德国装配式建筑领域的产业链概况

对于工业化建筑，若仅仅追求设计、生产或施工单一环节的建筑工业化，无疑是一叶障目，不见泰山。德国若没有完整的工业化建筑产业链的支撑，势必无法将各个结构体系如此融洽的结合应用，不仅影响各环节本身的发展，也会使整个建筑工业化产业无序发

图 8　德国各类预制构件应用方向

展。如此，德国完整的装配式建筑产业链就十分值得我们学习，从建筑实现的流程来看，按研发、设计、生产、施工、运营及维修维护这条主线来介绍产业链比较合适。图 9 可详细表达德国装配式建筑所处的领域与产业化概况。

1. 研发

德国在产学研的结合方面一直是走在前沿的先进国家之一，人们熟知的领域如机械制造、汽车以及化工等，已经有很多著名的产学研结合的经典案例。然而，传统的建筑行业，其实在德国也不例外，德国在装配式建筑领域的技术和产品研发方面，很多大学和应用技术大学都与相关产品和技术研发需求的企业或者企业的研发部门保持着紧密合作的关系，企业根据自身产品和技术革新所需的要求，向大学提出联合或者委托研究，大学在理论和验证性实验方面具备完整的科研体系，能科学的完成相关科研设定目标，理性的给企业相关的结果。而其他专业的独立于大学以及企业之外的研究机构，则在

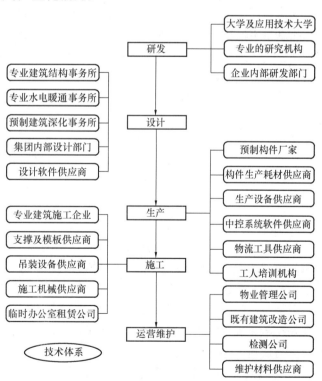

图 9　德国产业链概况

材料、力学等方面有着深厚的实用性研究的积累，大大促进了新技术新产品的发展。

关于这方面的一个经典例子就是 Filigran 公司。Filigran 是个小型家族企业，主要从事钢结构方面的产品的研发和生产，但也是这家小公司，发明了钢筋桁架，联合了汉堡、德雷斯顿大学等科研单位，对钢筋桁架叠合楼板进行了大量研究，形成成果，比如如何实现双向叠合楼盖等，叠合板裂缝分析及对策等，最终形成行业标准，对钢筋桁架叠合板的全球应用产生了深远的影响。

2. 设计

预制装配式建筑的设计在德国也是分工有序，是各事务所之间的紧密合作。首先是建筑事务所牵头与客户对接，然后相关的机电专业如水、电和暖专业的专业事务所也会受委托进行专项设计，而预制构件深化则是和结构设计基本结合在一起，也有分开的情况，例如大型构件集团的设计部门则会单独完成构件的深化，如 FDU 公司。而各事务所所用的软件，经常会是像 Nemetschek，Tekla 等公司开发的基于类似于 Allplan 平台的设计软件，而相关的产品企业，涉及各个专业的，则会积极开发数字系统，融入软件数据库中，方便设计师们进行设计。同时 BIM 的原理得到广泛的应用，设计成果不仅仅是图纸还有大量的数据和清单，为了后面与生产系统以及各企业 ERP 管理系统方便对接。

3. 生产

德国强大的机械设备设计加工基础也使得预制构件的生产形式得到了变革式的飞跃发展，板式构件的加工，由于有了像 Vollert，Avermann 这类专职于做设备加工的企业和 Unitechnik，SAA 这样的生产控制系统的软件供应商的支持，流水作业变为可能，而且摆脱了传统板式构件预制必须具备固定模数尺寸的限制，在不减效的情况下自由度提高，更加能满足个性化的需求。非板式构件的加工，同样受益于机械设备和模具制造厂家的发明创造；长线台的灵活性，预制楼梯和梁柱的多尺寸的适应性，固定方式的科学性等，后面站了一大堆的家族企业，孜孜不倦地开发新产品，完善技术。因此，随着预制建筑的发展，大批预制构件生产企业也纷纷成立，经历了繁荣，也面临着市场需求减少所带来的困境。对于生产所需的预埋件与耗品，接触了才会感叹这个产业链的完善和细分性。从门窗、保温隔热构件、起吊件、套管、电气开关线盒线管、钢筋制品、化学剂等等都是各自专业的厂家进行供货。而对于构件的运输，特殊的运输车辆也是在这个发展的过程中被车辆供应商结合需求不断的开发出来。最后值得一提的还有在这个生产系统下面的各个厂家的协会，协会起着重要的作用，在产品标准、研发、协调等方面。

4. 施工

德国大多数建筑施工企业都有着预制建筑的施工经验，从 Hochtief，Zueblin 这些大集团公司到地方上的小家族企业。旭普林的某总部办公楼就是预制建筑在德国公共建筑中的经典案例，完成了很多预制建筑领域的创新和施工技术的创新。而像 Peri，Doka 这类公司则是对这些施工企业在工具和支撑，模板等方面给予了莫大的支持。Liebherr 这类公司则是在吊装机械方面作着贡献。同样在施工领域，预制建筑方面也有专门的协会，促进着交流与创新。

5. 运营及维护

"二战"后所建的多层板式住宅楼，由于当时的技术条件和建造条件的限制，经历了半个世纪，面临着大量的维修维护和改造。像西伟德建材集团，他们在德国提供大量改造类项目以及维修维护类项目所需的特殊建材。而新建的复合很多功能的预制建筑则也面临

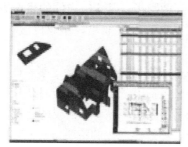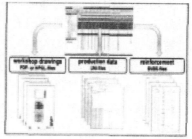

图 10　德国设计软件

图 11　德国预制混凝土生产（左）德国木结构生产（右）

图 12　Doka 模板体系（左）Liebherr 吊装机械（右）

着有效的能源管理，物业管理等，所以专业的物业公司在德国也是常常见到。

6. 技术体系

在研发、设计、生产、施工、运营及维护全产业链的基础上，得以让德国演化出了一套完整规范的技术体系路线，由上至下包括了技术法规、技术标准、企业标准以及辅助材料四大标准体系。其中技术法规方面主要为《Baugesetzbuch》（德国建筑法）、《Baunutzungsverordnung》（建筑土地使用条例）、《Planzeichenverordnung》（图纸设计符号条例）三大建筑公法，在技术标准方面主要运用由德国标准化研究协会编制的 DIN、DIBt 和 VOB 三大参考规程辅助设计和招投标，而类似 Hafen、Doka、Filigran 公司等则形成了适用于各自构件的企业标准。此完善的技术体系，保证德国建筑工业化可以在全产业链各个环节稳定发展。

5　当今德国装配式建筑上下游产业链的特征

当今德国装配式建筑上下游产业链通过分析，可以清楚看到以下五大特征：

工业化：工业化是德国任何行业都可以看到的影子，从 PC 构件的生产方式，从物流工具的形式以及施工方式，我们看到德国人在追求流程标准化，作业机械化，提高效率，这都是工业化的特质。

社会化：整个产业链的细分其分支如此之多，参与的企业数量之多，而且社会化的最大的一个表现就是，几乎大多产品供应类企业，包括设备供应商，配件供应商，化学剂供应商，甚至构件供应商，都不是单一做这类产品的企业，在 PC 领域的产品只是他们众多产品中的一个分支。这种社会资源的高度整合，正是社会化的特质。

节能减排：德国是个特别注重节能和环保的国家，对行业的发展甚至都有相关的法律来约束，这个大环境背景下，企业的技术发展，产品开发都是朝着提高效率，提高质量，减少人工，减少排放的方向发展，PC 领域也是一样。

信息化：自从德国去年提出工业化 4.0 的概念后，意味着第三次工业革命的到来，从现有的预制装配式建筑的设计（信息化设计）到构件的生产（数控式的生产）到施工企业的管理（信息化的管理）可以看出，相比其他国家在这个领域，信息化无疑是德国的重量特征。而且以后还会面临更进一步的提升。

传承与发扬：在这个领域里，有很多家族企业都是百年企业，自从成立以来，一直精于某个领域的技术积累和研发，一代代的产品创新出来，但他们没有今天做这个成功了，明天改行。所以很多产品你可以看到传承，也可以看到发扬。

6 我国建筑工业化的发展道路

1. 德国制造的特色德国是建筑工业化的诞生地和最早的倡导者，其在建筑工业化发展道路中的关键性作用和杰出表现有目共睹。通过工业化的生产方式不仅仅给德国机械行业带来了巨大优势，同样也给建筑业打上了德国制造的醒目标签。

通过对德国建筑工业化的考察认知，领先的内涵、行业尊重、家族血统、完整的逻辑链条是其显著的特征。建筑工业化在德国已历经了近半个世纪的探索和实践，积累了系统化的涵盖预制建筑产品设计、工程设计、生产工艺、物流运输、施工安装、配套产品供应、职业培训到软件和信息化工具等全产业链的科技成果、设备集成及施工经验优势，并形成了专业细分的供应链。

2. 思考和学习

从建筑组装到产业集成，颠覆的不仅是营造方式，而是对建筑产业的认知，建筑业不再是你设计我施工的传统模式，需求在变、资源在变、整体市场在变、全产业链各环节有效互动、相辅相成的模式才能适应未来市场，在此成本的减少并非主要目的，通过全产业链形成的产品附加值才是核心竞争力，才是建筑工业化所带来的真正优势。

而当前我国的建筑体系，虽然经历几十年的积累，依然遗留下了不少阻碍建筑工业化发展的问题因素，包括：

工法因素：传统的预埋方式，现场频繁的开槽；管线的预埋遗留，无法精确的穿线对接；现场大量的湿作业、木作加工以及切割复尺问题。

设计因素：缺少综合设计，各专业图纸不交圈；构件设计尺寸的非模数化，造成现场裁切、复尺；设计缺少生产、施工经验，缺乏对材料特性的认知。

人为因素：放线单一参照设计图纸，对现场土建误差缺乏容错能力；工人不看图，不按图施工；工人个体差异导致施工质量不均一。

因此未来的建筑工业化产品，不仅仅能满足结构隔热、隔声、气密性、水密性、结构安全、健康舒适等基本要求，更要注重客户的深层需求：即持久性和人性化。而要达到适应未来的建筑工业化产品，需要由开发企业整合全产业链，通过 BIM 信息化平台确保产品性能，持续改进优化。

7 结语

未来我国的建筑工业化发展将会进入到一个高速发展的阶段，各种结构体系的发展和融合逐渐增加，钢结构、木结构、预制混凝土结构的联系也将越来越紧密，但我们必须看清我们面前的困难和不足，不盲目发展，也不故步自封，在产业链还未成熟的现状下，理性的分析，寻找发展方向，重视技术的积累，产品的研发，在科学的管理下，必然会走向成功。同时也希望本文德国建筑工业化的发展路线能给予从业人员一些启发，在我国建筑工业化的道路上，走出自己的风格。

参 考 文 献

〔1〕 Dr. -Ing. Herbert Kahmer. Die Technik zu Decke und Wand. Germany，2013.

〔2〕 DIN 1045-1. Tragwerke aus Beton，Stahlbeton und Spannbeton，2008.

〔3〕 Dip. -Ing. Ulrich Bauermeister. Werkbesuch Filigran Traegersystem GmbH& Co. KG，2006.

〔4〕 Bundesverband Deutscher Fertigbau e. V. 80 Jahre moderner Fertigbau，2007.

〔5〕 Huberti G. Vom Caementum zum Spannbeton. Beitrage zur Geschichte des Betons，Bauverlag GmbH，2002.

〔6〕 Energieausweis-Vorlage-Gesetz，2012.

〔7〕 BetonKalender 2009. Ernst&Sohn，2009.

〔8〕 樊骅. 德国 PC 装配式建筑上下游产业链现状介绍[J]. 第四届中国预制混凝土技术论坛，2014.

〔9〕 樊骅. 信息化技术在 PC 建筑生产过程中的应用[J]. 住宅科技，2014.

绿色工业化社区实践——以深圳龙悦居三期为例

龙玉峰　丁　宏

华阳国际设计集团建筑产业化公司

深圳市是全国首个住宅产业化综合试点城市，近年来，深圳以保障性住房建设为契机，大力推进住宅产业化技术的试点和普及应用。"十二五"期间，深圳规划建设二十四万套保障性住房，为确保建设数量与节能减排目标同步顺利实现，政府希望加强在保障房建设中应用绿色节能技术和预制装配式技术，来引导新建住宅全面提高建造水平，并促进深圳市住宅产业向集约型、节约型、生态型发展转变。龙悦居三期正是在此背景下立项，并确定为特区建立30周年十大民生项目之一，项目定位于通过应用标准化设计、预制装配式技术和绿色技术为深圳建设"质量可控、工期可控、成本可控"的保障房工程探索新的模式。

1　项目概况

龙悦居三期位于深圳市龙华拓展区 0008 地块，项目总用地面积 5.01 万 m^2，总建筑面积 21.6 万 m^2，属公共租赁住房项目，整个小区共由六栋 26～28 层高层住宅（约 16.8 万 m^2）、半地下商业及公共配套设施（约 0.68 万 m^2）及两层停车库组成（图1、图2），住宅总户数 4002 套，由三种套型组成（以 35m^2、50m^2 套型为主（约占 95% 以上），少量 70m^2 套型）。住宅主体结构采用现浇剪力墙结构 PC 外挂墙板体系，住宅外墙、楼梯、走廊采用预制构件，由工厂生产后在现场装配式建造施工（图3）。

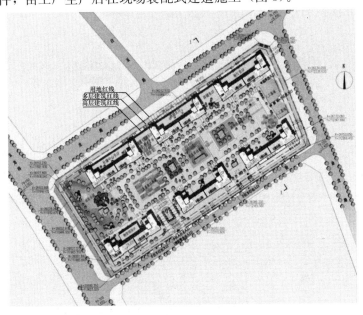

图1　龙悦居三期规划总平面效果图

图2 龙悦居三期规划鸟瞰效果图

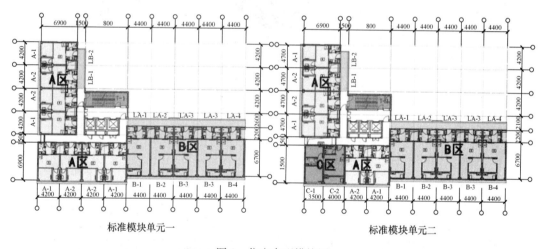

图3 住宅套型模块图

2 设计理念和方法

1. 采用模块化、标准化设计，规模化应用

首先是采用模块化设计。将住宅的三种套型作为基本模块进行设计，集合平面土建、室内装修、构件设计、部品设计各种条件。外墙预制构件作为模块的基本因素，其尺寸标准化、种类最少化、样式简洁化可大大降低工业化生产成本、生产周期，减少施工误差，提高施工效率。

其次是标准化设计。通过对模块的精细化设计和组合交通模块的优化设计来实现标准的组合单元（图4）以及楼栋（图5）。整个小区6栋楼12个单元仅2个标准层平面，其交通空间完全一致，柱网尺寸规格统一，套型模块的组合拼接相同，形成标准化的外墙、楼梯、外廊构件和连接方式，满足工业化生产的标准化设计。

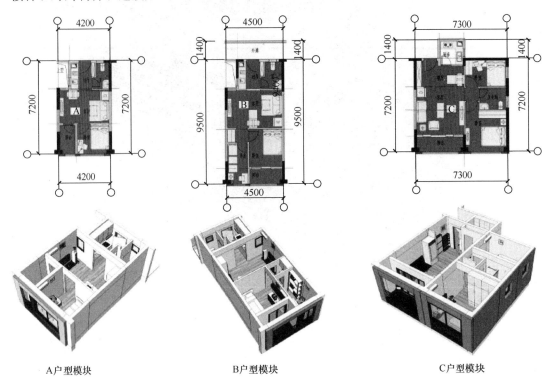

A户型模块　　　　　　　　B户型模块　　　　　　　　C户型模块

图4　组合标准单元模块图

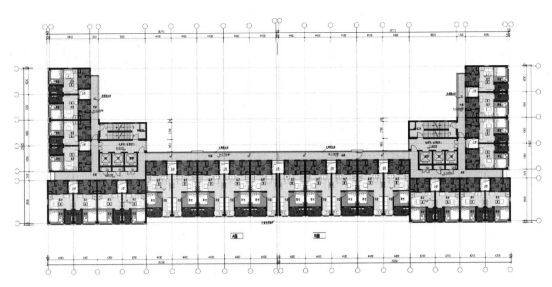

图5　组合标准楼栋模块图

最后是规模化应用。在满足规划设计要点的前提下，融入工业化模块设计理念的标准化单元，通过简单的复制，达到成规模的总体规划布局，有利于工厂规模化生产、运输、施工。考虑到住宅产业化全过程，单一的产品成本非常高，只有当产品形成规模时，才能符合高效、集约的工业化生产，才能实现项目标准化、工业化最大价值。

2. 采用工业化理念设计

本项目工业化设计理念（图6）是：构件设计标准化，连接节点简单，模块组合多样化，模具数量最少化，生产制作简易化，安装施工简单化，运输方便高效化，维护更换通用化。

项目为提高外墙防水性能选择外墙进行预制、减少工程现浇难度选择楼梯和走廊进行预制（图7）。

图6　项目工业化设计理念

在总图规划中各楼栋沿用地周边布置，退让的用地结合周边道路设置成工业化施工预留场地，以满足预制外墙、外廊阳台、楼梯等构件堆放、吊装需求等。

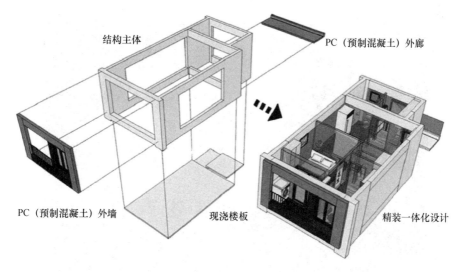

图7　标准户型模块构件示意

在满足使用功能需要的前提下，标准层平面设计规整对称，外墙无凹凸，标准开间符合模数化设计要求，平面通过标准模块组合形成，最大限度地满足工业化对建筑平面的要求。项目共设计典型外墙PC构件三种、预制走廊构件三种和预制楼梯构件一种（图8），实现了预制PC种类最少化、模具种类最少化的设计目标，并为构件制作、运输、安装、维护提供条件，最大程度地发挥工业化规模应用带来的成本优势。

在保证立面美观、大方的前提下，预制PC外墙立面开洞（阳台及窗）尺寸大小统一，墙面选择光整预制面设分隔线条，建筑外饰面选择建筑涂料，通过涂料色彩变化来实现立面简洁大方的效果（图9）。采用简洁的构件表面，大大降低了预制阶段对工艺和工期的要求，降低了构件成本。外廊及栏杆亦采用标准化生产，现场装配的方式进行施工。

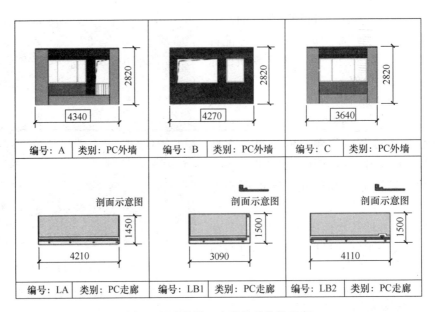

编号：A	类别：PC外墙	编号：B	类别：PC外墙	编号：C	类别：PC外墙
剖面示意图		剖面示意图		剖面示意图	
编号：LA	类别：PC走廊	编号：LB1	类别：PC走廊	编号：LB2	类别：PC走廊

图 8 标准外墙、走廊构件种类示意

图 9 建筑效果

3. 绿色节能设计

本项目场地大致呈长方形，天然丘陵地形，整体地形呈南高、北低的特点。规划设计以六栋高层住宅沿地块周边布置，结合中心庭院形成围合式布局。一条顺应城市路网的空间轴线，将地块内的保留自然山体和园林景观连系在一起，有效利用原始山体改造为登山公园（图 10），与公共园林绿地（图 11）组建优美的富有层次感的和谐社区。

住宅建筑主体以南偏东30°的夹角迎向过渡季和夏季主导风向，使人们的居住更加舒适，实现低成本的绿色建筑。

半地下室充分利用自然采光和自然通风（图 12），并与地面的园林景观相互渗透，紧密结合，形成生态的阳光地下车库。运营和维护的成本大大降低，节约资金。

图 10　用地西侧保留的自然山体实景

图 11　小区公共园林绿地实景

图 12　地下室直接采光示意图

项目还应用太阳能热水系统（图13）、人工湿地、雨水收集等技术完善的绿色技术，达到了国家绿色建筑设计一星级、三星级（1栋）的标准，最大程度满足节能、节材、节地、节水等方面的要求。

图13　屋顶太阳能光热应用实景

3　项目实现目标

1. 建造速度加快

本项目建造速度加快主要表现在：预制外墙外立面一次成型，无需作二次防水施工（图14），保温施工结合内装修一次施工完成，节省了建筑外立面装饰施工时间，同时由于门窗框采用预埋安装，门窗施工安装时间也得到大幅减少，据项目实施结果统计，本项目总工期为24个月，较常规施工交付时间提前6个月，缩短工期近20%。

图14　安装完成的PC外墙实景

2. 节能减排明显

本项目减排主要表现在：（1）预制构件在工厂采用循环水养护，减少对水资源的浪费；（2）大钢模施工（图15），大幅降低对木模板的消耗；（3）一体化装修设计和精装修交楼，降低了二次用户装修产生的垃圾污染和装修材料浪费；（4）装配式建造能耗较常规降低约10%。该项目按现场实施情况测算：节约施工用水约30%，预计节约水资源 8 万 m^3，节约木模板用量约27.5%，预计节约木材用量约230m^3，减少建筑垃圾用量约20%，预计少产生建筑垃圾约1700t。

图15　主体结构墙柱大钢模施工现场实景

3. 建筑质量提升

本项目建造质量提升主要表现在：（1）预制混凝土外墙构件在工厂生产，通过程序养护，其强度高、密实度好，具备很好的自防水性能，门窗主框在工厂预制时进行埋设到位，与墙体连接牢固，按万科已建成同类型工业化项目质量反馈统计，此类建筑外墙和门窗洞口的渗漏投诉率几乎为零，杜绝了常规工程质量外墙、门窗渗漏通病的发生；（2）一体化装修设计，使装修设计更合理，统一精装修交付，便于通过大规模集中采购，使装修材料更安全、环保，标准化的装修、和户内配置标准更好的保障了装修质量。

4. 建造成本可控

大规模建设成本优势明显，本项目成本可控主要表现在：（1）该项目共建造 4002 套保障房，户型通过标准化设计成 35m^2、50m^2、70m^2 三个户型，大量标准化部品、部件的运用，其采购成本得到了大幅降低；（2）标准的预制构件大规模重复使用，有效地分解了模具成本，在建造成本等同的情况下，建筑的性价比更高；（3）建造质量大幅提升后的房屋，后期维护成本将大幅降低；（4）效率提升带来建造工期缩短为项目节省大笔资金成本；（5）本项目节省劳动力近 20%，有效地缓解了"用工荒"的影响，劳动力整体成本也得到较大幅下降。

对岭南城市住宅工业化的一些设想

赵 阳

广州大学建筑与城市规划学院

住宅的工业化设计，通常是指在大量性住宅的设计及施工中，应用预制构件的方法。比如砖混结构住宅使用的预制空心楼板，以及大模板住宅体系等。这曾经对新中国成立后解决人民群众的基本居住问题，起到过重要的作用。但是出现的问题也比较多，如楼板和墙体的搭接不密实，容易漏水；外墙过于呆板，缺少变化等等，而且始终停留在以结构为主的施工工艺上，在注重标准化的同时往往忽视了多样化和灵活胜，不能满足住宅的多种要求，从而缺少对市场的应对能力。

毋庸置疑，工业化的生产代表着标准和效率，是社会进步的表现之一。但在极大提高生产效率的同时，往往容易缺少建筑师的关注而丧失个性。在这个炫耀个性、标榜自我的现代社会，住宅的工业化设计似乎没有了声息，被淹没在标记着各种流派、各种风格的铺天盖地的商品房的洪流中。然而，在我国岭南地区，由于特殊的社会背景和住宅本身内在的设计特点，住宅的工业化设计却实实在在有着自己存在的价值和广阔的前景，并且有着自己特殊的造型特色和形式语言。

1 大量性住宅建设的必要性

在当前中国快速城市化的背景下，越来越多的农村人口向城市转移，这种趋势在加入WTO后因农业受到冲击而会更加突出。据统计，至 2000 年 4 月，在广州市的 1015 万人口中，流动人口已达 288 万，迫切需要解决其居住问题。目前，大量的流动人口聚居在广州市的各个城中村内，环境恶劣、管理滞后，有很多治安隐患。在政府下决心改造城中村的政策下，需要建设大量的用于出租的住宅，以解决这部分人的居住问题。另一方面，随着社会竞争的日趋激烈，城市的低收入阶层也有逐渐扩大的趋势。以广州市 4500 元/m² 左右的商品房均价来看，一套 60 厅的住宅也需要 27 万元左右，这对于他们来说无疑是一个天文数字，因此他们也将对低廉的出租屋或解困房有庞大的、源源不断的需求。在这样的社会环境背景下，关注弱势群体，建设大量的低造价的出租屋及解困房，是政府解决部分人民生活问题、化解社会矛盾的一个重要工作内容，有着广阔的社会价值和现实意义。

2 岭南地区住宅建筑的特点及工业化对策

在岭南地区，由于气候潮湿，夏季日照强，通风、遮阳、人工降温的要求较为突出。反映在住宅设计上，就是要考虑遮阳板、空调机位、花架等构件。也就是说在岭南地区，住宅本身会具有较多的零散构件。这些构件一方面完善了住宅的功能，另一方面作为建筑的细部设计对构设阴影、丰富建筑立面、增强建筑的体量感有着重要的作用。这些构件由于尺寸小，现浇施工耗费时间较长，而且它们具有大量重复出现的特点，通常情况下适合进行工业化的批量生产。但由于这些构件预制后在现场焊接安装的过程中，容易留下渗水的隐患，而且需要在框架现浇施工时预留大量的埋件，所以其质量难以保证。因此大部分设计单位实际上都是做现浇的设计处理。可以看到，如果只是单纯地将一些小构件进行预制生产，其前景是不明朗的。

换个角度看，由于岭南地区气候温暖，建筑保温要求不高，适宜开较大的窗户，以利通风采光，这意味着外墙的砖砌部分不多，可以用普通的混凝土预制板代替局部的砖墙，自重也比较轻。因此，可以考虑将整个立面分解为标准的立面单元块，结合其他的小构件如遮阳板、空调机位等与窗框一起作为一个整体的预制件单元来处理。在我国的香港地区，许多的大型建筑采取了立面构件单元的预制技术。在预制场中，窗框、空调板和墙体一起浇筑，一方面免去预埋件的埋设，节省了现场焊装的工作，另一方面又使防水及表面质量得到保证。表面的装饰如马赛克、外墙漆等在立面整体设计的控制下同时做好，最大限度地节省了时间。现场施工时，将预制的立面构件吊至现浇好的楼层，与承重墙就地浇筑在一起，再浇筑上一层的楼面板，使其与预制的立面顶部直接结合。然后将另一个预制立面构件放在前一块上面，用多硫化物密封剂密实接口。在预制的立面构件中，设计者特意考虑了遮阳板的设置。遮阳板被设置在立面构件的下部，一方面起遮阳的作用，另一方面可以避免构件的连接处直接暴露在外面，起到防水的作用。

这个立面单元的预制构件施工方法，已经过多个工程的实践，取得了良好的经济效益和社会影响。中国香港的实例说明，只有将住宅中零散的构件整合在一起统一考虑，住宅的工业化才会有生命力和广阔的前景。

因此，作为标准和造价不高的出租屋及解困房，可以更多地考虑将住宅中具有共性的构件，在形式上和尺寸上尽量予以标准化。比如说窗户、空调板、遮阳板、阳台及栏杆等等。此外，对于卫生间和厨房，由于有较多的留孔和管道，有较多专业化的成套设施，防潮要求也比较高，可以考虑进行标准化的预制生产，以保证经济和品质的要求。

3 岭南地区住宅工业化建筑设计提出的要求

3.1 强化建筑平面反映在形体上的体积感

不同的建筑平面，反映在空间形体上，具有完全不同的体积感。比如，条式住宅的体形比较单调，体积感也弱一些，而像风车形、T形、Y形、十字形等平面以及它们的组合平面，体形就要丰富许多，具有相当饱满的体积感和较强的视觉冲击力，这可以在很大程度上弥补由于标准层构件的统一而带来的单调感。因此，对于建筑细部变化不多的工业化住宅来说，在平面形式设计时，预先考虑平面反映在空间上的体积感，具有十分重要的意义。

3.2 平面开间尺寸尽量统一

平面布置标准化是立面设计标准化的前提。但事实上如楼梯间、厨厕、客厅、卧室等，由于功能和摆放家具的尺寸要求不同，其开间尺寸是不易统一的。尤其在凑面积指标的情况下，开间尺寸更易混乱。因此，建筑师在平面设计中，应将面积指标结合到开间尺寸中加以考虑，不同户型的厅、房尽量各自以相同开间的组合来达到面积指标要求，以增加相同预制构件的数量，提高生产效率。

现代化混凝土预制企业中的综合规划与生产控制系统

Christian Hanser[1]   Thomas Leopoldseder[2]

[1]SAA 软件工程有限公司总经理；[2]i-PBS 商业策划有限公司总经理

在现代混凝土预制构件生产领域，建筑师设计的差异化构件是一大挑战。在不断变化的需求中，规划单个构件的生产，要比规划成批构件的生产复杂。针对这一现状，综合规划及生产控制系统可解决以下问题：

1. 生产及装配过程延迟可能导致的后果；
2. 能否及时交付全部预制构件；
3. 如何更改作业流程；
4. 产能管理与合理分配；
5. 生产流程进度管理；
6. 预制构件造价计算；
7. 图纸是否适合进行投产。

综合规划及生产控制系统是专为预制构件企业的多种规划任务开发的解决方案。该系统也可与其他管理平台系统联动，并向管理人员提供预制构件生产实时信息，从而实现对外界扰动因素的实时处理。

1 流程

预制行业的综合规划及生产控制系统包含以下 IT 子系统：

1）财务 ERP 系统（如：SAP、微软 Dynamics、金蝶）：计算、开票、成本控制、记账。

2）技术 ERP 系统（如：i-PBS 企业套件）：计算、技术规划、作业排程、项目产能及出货规划、库存管理、吊装。

3）预制构件 CAD 设计软件（如：Allplan Precast）：工程制图、建筑构件拆分。

4）MES（如：SAA IPS-LEIT2000）：短期生产规划及控制、生产物流。

5）设备控制系统（如：SAA 设备控制解决方案）：对循环生产系统、布模机械手、混凝土布料机及保温层机械手进行控制。

建筑工程全部流程必须由一个独立系统作为中央数据库控制全部相关数据，同时在各 IT 子系统之间实时同步关键数据。预制构件 ERP 系统满足相关要求，并可完成以下任务：

1. 通过综合流程管理系统合理规划全部生产进程；
2. 使生产进程标准化、可跟踪；
3. 可实时访问全部数据；
4. 可实时采集信息，并反馈至全部相关人员及 IT 系统；

5. 可对相关资源进行规划。

具体来讲，包含以下内容：第 1 步，销售。须确定预制构件的类型及数量以建立工地施工堆场。例如，i-PBS 企业套件可根据特殊定价体系（如：基于客户的价目表）进行多种计算。用户可通过项目列表来查看项目进度，可通过集成的合作伙伴管理功能查看项目相关公司及人员信息。此外还可将外部文档链接至项目文档管理系统。

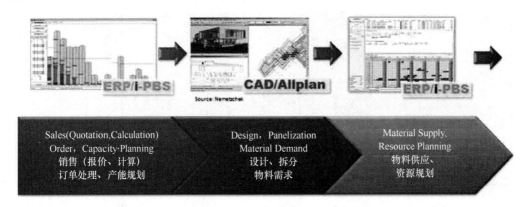

图 1

由于图纸是销售中必不可少的部分，在此过程中需要连接至设计软件（CAD）。该 ERP 系统可提供基本的 CRM 信息。

有时需通过商业 ERP 系统生成销售数据。可通过 i-PBS 网页服务将信息传输至 i-PBS 企业套件以进行进一步的技术规划（后文将详细说明）。还可通过设计建筑三维模型统计全部相关预制构件数据进而计算工程造价。i-PBS 企业套件可将造价信息与三维模型相匹配来进行计算。

第 2 步，生产规划。高效生产规划的前提是对生产批次的详尽管理。生产批次是指生产某一种产品类型的特定数量（如：实心墙 400m²），其特性如下：

1. 同一规划单元中全部构件有相同的生产日期及出货日期（或相同的投产时间及出货开始时间）

2. 在同一生产区（车间）内进行生产

3. 每个规划单元均有专用的 CAD 设计图纸

在 i-PBS 企业套件中可对工程各个预制构件生产批次分别新建项目并加以生产组织及管理，并可列出全部生产批次进行产能检查。可在分配各生产批次的生产位置及负责工程师后自动生成对应生产示意图。因此可对车间及人员进行高效生产规划。

第 3 步，设计。生产批次规划将生成工程师工作清单。根据实际的生产日期及出货日期，工程师可进行任务管理并及时创建 CAD 图纸，生成后续工序所需数据（如：生产数据、堆放信息、物料单、钢筋数据等）。数据实时导入技术 ERP 系统，从而将信息传输至 MES 自动生产系统或传输至 i-PBS 人工规划工具。

在预制构件设计 CAD 软件中可在基础设计核心（制图功能）上加入其他信息：

面向对象的房间定义、建筑预制构件拆分功能；

面向对象的产品尺寸及表面设计；

面向对象的图纸导出（注：即使是建筑版的 AutoCAD 也不能称为预制构件设计 CAD 软件。需添加必要的第三方软件扩展）。

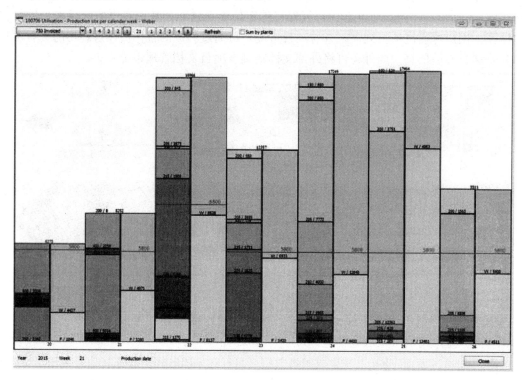

图 2

设计后的详细图纸不仅包含预制构件的几何参数，还包括所有物料及预埋件信息。此时可开始供应链管理。在图纸标示的生产订单全部物料在指定车间中备齐时，该生产订单可进行生产。此时，只需点击 i-PBS 企业套件中的按钮即可开始自动生产流程。

第 4a 步，自动生产 MES（制造执行系统，如：SAA IPS-LEIT2000）控制生产流程。导入 CAD 图纸数据时系统将从语法和逻辑两个方面自动检查每个构件的数据是否有错误。操作员可使用三维编辑器来查看并自行更改数据或将数据发回技术部门。数据检查完成后，将根据生产工期自动优化模台使用的优先级，并根据构件的复杂程度、运输工具及另外数个参数确定最优布模方式。必要时可手动调整或直接进行生产。同时，排序算法将综合计算多个加工设备或产品需求的特性（如：双皮墙生产）。

此时可开始生产，系统后台自动进行以下作业：

车间设备请求的数据交互（布模机械手、网片焊接设备、桁架预备设备、自动布料机、保温层机械手、混凝土需求申请、特殊机械等）—在线打印图纸、标签及物料单—存储车间反馈数据以生成报告—根据产品生产方案控制托模循环—收集质量信息（照片、检查单）。

此时 MES 成为生产流程信息的主要可视化终端，可查看机械设备故障消息以进行分析及人工操作。此终端完全支持移动设备。

每班次结束后系统可按要求或自动生成数个报告（班次报告、生产概况、错误报告、

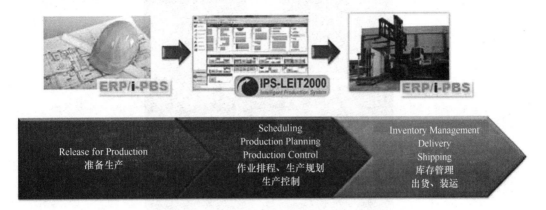

图 3

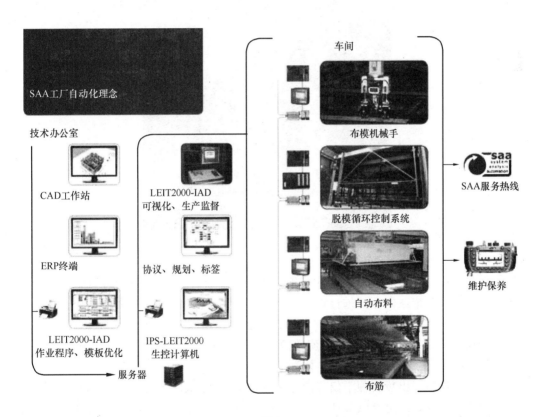

图 4

瓶颈分析、工作计划报告等），并以电子邮件形式发送给管理人员。

主控计算机与技术 ERP 系统之间将同步每个构件的生产进度以实现快速出货。

第 4b 步，人工生产。集成的规划系统可进行固定式长模台及固定模具（如：楼梯、阳台）等人工方式生产的规划。系统将打印条码标签以便在构件堆放管理及出货管理时更快地识别构件。

图 5

第 5 步，库存。集成的系统可管理预制构件的存放。MES 可自动进行管理，或者人工生产时以手动扫描条码标签进行管理，技术 ERP 系统将信息发至堆场工作人员的移动终端上。也可通过移动终端将预制构件在堆场的位置保存至技术 ERP 系统的中央数据库。此外系统还可此时 MES 是生产流程流转信息的主要可视化终端，可查看机械设备故障消息以进行分析及人工操作。可完全支持移动设备。

第 6 步，出货。出货管理不仅可指定在何时将何种预制构件通过哪辆卡车（或货运公司）送至哪个工地，而且能以最佳方式来安排装运准备过程。堆场人员可使用移动终端来查询预制构件在堆场的位置，从而提高出货效率。此外还可管理出货文件的打印及已运送的工地材料（如：梁）。

第 7 步，吊装。吊装规划期的重点是协调出货速度、堆场周转、吊装工具使用及施工人员的作业进度。可通过集成的规划系统进行吊装规划。

第 8 步，开票。集成的规划系统可根据发货单自动创建发票。技术 ERP 系统可自动获取价格及数量信息以进行计算，从而生成发票。相关数据将被传输至商业 ERP 系统以进行记账和财会工作。

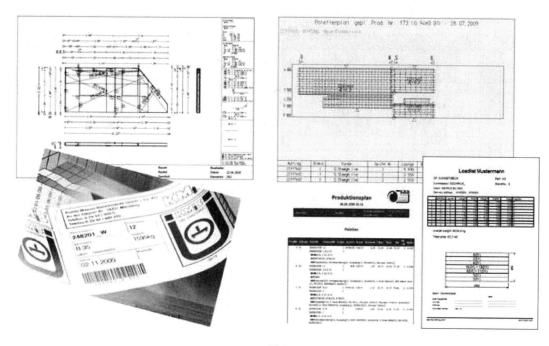

图 6

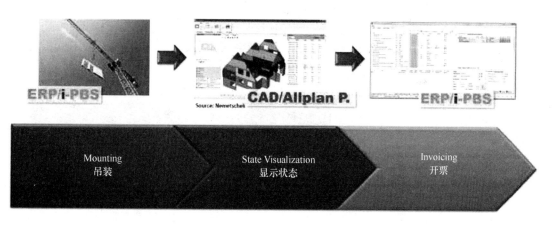

| Mounting 吊装 | State Visualization 显示状态 | Invoicing 开票 |

图 7

2 BIM（建筑信息模型）

现在全世界都在热推 BIM 概念——以数字建模的方式来支撑从建筑设计之初到生产及装配全程直至拆除的全生命周期管理。

以上系统完全适合 BIM 决策。

可以预见在不久的将来，BIM 数据库将会成为建筑行业的强制标准（在包括英国及新加坡在内的一些国家已成为现实）。

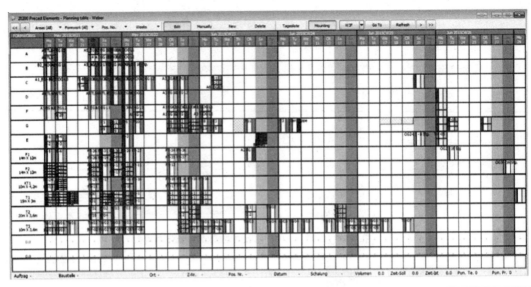

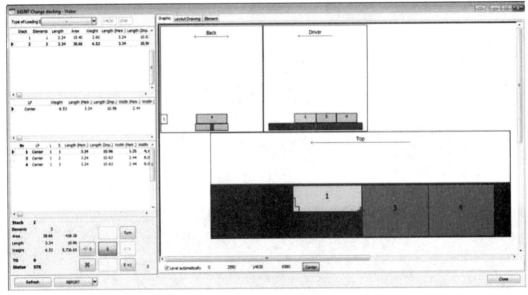

图 8

3 结语

综合规划及生产控制系统在欧洲的预制行业已被各大中小型预制企业广泛使用。该系统有着无数优势，可极大提高中国预制构件生产的效率并能满足 BIM 标准要求。

SAA 工程有限公司及 i-PBS 可提供一站式综合解决方案，将使客户受益无穷。我们把客户视作合作伙伴，并为客户按其信息化架构提供定制服务。

国内首栋全预制装配式钢结构工程实践
——济南安置三区小学

张 波

山东万斯达建筑科技股份有限公司

钢结构建筑因重量轻、抗震性能好、可循环利用，便于标准化设计、工厂化生产、装配化施工和信息化管理，成为建筑产业现代化的首选。钢结构建筑在我国有较长的发展历史，结构形式也非常成熟，在工业建筑及大跨空间结构领域已占主导地位，但在民用建筑领域市场占有率较低，与我国产钢大国的地位极不相称。究其原因，钢结构相配套的板材体系发展较慢，尤其房屋建筑的外墙、内墙、楼板产品种类较少，技术有待完善。而我公司研发生产的预制混凝土夹心保温外墙板、PK 预应力混凝土叠合板有效地解决了钢结构的楼板问题及围护问题。

预制混凝土夹心保温外墙板和 PK 预应力混凝土叠合板采用工厂化生产、现场机械化安装的施工方法，具有施工周期短、质量可靠（对防止裂缝、渗漏等质量通病十分有效）、节能环保（耗能少，减少扬尘和噪声）、工业化程度高及劳动力投入量少等优点，与钢结构结合使用，可取得良好的社会效益。

1 工程概况

济南市西客站片区安置三区 B3 地块小学试点项目是济南市第一个产业化试点工程，采用 PK 装配整体式结构快装体系。总建筑面积约 1.08 万 m^2，工程包括一栋两层办公楼、两栋四层教学楼、一间舞蹈教室及一间多媒体教室。该项目通过山东省住房和城乡建设厅、济南市城乡建设委员会"山东省建筑产业现代化示范工程"审核，为山东省首栋全装配式建筑。

图 1　济南市西客站片区安置三区 B3 地块小学鸟瞰

2 设计

本工程主体结构采用钢框架，楼板采用 PK 预应力混凝土叠合板，外墙板采用预制混凝土夹心保温外墙板,楼梯采用预制混凝土楼梯。

将PK预应力混凝土叠合板应用于钢结构体系是最佳选择,叠合板可直接搁置在钢梁上,待铺设横向钢筋、上部钢筋与管线后,浇筑叠合层混凝土即可,方便快捷,成本低,质量好。另外,在安装上一层钢结构主体时,就可以开展下层叠合板的安装,互相交叉但不影响。

预制混凝土夹心保温外墙板外挂于钢结构主体上,除自重外,主要承受面外的风荷载及地震荷载,为使复合墙板不参与钢框架的抗侧刚度与承载力贡献,特在墙板的连接板上设置了可摩擦滑移的构造措施,保证在地震荷载下不破坏;复合墙板的板缝关乎建筑舒适度,设置竖向联通的空腔,便于水、气的顺利排出。

在设计过程中,还建立了叠合楼板的抗弯设计方法,构建了预制混凝土夹心保温外墙板的抗弯、抗震和抗风设计方法。

图2　PK预应力混凝土叠合板

PK预应力混凝土叠合板具有以下特点:

1) 自重轻。每平方米仅为110kg左右。

2) 用钢量省。由于采用1570级高强预应力钢丝,抗拉强度为三级钢的4.2倍,比其他叠合板用钢量节省60%。

3) 承载能力强。叠合前极限承载力每平方米可达1.5t。

图3　PK预应力混凝土叠合板承载力试验

4) 抗裂性能好。由于采用了预应力,极大提高了混凝土的抗裂性能。

5) 新老混凝土结合好。由于采用了T形肋,现浇混凝土形成倒T形,新老混凝土互相咬合,新混凝土流到孔中又形成销栓作用。

6) 可形成双向板。在侧孔中横穿钢筋后,避免了传统叠合板只能做单向板的弊病,且预埋管线方便。

7) 性价比高。

预制混凝土夹心保温外墙板的特点:

所谓预制混凝土夹心保温外墙板(又称三明治墙板),是集承重、围护、保温、防水、防火等功能为一体的装配式预制构件，由外叶板、保温层和内叶板通过连接构件预制而成。与传统施工工艺相比，夹心保温外墙板具有明显的技术优势。

1）通过工厂化生产的三明治墙板，混凝土振捣均匀、密实，质量稳定，精度高，规格一致，这既方便后期的安装连接，提高建筑物整体性与强度，也间接地提高了施工速度，并使之外形美观一致，在吊装过程中，构件的位置更容易控制，有利于精准安装、锚固。

2）生产夹心保温外墙板时内叶墙、保温层及外叶墙通过美国进口的 thermomass 连接棒连接形成一体，整体性极好。无需再做外墙保温，施工难度降低，并且保温层和外饰面与结构主体同寿命，由于整体性能得到提高，建筑物使用寿命得到提高，钢筋受到腐蚀的几率与强度降低，后期几乎不用维修，这大大降低了日后的维护与养护费用。

3）防火性能好。采用耐火等级 B1 级的挤塑板，外面是 50mm 厚钢筋混凝土板，墙板整体防火性能满足国家规范要求。经过试验，证明其防火各项指标，均优于传统墙体。

4）采用外墙装配式的方式进行施工，可大大缩短施工周期，预埋线盒、线管以及钢筋绑扎等复杂工序都在工厂内完成，现场只需拼装、连接即可，省去了现场复杂繁琐的测量，安装模板过程。此工艺可实现无外架施工，由于外饰面已经一次成型，无需外架进行外饰面处理，只需在墙板中预留孔洞或预埋件，固定临时防护工装即可。

5）在成本方面，由于墙板内叶墙精度较高，可取消抹灰或减薄抹灰层以节约成本；采用预制方式可大量减少现场支模的数量；大幅度减少现场作业人工数量；采用无外架方案节约外脚手架成本，施工过程中由于工人相当于在室内施工，安全系数也大幅度提高。

3 构件制作

PK 预应力混凝土叠合板的制作如图 4 所示。

图 4 PK 预应力混凝土叠合板制作（一）

（a）控制台；（b）搅拌站；（c）布料机；（d）养护

(e)　　　　　　　　　　　　　　　　(f)

图 4　PK 预应力混凝土叠合板制作（二）

（e）起板；（f）装车出库

预制混凝土夹心保温外墙板的制作如图 5 所示。

（a）　　　　　　　　　　　　　　　　（b）

（c）　　　　　　　　　　　　　　　　（d）

（e）　　　　　　　　　　　　　　　　（f）

图 5　预制混凝土夹心保温外墙板制作

（a）生产线；（b）布料机；（c）赶平板；（d）蒸养库；（e）翻转机；（f）墙板存放

4 吊装与施工

图 6 吊装与施工

(a) 钢框架施工；(b) PK 板吊装；(c) PK 板后浇叠合层；(d) 楼梯吊装；

(e) 墙板吊装；(f) 装饰后外立面效果

5 结语

本工程采用的装配式钢框架＋预制叠合楼板＋预制外挂墙板技术，可以满足多、高层住宅楼，多层商场、学校、医院、厂房、办公楼、酒店等建设的需要，并且具有工业化程度高、建设速度快、经济性好的优点。对预制混凝土夹心保温外墙板、PK 预应力叠合楼板的设计、制作、吊装与施工进行了积极的试验及探索，对于类似工程有很大的参考意义。

济南市西客站片区安置三区 B3 地块小学试点项目解决了钢结构与围护结构、楼盖结构结合的难题，提高了装配式施工的安装工效和精度。该项目 100％装配、没有脚手架、没有模板、没有抹灰，建筑垃圾减少 90％。

中国工程院院士沈祖炎谈钢结构

沈祖炎

同济大学

钢结构建筑的抗震性能好，可以明显减少地震灾害带来的损失，保证人类舒适健康的居住环境。

1 钢结构建筑优势多

"绿色化、工业化、信息化"是建筑行业发展的三大方向，实现"绿色化、工业化、信息化"的协调发展需要贯彻协调发展理念，坚持协调统一。

绿色建筑是指在建筑的全寿命周期内，最大限度地节约资源（节能、节地、节水、节材）、保护环境、减少污染，为人们提供健康、适用和高效的使用空间，与自然和谐共生的建筑。也就是说，绿色建筑是在全生命周期内具有节能、节地、节水、节材、保护环境并满足使用的功能，同时与自然和谐共生。

钢结构建筑的优势很多，最显著的优势有两个：

一是精心设计的钢结构较其他材料的结构具有"轻、快、好、省"的特点。轻，体现在相同承载力作用下，结构最轻，因而节材。快，钢结构建筑工业化程度高，因而节能、节水、节地、减少污染。好，钢结构建筑采用的钢材性能好，安全且容易做到轻量化，因而节材。省，钢材可回收利用，因而符合可持续发展、绿色环保的要求。

二是钢结构建筑的抗震性能好，可以明显地减少地震灾害带来的损失，保证人类舒适健康的居住环境。钢结构建筑能与自然和谐共生，实现"人—建筑—自然"的和谐统一。

基于钢结构建筑具有的"轻、快、好、省"的特点，可以采用新型工业化建造，并能满足"绿色建筑"的各项要求，沈祖炎认为，钢结构建筑是实现"绿色建筑"的最佳结构形式。

2 钢结构建筑与工业化

建筑工业化是指建筑在建造全过程中采用以标准化设计、工厂化生产、装配化施工、一体化装修和信息化管理为主要特征的工业化生产方式。

进入信息时代后，建筑的工业化应向融入信息技术的新型建筑工业化发展，其技术应具备以下特征：建造是在数字化信息技术控制下的高度自动化（无人或少人）系统并逐步发展为可自律操作的智能自动化系统中进行；从大规模成批建造走向大产量定制建造；在建筑全寿命周期的"九个阶段（建筑设计阶段、结构初步设计阶段、部品设计阶段、结构技术设计阶段、配套部品选用阶段、加工制作阶段、现场安装阶段、全寿命信息化管理阶段、拆除阶段）"实现"九化（建筑设计个性化、结构设计体系化、部品尺寸模数化、结构构件标准化、配套部品商品化、加工制作智能化、现场安装装配化、建造运维信息化、拆除废件资源化)"的要求；实行满足个性化要求的菜单式订购。据沈祖炎介绍，新型建筑工业化的"九个阶段、九化"在不同阶段需要注册建筑师、注册设备工程师、注册结构工程师、注册土木工程师参与完成。

实现新型建筑工业化的效果必然是高效率的，通过工厂化、自动化、信息化，实现生产效率大幅提高。实现新型建筑工业化的效果必然是高质量的，通过自动流水线大规模生产，实现产品质量和性能的大幅度提高。实现新型建筑工业化的效果必然是高科技的，通过不断的技术创新，实现节能、减排和可持续发展效果的大幅度提高。实现新型建筑工业化的效果必然是高效益的，通过规模化生产和资源高效利用，实现经济效益的大幅度提高。

目前，钢结构建筑已基本达到预制装配化建造、已具备智能化自动流水线制造的能力、已形成若干种符合建筑工业化制造特征的体系建筑、已完成多种建筑部品的商业化生产、已探索出若干种体系建筑的工业化建造。

3　钢结构是绿色建筑的最佳形式

钢结构建筑最有条件率先实现新型建筑工业化，并起示范作用；钢结构建筑是实现绿色建筑的最佳结构形式；钢结构建筑最能体现建筑一体化管理（BIM）共享信息平台在实现新型建筑工业化时的关键作用；建筑行业绿色化、工业化、信息化的发展，应采用三位一体协调发展的策略。

建筑行业应以钢结构建筑为抓手，推动建筑行业实现绿色化、工业化、信息化协调发展。国家发改委应会同住房和城乡建设部等相关部门制订并发布"钢结构建筑实现绿色化、工业化、信息化，三位一体协调发展的行动方案"等指导性文件，指导产业发展。

盒子结构预制件的设计和应用[1]

戴　鹏　邓　军

有利华建筑预制件（深圳）有限公司

【摘要】本文简要描述半预制墙预制厕所（盒子结构）组合在中国香港地区高层住宅（公共房屋）建筑的应用，重点阐述了半预制墙与剪力墙结构的关系，预制构件与主体结构相互连接的构造细节，叠合面剪力的分析与计算方法，构件节点细化设计等关键的施工设计技术及技术规范的在工程中的实际应用等问题，做一些初步技术探讨。

1　概述

预制厕所（盒子结构）由混凝土底板、四周墙身及顶板形成一个箱形立体空间构件，也叫"盒子结构"或"整体浴室"，其地台防水、地台装修、墙身装修等工序在预制工厂内完成，运输到工地后快速吊装，可大量减少传统建筑工地湿作业，提高整体建筑质量，目前在中国香港地区高层住宅（公共房屋）建筑中已得到广泛应用。预制厕所（盒子结构）在标准户型中的平面位置见图1。

2　预制厕所（盒子结构）楼面构造

预制厕所（盒子结构）处的楼面设计总厚度为 250mm，其中底板为非结构构件，厚度为 65mm。顶板为半预制楼面系统，由 100mm 厚的半预制板（即预制厕所顶板）及 70mm 现浇混凝土叠合而成。顶板与底板之间有 15mm 的安装缝隙，缝隙内填满水泥砂

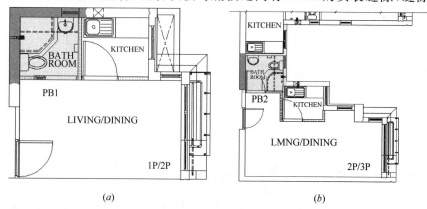

(a)　　　　　　　　　　(b)

图1　预制厕所（盒子结构）在标准户型中的平面位置（一）

(a) 1人居住单位；(b) 可供 2～3 人居住单位；

1　本文得到刘永安先生的技术支持，工程照片得到 K. K Leung 先生的大力协助。

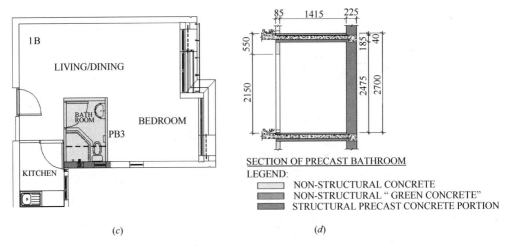

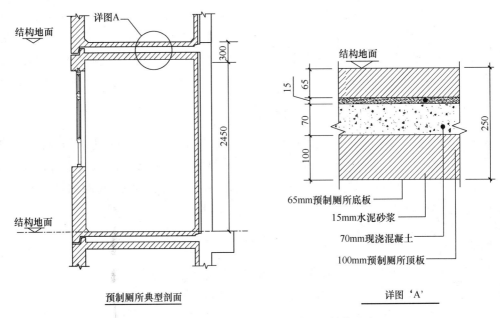

图1 预制厕所（盒子结构）在标准户型中的平面位置（二）

(c) 1房1厅单位；(d) 结构墙典型剖面

浆，用来调整安装时候的高度误差。厕所内的电灯等电气配件所用的电线管道可以从70mm现浇混凝土层接通。示意见图2。

图2 预制厕所（盒子结构）大楼楼面结构示意

3 预制厕所（盒子结构）结构墙的连接方式

一般情况下，预制厕所、预制厨房等盒子结构的一边或两边为结构墙，结构墙的连接方式选择对于预制件来说是要优先处理的核心问题，不同的结构墙连接方式，会导致预制件在设计、生产、安装、工地施工等各方面完全不同，常用的结构墙的连接方式如下：

（1）预埋钢板焊接法

预制厕所（盒子结构）的结构墙预埋钢板与钢筋焊接的组件，该组件在上下楼层交接处现场焊接，焊接所需的预留空位在焊接完毕后灌满不收缩砂浆，与原预制件混凝土形成整体。焊接钢板连接大样见图3。

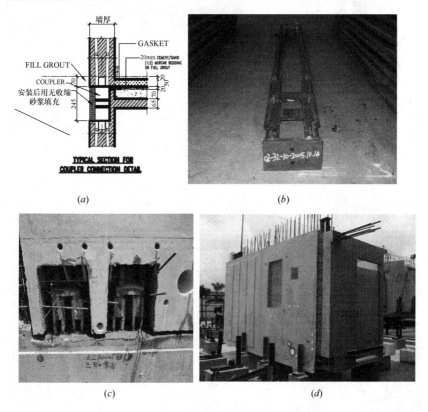

图 3 预埋钢板焊接法

（a）焊接剖面示意图；（b）钢板与钢筋焊接组件；

（c）预制组件在上下楼层焊接处；（d）预制厕所成品

（2）钢筋搭接灌浆法

预制厕所（盒子结构）结构墙底部预留孔道，竖向主筋露出结构墙顶部，上下楼层安装时下一层顶部外露的竖向主筋穿入上一层底部的预留孔道，安装就位后孔道灌满不收缩砂浆，与原预制件混凝土形成整体。灌浆搭接连接大样见图4。

（3）机械套筒连接灌浆法

钢筋连接器预埋在结构墙底部，顶部外露的竖向主筋伸入钢筋连接器，安装就位后孔道灌满高强度的不收缩砂浆。机械套筒连接大样见图5。

（4）非结构墙（轻质混凝土）

预制厕所（盒子结构）四周墙身全部为非结构墙，全部由轻质混凝土形成。

（5）半预制墙施工法

结构墙由预制件和现浇墙两部分构成，其中预制件厚度一般为55mm和90mm两种尺寸交替，形成凹凸的半预制墙面，一方面凹凸的半预制墙可以最大限度地避开结构墙内的竖向受力钢筋，也可以加强盒子结构本身强度。根据结构墙竖向主筋大小具体分为两种

图 4　钢筋搭接灌浆法
（a）剖面示意图；（b）预制厕所成品；（c）灌浆施工；（d）灌浆施工完成（灌满）

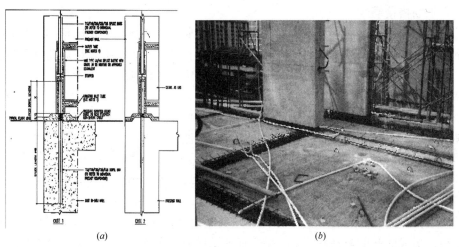

图 5　机械套筒连接灌浆法
（a）剖面示意图；（b）预制件安装成品

图 6　非结构墙的预制厕所

(a) 剖面示意图；(b) 预制件成品；(c) 预制件成品

方式：如主筋在 $\phi 16$ 以下，则沿墙身高度在上下层竖向主筋搭接范围为半预制墙，在非搭接范围为全预制墙；如主筋在 $\phi 16$ 以上，则墙身高度范围内都为半预制墙。

图 7　半预制墙施工法（一）

(a) 横剖面示意图；(b) 完成预制件安装；(c) 完成预制件安装；(d) 完成预制件安装；

(e)   (f)

图 7   半预制墙施工法（二）

(e) 预制件成品；(f) 预制件底部钢筋搭接

    总结起来，预制厕所（盒子结构）结构墙的连接方式对于预制件来说，技术和经济效益比较难平衡，在目前建筑技术水平情况下，半预制墙较好地解决了这一问题，下面重点探讨半预制墙的计算方法。

4 预制厕所（盒子结构）半预制墙建造施工过程

    配合半预制楼面系统（4～6 天建筑循环），预制厕所半预制墙循环施工顺序为：预制厕所安装→绑扎现浇墙钢筋→安装现浇墙一侧的墙身模板→连接预制件与现浇墙墙身模板→灌注现浇墙混凝土→拆除墙身模板→半预制楼面安装、浇灌楼面混凝土→下一层预制厕所安装。建造过程见图 8。

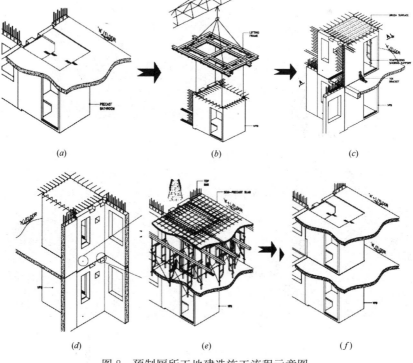

(a)   (b)   (c)

(d)   (e)   (f)

图 8   预制厕所工地建造施工流程示意图

图9显示了典型的预制厕所从预制工厂到建筑工地的起吊，运输，安装流程。

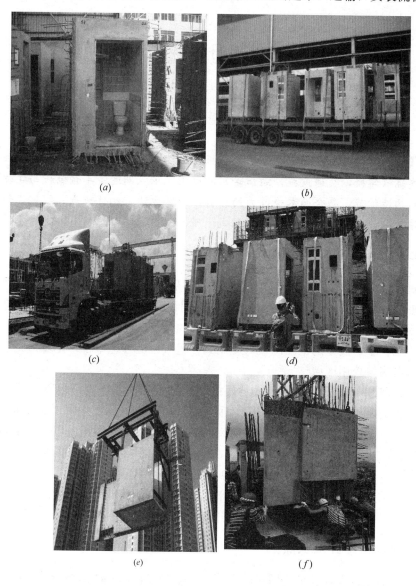

图9 预制厕所起吊、运输、安装过程示意

(a) 厂区存放；(b) 装车；(c) 运输；

(d) 工地存放；(e) 工地现场起吊上楼；(f) 安装预制厕所

参 考 文 献

[1] 预制混凝土建造作业守则 2003. 中国香港屋宇署
[2] 标准单位设计 2009. 中国香港房屋署
[3] 启德机场重建发展计划建筑设计说明. 周古梁建筑工程师有限公司
[4] 启德机场重建发展计划结构设计说明. 艾弈康(AECOM)深圳有限公司
[5] 混凝土结构设计与作业手册 2004. 中国香港房屋署
[6] 混凝土结构作业守则 2004. 中国香港屋宇署

叠合半预制板设计与施工技术初探[1]

戴 鹏

有利华建筑预制件（深圳）有限公司

【摘要】本文简要描述叠合半预制板在中国香港地区公共房屋（高层住宅）、公用建筑（学校，交通设施，酒店等）的应用，重点阐述了半预制板与主体结构连接的构造细节，叠合面水平剪力的分析，计算方法，构件节点，细化设计等关键的施工设计，并初步技术探讨技术规范在工程中的实际应用。

1 半预制板工程应用概述

本文重点以中国香港马鞍山 86 区公共房屋发展计划和启德旧机场重建公共房屋发展计划 1B 项目为例，说明半预制楼面板系统在工程设计，预制件的临时施工计算和实际工程中的应用。

在上述工程中，典型的半预制板被应用到住宅大楼的住宅单位，走廊过道、电梯等候区、公共水电房等公用区域。

楼面设计厚度 160mm，是由 70mm 厚的半预制板和 90mm 现浇混凝土叠合成的结构整体。楼面板的底层钢筋位于预制部分，顶层钢筋位于现浇混凝土中。加强筋被放置在 2 件半预制板接缝之间上方，用来补偿底层钢筋的连续性。半预制板底层锚固钢筋直接伸出到现浇混凝土结构中，长度需要超过支撑结构的中线且达到 12 倍钢筋直径。顶层钢筋锚固长度不小于 34 倍钢筋直径。半预制板的表面，设计为钢刷粗糙毛面，半预制板表面的灰尘，砂砾要求用水清洗干净，目的是用来增加半预制板和现浇混凝土的凝结力。电线管道和其他电气预留配件在半预制楼面留有开口，并通过现浇层能够相互接通。

2 预制构件设计考虑原则

预制构件的设计需要满足使用建设施工的 3 个阶段，即永久结构设计阶段，起吊运输阶段，工地临时安装阶段。

临时起吊的阶段，根据预制板的形状，可能需要考虑增加适当的加固钢筋。起吊设计需要考虑预埋件的安全系数选取（一般安全系数取＞3），还需要考虑吊运工具的选择。

陆地公路运输需要考虑安装工地和预制工厂之间的交通条件，并选择合适的运输工具。公路运输一般超高限制为 4.5m，超宽限制为 2.4m。这会限制工程师选取半预制楼面板的最大设计尺寸。

---

1 本文得到刘永安先生的技术支持，工程照片得到 K. K Leung 先生的大力协助。

3 半预制板计算方法研究

从大楼的早期建筑设计开始，就需要考虑建筑标准化设计。现以中国香港马鞍山86区公共房屋发展计划（2007年建成）和启德旧机场重建公共房屋发展计划1B项目（2013年建成）为例：

（1）从建筑上来讲，其住宅单位采用了标准化设计。大楼建筑设计均采用了4种标准户型，如图1所示。

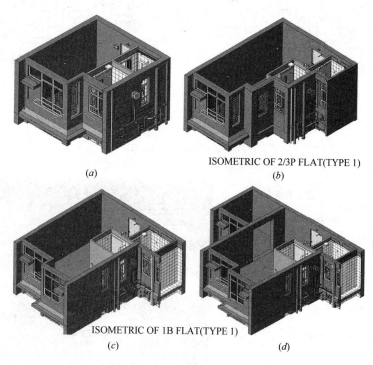

ISOMETRIC OF 2/3P FLAT(TYPE 1)

(a)　　　　　　　　　(b)

ISOMETRIC OF 1B FLAT(TYPE 1)

(c)　　　　　　　　　(d)

图1　标准化的单位设计示例

(a) 1人居住单位（实用面积约=14m²）；(b) 可供2~3人居住单位（实用面积约=22m²）；
(c) 1房1厅单位（实用面积约=32m²）；(d) 2房1厅单位（实用面积约=38m²）

（2）大楼主体为现浇剪力墙结构。现浇的结构剪力墙与半预制楼面的连接和传统结构体系并无不同，这确保大楼结构体系在建筑上甚至强于传统现浇建筑体系。半预制楼面板在建筑图纸和结构图纸的示意见图2。

（3）楼面的结构分析方法，对于比较规则的楼面，可以直接采用查表法。对于不规则形状且比较复杂楼面，则结合计算机结构计算软件（SAFE）楼面分析和辅助设计（图3），以达到配筋更加合理化，符合经济建筑的目的。楼面结构的受拉、受压、受弯承载力的验算，（即常规的楼面配筋，最大抗弯能力，抗剪，挠度，裂缝控制等验算）参照中国香港地区标准《混凝土结构作业守则2004》的相应规定执行。

（4）半预制板与周围支撑结构的锚固局部详细大样见图4。若预制外墙预制件被设计为不需要传递楼面荷载，则连接预制外墙的钢筋大样可参考图4（b）。

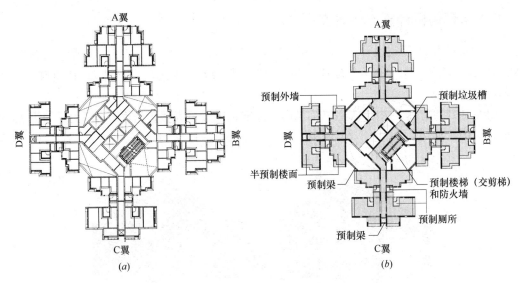

图 2 半预制板平面示意

（a）建筑平面示意；（b）结构平面示意

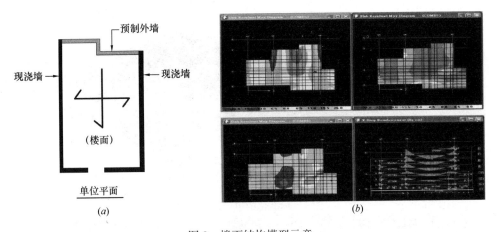

图 3 楼面结构模型示意

（a）3 边简支，1 边自由的楼面模型示意；（b）计算机分析弯矩示例

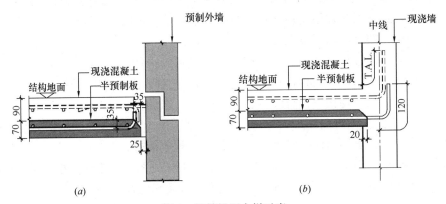

图 4 钢筋锚固大样示意

（5）叠合面水平剪力的复核。在半预制板系统中，预制板与现浇混凝土结合面的抗剪设计是关键因素。水平剪力的按照以下公式推算：

1）多跨连续梁/板

在负弯矩区，$V_h = 1.25 F_h/(0.2Lb)$

在正弯矩区，$V_h = 2.0 F_h/(0.3Lb)$

2）两端简支单跨梁/板

$$V_h = 2.0 F_h/(0.5Lb)$$

3）一端固定，另一端简支的梁/板

在负弯矩区，$V_h = 1.25 F_h/(0.25Lb)$

在正弯矩区，$V_h = 2.0 F_h/(0.375Lb)$

半预制楼面板的表面处理标准，参考中国香港地区标准《预制混凝土作业守则2003》表格2.10，并根据工程试件样本选择，一般情况下楼面混凝土强度设计要求＞30N/mm²。

采用合适的工具和掌控施工时间（混凝土初凝时间）是保证楼面表面处理质量好坏的关键。如果因计算需要，为抵抗水平剪力而设置的箍筋，可以按照以下公式计算：

$$A_h = 1000 b V_h/(0.87 f_y)$$

抗剪钢筋的形状可以参考图5。

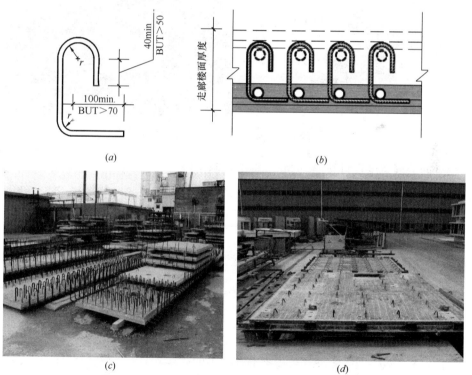

图5　半预制板的叠合面抗剪箍筋示意

(a) 抗剪箍筋的典型大样；(b) 楼面内抗剪箍筋的典型布置；(c) 设置有抗剪箍筋的板；(d) 生产中的半预制板

（6）接缝复核。接缝一般选取沿单向板配筋方向展开，在跨度方向的底部第2层钢筋被切断，原来的底部第2层钢筋由加强的第3层钢筋代替，底部第2层钢筋和第3层钢筋需要 1.4 倍的有效搭接，并且隔条错缝搭接。在接缝位置节点的加强钢筋按照减少的有效高度（加强筋）和最大正弯矩复核。按照最大弯矩和减小的有效高度验算钢筋和混凝土截面（最大正弯矩来自计算机"SAFE"结构计算软件的分析结果或查表，工程上为分析方便，一般直接用所得楼面的最大弯矩来复核接缝）。

M——最大弯矩；

d'——减小的有效高度；

$$K = M/bd'^2 f_{cu}$$

$$Z = d'(0.5 + \sqrt{(0.25 - K/0.9)})$$

取

$$Z = 0.95d'$$

$$A_{st} = M \times l_e 6/(0.87 f_y Z)$$

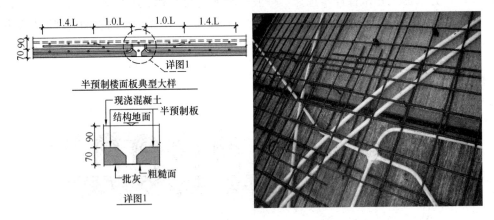

图 6　半预制板接缝处理示意

接缝处的裂缝宽度设计按照 0.3mm 标准控制复核。

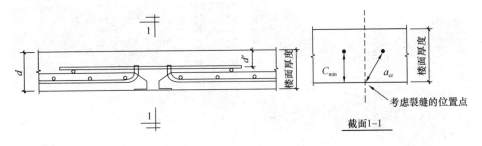

$$Y_1 = h - x,$$

$$\varepsilon_1 = Y_1/(d - x) f_s/E_s（考虑裂缝那水平的应变）$$

$$\varepsilon_m = \varepsilon_1 - b_t(h - x)(a' - x)/[3 \times E_s A_s(d - x)]（考虑裂缝水平的平均应变）$$

$$a_{cr} = \sqrt{(d'^2 + (S/2)^2)} - 1/2D（考虑点与最近纵向钢筋表面之间的距离）$$

C_{min}——受拉钢筋最小的保护层。

表面裂缝宽度设计值，$W_{max} = 3a_{cr}\varepsilon_m/[1 + 2(a_{cr} - C_{min})/(h - x)]$

（7）临时起吊的吊点的安全系数（FOS），参考中国香港地区标准《预制混凝土作业守则 2003》表格 2.4 取 4，吊链的安全系数取 5，起吊要求对混凝土的最小强度取 15N/mm²。起吊示意见图 7。

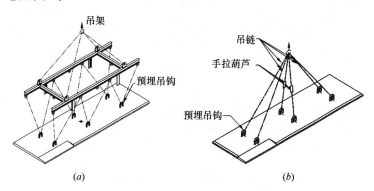

(a)   *(b)*

图 7　半预制板的起吊示意

(a) 工厂内用平衡吊架起吊；*(b)* 施工现场用吊链（手拉葫芦）起吊

（8）在工地临时安装的设计。因为半预制楼板在混凝土施工阶段作为永久模板使用，半预制板需要用排架支撑，预制板内的钢筋应力因现浇混凝土压力，需要复核是否超过在永久结构计算的钢筋原设计应力。在混凝土施工状态，半预制板被作为模板使用，施工荷载包括半预制板自重及现浇层混凝土重量等施工活荷载。在混凝土凝结前期，考虑到施工荷载，半预制板中的钢筋需要承受应力，称为"锁定应力"。

以下为半预制板在施工状态的内力分析示意：

1）永久设计（使用）状态：

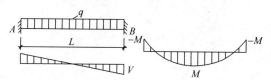

2）半预制板在施工状态：

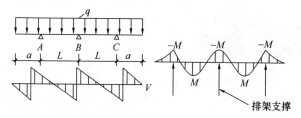

3）半预制板在永久使用状态：

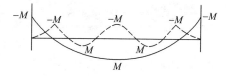

计算公式：半预制板钢筋设计应力＝ 使用状态应力＋施工状态锁定应力＜钢筋设计应力

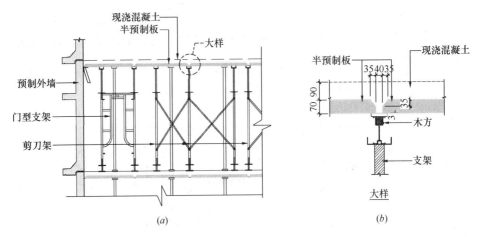

(a)   (b)

图 8   半预制板支撑排架示意

(a) 排架；(b) 板缝处理

4   半预制楼面施工建造过程

半预制板系统一般采用 6d 建筑循环法，视工程工期需要，也可以采用 4d 循环，以获取最大的经济效益。图 9 显示了半预制板系统的施工过程：

(a)   (b)

(c)   (d)

图 9   半预制板系统的施工过程（一）

(a) 预制外墙和剪力墙混凝土施工；(b) 吊装半预制板，清洁，放加强筋

(c) 绑扎电线管道和电气预留配件；(d) 绑扎顶层钢筋，质量检查

(e)   (f)

图 9 半预制板系统的施工过程（二）

(e) 楼面混凝土施工；(f) 墙体混凝土施工，循环建造上一层

参 考 文 献

[1] 预制混凝土建造作业守则 2003. 中国香港屋宇署，标准单位设计 2009. 中国香港房屋署.

[2] 启德机场重建发展计划建筑设计说明. 周古梁建筑工程师有限公司 KT1B 项目组.

[3] 混凝土结构设计与作业手册 2004. 中国香港房屋署.

[4] 混凝土结构作业守则 2004. 中国香港屋宇署.

[5] 实用建筑结构静力计算手册，2009 版. 机械工业出版社.

宝业集团商品住宅项目建筑工业化实践

樊骅　汪力

宝业集团上海建筑工业化研究院

1　引言

宝业·万华城23号楼项目位于浦东惠南，由宝业集团牵头，在上海打造的预制混凝土装配式建筑示范项目；宝业·爱多邦项目是继万华城23号楼后的又一大型居住社区，项目位于青浦新城，采用100％装配式建筑，创新性的运用了叠合板式混凝土剪力墙结构、整体装配式剪力墙结构、预应力装配式框架结构三种预制结构，积极推动着我国装配式建筑的发展。

2　创新的结构体系——叠合板式混凝土剪力墙结构

叠合板式混凝土剪力墙结构是由叠合式墙板和叠合式楼板，辅以必要的现浇混凝土墙、边缘约束构件、预制梁、预制阳台、预制楼梯等共同形成的剪力墙结构体系。相关预制构件采用工业化生产方式，现场采用机械化的施工方式，通过浇筑混凝土使整个建筑形成一个有机整体。叠合板式混凝土剪力墙结构因其独特的体系，具有如下的性能特点：

1. 更好的整体性

叠合板式混凝土剪力墙结构体系的预制构件连接节点采用整体现浇，叠合墙板、叠合楼板均现场二次浇筑，且叠合板面超过4mm的毛糙面，并配置了相当数量的桁架钢筋，使预制层与现浇层结合紧密，共同承受相关受力，更好的发挥等效现浇作用。

2. 优异的防水性

图1　现浇与预制成型效果

图2　叠合墙板拼缝

叠合墙板底部预留水平拼缝和垂直拼缝通过现场二次浇筑与叠合楼板形成一个统一整体，保证了接缝处的防水性能；同时使用嵌缝砂浆填补缝槽，进一步提高了抗渗强度和抗裂性能，尤其适合在地下室等有防水要求的环境，不仅缩短了地下室的施工工期，更节省降水和防水灯相关措施费用，在宝业正在开发的青浦爱多邦项目地下车库中得到了应用。

3. 预制叠合构件生产灵活

图 3　机械手支模　　　　　　　　　图 4　预制构件成型

由数控机械手完成绘图和支模工作，预制叠合构件可根据实际需要任意改变构件尺寸，精确达毫米级，不受模数限制，相关模具摊销成本非常低。

4. 边缘约束构件定型化、模数化、标准化

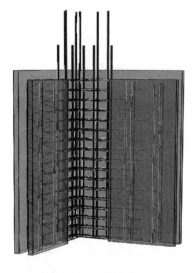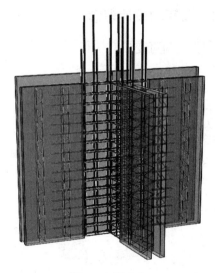

图 5　L形节点　　　　　　　　　图 6　T形节点

将边缘约束构件进行定型化、模数化、标准化，通过改变叠合墙板尺寸满足设计需要，不仅便于现场模板采购、降低成本，更有力于提高施工效率，大大缩短施工工期。

5. 经济优势突出

叠合构件堆放方式自由、单块重量轻，单程运输量大，构件单位运输成本低。可根据需要在工厂埋设预埋件，现场接头数量明显减少；叠合墙板和叠合楼板可作为模板使用，大幅降低现场模板量和相关措施费，使整个开发周期缩短30％左右，降低企业资金成本。

6. 建造质量得到保证、环境质量得到改善

图 7　叠合墙板吊运　　　　　　　　　图 8　现场施工

　　由专业化工厂工人取代大部分的现场工人，同时现场施工机械化、工具化，有力保证了工程质量和施工进度的责任目标；预制构件在工厂生产，大大减少了现场湿作业量，降低现场噪声污染，提高空气质量。同时现场施工人员数量减少，交叉作业也相应减少，杜绝安全隐患。

　　除已在万华城 23 号楼成功运用的叠合板式混凝土剪力墙结构体系外，在青浦爱多邦项目还采用了整体装配式剪力墙结构及预应力框架结构，将三种结构体系运用在一起，探索适合中国的预制混凝土装配式建筑结构类型。

3　新颖的设计理念

1. 大空间可变户型

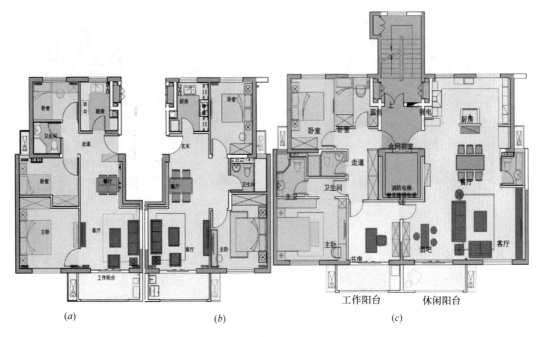

图 9　大空间可变房型

(a) 三室两厅；(b) 两室两厅；(c) 四室两厅

基于对我国家庭结构人口变化的研究，开发适合于不同使用人群的建筑内部环境就显得尤为重要。宝业万华城 23 号楼将建筑内部所有结构柱和剪力墙全部除去，除建筑外围护墙体和设备管井外，内部空间均可根据需要进行调整，以减少对内部空间的限定，使用者有较大的自由空间，以最大程度地满足需要。

2. 适老住宅

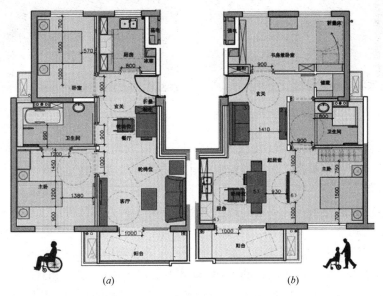

图 10　适老住宅

（a）介助式适老住宅；（b）介护式适老住宅

随着我国老龄化社会的到来，老年人的居住环境越来越受到大家的关注，给老年人提供一个舒适的晚年环境也非常有意义。其中，介助式适老住宅主要针对生理机能衰退，行动迟缓，但有一定行动能力的老人；介护式适老住宅主要针对基本丧失自主行动能力的老人，需考虑设置一定的护理人员配置，设置紧急报警按钮及拉绳等。因老年人对室内环境的使用功能有着特殊需要，其管线和预埋件与一般住宅建筑存在较大差异，在宝业万华城 23 号楼项目中成功地实现了叠合板式混凝土剪力墙结构体系与适老住宅成功结合。

4　集成化技术

1. 门窗一体化防水叠合墙板

门窗一体化防水叠合墙板是由宝业自主研发的，采用工厂自动流水化生产，现场洞口处无需支模，只需安装窗户即可。不仅大幅度缩短施工工期，节省材料用量，保护环境，降低建筑过程中的模板使用、人工及后期维护费用，而且窗框与混凝土相分离，可根据需要方便更换门窗框。

2. 工业化装修

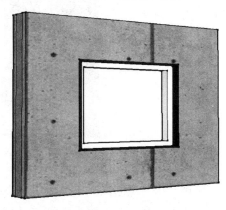

图 11　门窗一体化防水叠合墙板

图12　卫浴安装　　　　　　　　　　图13　成品卫浴

工业化装修继主体结构装配化后的建筑又一发展方向，更是装修行业的又一完美升级。通过整体设计、专业施工、监理监督、作业协调等过程，使整个装修过程变得科学合理，也更加环保。

整体式卫浴系统是由一件或一件以上的卫生洁具、构件和配件经工厂组装或现场组装而成的具有卫浴功能的整体空间。根据所用材料的不同，可分为"钢筋混凝土"整体卫浴、"SMC"整体卫浴、"轻钢龙骨"整体卫浴。在宝业万华城23号楼项目中，采用SI技术和同层排水技术，以工厂定制化的SMC整体卫浴，实现了卫生间的快速安装。

集成装配化吊顶系统又称整体吊顶、整体天花顶，是将吊顶模块与电器模块，均制作成标准规格的可组合式模块，安装时集成在一起，能达到快速安装且方便。

基于大空间可变户型的装配式隔墙系统，在满足传统意义上的隔墙使用功能外，隔墙变得更加容易更换，满足实际需要。装配式隔墙系统是采用装配式的施工工艺，具有施工效率高、现场湿作业量大大减少，具有节能环保，可重复使用的特点。

3. 节能被动房

图14　青浦爱多邦被动房

将被动房与预制混凝土装配式结构相结合，积极探索适合上海地区的预制装配式被动房具有深远意义。在青浦爱多邦被动房中创新性的采用装配整体式预应力混凝土框架结构，包括了预制框架柱，预制预应力框架叠合梁，SP预应力空心楼板，压型钢板组合楼盖。同时，外墙采用 A 级高效保温复合外挂墙板和三玻两空超级节能窗，有效阻隔能量损失，热回收新风系统、VRF 机组等的综合应用，进一步提高被动房的节能水平。

5 工艺工法

预制混凝土装配式建筑将大部分的工作在工厂完成，现场的作业量明显减少，现场施工机械化和工具化对提高施工效率就尤为重要。

1. 工具式模板

预制混凝土装配式建筑的一个突出优点是减少了现场支模量，模板用量大大减少。而预制混凝土装配式建筑现场主要支模是在约束边缘构件节点处，已定型化、模数化、标准化的边缘约束构件决定了所需模板种类也是固定的。而工具式模板正是一种定型化、模数化、标准化的模板系统，可最大程度的建设现场模板浪费，提高施工效率。

2. 整体爬升式平台操作系统

整体爬升式平台操作系统是整体提升式的，通过模块化拼装、适应任何施工要求，具有安全性高、快速施工、运用高效、立面整洁等优点，与预制混凝土装配式建筑具有较高的契合度，更能提升装配式建筑的现场管理水平，在宝业青浦爱多邦项目中将得到大量使用。

3. 室内干法施工

图 15　干式吊顶　　　　　　　　图 16　干式内墙

传统室内装修以湿作业为主，现场产生大量粉尘，装修噪声大。通过 BIM 技术，在预制构件生产时埋设预埋件和孔洞，现场装修中避免开洞等，室内环境得到大幅度提升，施工速度也大大得到提升。

6 创新项目管理模式

在装配式建筑的设计、生产、运输、施工、运维等全寿命周期建设过程中运用 BIM 技术，可真正实现项目信息的无障碍交流，提高办事效率。

1. BIM 协同平台

BIM 协同平台是在同一平台上将项目相关信息进行收集、交换、更新、存储，为建设项目全寿命周期的不同阶段、不同参与方提供及时、准确的信息，支持项目不同阶段之间、不同项目参与方之间及不同应用软件之间的信息交流和共享。

图 17 BIM 协同平台

图 18 数据传递

图 19 4D 模拟施工

2. 智能化生产

深化设计阶段利用 Allplan 软件采用参数化设计，利用云端数据库将构件设计图纸以数据形式传输到工厂，工厂由主控计算机读取数据，由自动机械手放线支模，并由全自动流水生产线进行构件生产。真正实现了从生产到生产环节数据包的无缝传递对接，使预制构件实现工业化智能生产。

3. 4D 模拟施工

在工程开工之前，利用 4D 仿真模拟技术，由现场项目管理人员共同参与进行数字化模拟施工，及时发现施工中存在的问题，实现对项目进度控制、质量保证、投资降低

箍筋笼清单(三层)			
编号	图示	钢筋信息	数量
L001	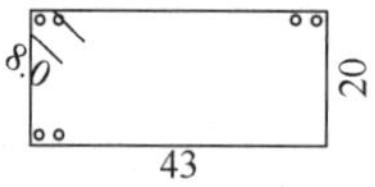 43 / 20	18Φ8/10–149 6Φ20–328	8
L002	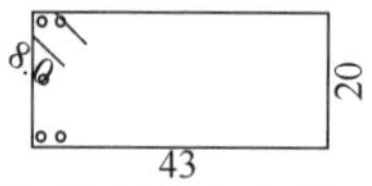 43 / 20	24Φ8/10–149 5Φ20–388	8
L003	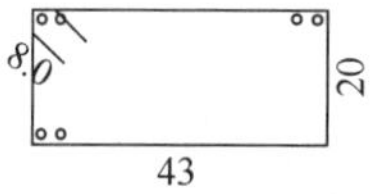 43 / 20	15Φ10/10–149 6Φ20–298	8
L004	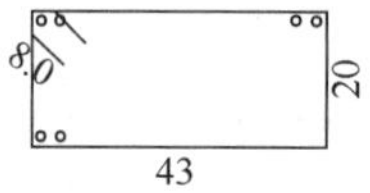 43 / 20	12Φ10/10–149 6Φ20–258	8

图 20 工程量清单

的目的。

4. 无纸化施工管理

利用计算机等辅助输出设备，在同一平台上观看三维图纸，更加方便现场施工。且所用图纸均在同一平台上，任何一方均可在第一时间了解图纸更改信息，方便沟通，避免图纸信息不对称造成的损失和不便。

5. 快速统计工程量

借助 BIM 模型，能够快速、准确完成项目工程量信息的统计，大大提高财务和采购部门工作效率，同时，即时、准确的成本变化评估，也为决策层调整制定战略决策提供强有力依据。

6. 高效运维管理

将运维阶段所需信息（如：维护计划、检验报告、工作清单、设备参数、故障时间等）录入 BIM 模型，使 BIM 模型和实际交付建筑物信息一致，为实现物业科学高效管理提供强大助力。

7 结语

PC 装配式建筑是未来建筑业的重要发展方向之一，也是建筑业转型升级的重要途径之一。PC 装配式建筑不仅仅只是在工厂生产预制构件，现场安装预制构件，而是以客户为导向，通过整合开发、设计、生产、施工、运营等全产链优势，以 BIM 技术辅助提高效率、降低成本，为客户提供定制化、满意的建筑产品，同时最大限度的保护自然环境，实现企业、客户、环境之间的共赢局面。

装配整体式钢筋混凝土结构房屋设计和施工要求

谷明旺

中山市快而居房屋预制件有限公司

装配整体式钢筋混凝土结构房屋是指主要水平受力构件和垂直非承重构件采用预制的方法，在现场经过装配式施工，受力构件和节点现浇连接，使建筑物成为一个整体，这种建筑结构称为装配整体式结构。主要特征为：工厂化批量预制、机械化施工，现场湿作业少，具有施工快、质量好、节省材料和人工的优点。

装配整体式钢筋混凝土结构房屋在设计时，除满足国家现行规范外，还应考虑装配整体式结构的技术特点，合理设计构件节点，使构造方式有利于构件拆解和预制生产，提高工业化程度，以更好地保证构件质量、加快建设进度。

1 建筑结构设计基本原则

1. 建筑结构设计应确定合理的结构形式。装配整体式钢筋混凝土结构房屋适用于砖混结构、框架结构、框架—剪力墙结构、剪力墙结构，在平面和竖向结构应尽量均匀规则，根据建筑的特点合理确定结构形式，房屋适用的最大高度应符合《混凝土结构设计规范》GB 50010—2002 第 11.1 条 "一般规定" 要求。

2. 建筑结构的设计计算原则。装配整体式钢筋混凝土是为了适应大工业化生产方式的要求，采用预制构件和现场装配为主的生产方式，总体上不改变建筑的结构形式，因此，装配整体式结构房屋的整体设计计算方法，可以参考国家现行结构设计规范，套用现行的设计计算方法，受力性能等同于现浇结构房屋。

3. 根据装配整体式结构特点合理确定预制范围。为了提高建筑的工业化程度，建筑结构设计应该在保证结构可靠的前提下提高预制率，与一般现浇结构一样进行结构计算，并要遵循结构概念设计中 "强柱弱梁"、"强剪弱弯"、"节点更强" 的原则，与一般现浇结构的区别仅仅是生产方式的不同，具体来讲就是：主结构垂直承重构件采用现浇，如剪力墙、框架柱仍采用现浇方式，其余水平构件和垂直非承重构件可以采用预制，同时应保证受力节点为现浇连接，以保证建筑物的整体性、抗震性，提高防渗漏性能和隔音性能，并有利于消除安装误差。

2 设计要求

1. 建筑设计的标准化和模数规则

为了保证设计和生产的标准化，建筑设计必须符合一定的模数规则，目前最实用的模数规则为：

开间和进深尺寸按照 3M 模数，模数进级为 3M，偶尔使用 1M 和 1.5M 的非标模数；

层高采用 1M 模数，模数进级为 1M；

墙体厚度采用 0.3M，进级为 0.3M；

非承重内隔墙厚度较薄时允许采用 75mm，90mm，100mm，个别宽度小于 1000mm 的局部次要隔墙可以采用 60mm 厚度，空心墙体厚度不小于 90mm。

2. 构件尺寸的标准化和模数规则

为了使构件生产标准化，应采用一定的模数规则，提高模具的通用性，以降低生产成本。构件尺寸一般按照以下模数规则：

柱截面尺寸推荐采用 3M、1.5M 相配合，如 300mm，450mm，600mm，有时也采用 1M 等非标准模数，如：400mm，500mm，柱子高度按照层高尺寸；

预制梁截面宽度一般采用 5M 模数及模数进级，如：200mm，250mm，300mm，小于 200mm 时可用 120mm，150mm，180mm，预制梁高度一般采用 1M 模数，对于叠合梁的高度应该与预制厂进行协调，保证梁、墙、楼板尺寸吻合，预制梁的长度一般采用 3M 模数，以提高专用模板的利用率，方便现场施工。

预制墙体长度采用 3M 模数，允许采用 1.5M 模数进行调整；预制墙体高度采用"层高－楼板厚度"或者"层高－梁高"为标志尺寸，后安装内隔墙的尺寸应与生产厂配合，确定凸凹槽尺寸和形式；

楼梯根据层高按照国家标准设计尺寸；

全预制楼板厚度一般采用 0.1M 模数，厚度以"短跨/30"左右为宜，相邻房间板厚应尽量一致，通过调节配筋大小分别满足承载力要求，当相邻板块厚度不同或地面标高不相等时，应对该节点进行专门的设计，预制叠合楼板厚度一般为设计板厚的 50%，长度采用"梁墙净距＋30"，这样楼板在预制梁墙上的安装搭接为 15mm，板宽度一般采用 1000mm，1200mm，1500mm，1800mm，2400mm，一个房间只允许采用一块非标宽度的楼板。

3. 合理选择梁柱截面形式和尺寸

由于装配整体式结构房屋的结构柱均为现浇施工，需要现场支模浇捣混凝土，方柱不便于支模和施工，且在房间内突出墙面影响使用，若条件允许的情况下，应尽量采用异形柱，以减少定型模板种类；柱截面尺寸以 1.5M 或 3M 模数为宜，以方便墙板预制和安装施工。柱子上下层宜采用相同截面尺寸，通过配筋大小调整柱子的承载能力，便于梁钢筋的搭接锚固以及减少定型模板种类；梁截面形式一般采用矩形，梁截面尺寸选择应有利于钢筋排布，当梁、墙截面宽度相同时，可以考虑梁、墙一体预制，为了运输方便，或者当梁、墙截面宽度不相同时，应采用梁、墙分体预制，并在梁底和墙顶设计留有安装配合的凹凸槽。

4. 节点区设计要求

装配整体式结构的连接节点是核心关键部位，必须保证节点的整体性，重点解决节点的构造方式和新旧混凝土的整体连接效果，节点设计的构造方式要求：

节点设计既应考虑方便构件拆解，又要考虑到构件之间的钢筋连接和节点区域混凝土浇筑的密实度，如预制梁与现浇柱（剪力墙）相接节点，预制板与预制梁相接节点，预制梁与预制墙的连接节点均应有拉接钢筋，同时预制构件受力钢筋在节点区的连接锚固应满足规范要求，当不满足规范要求时，由设计确定附加锚固措施；为保证新旧混凝土的连接，预制构件在节点区的连接表面应设计成"水洗面"或抗剪键（在生产要求中有详细介绍），节点区的后浇混凝土应该采用细石混凝土，强度等级应该比设计时计算的混凝土强度等级提高两级，并振捣密实。

5. 材料要求

混凝土：非承重预制构件的混凝土强度等级不小于 C15，当用于受力预制构件时，混凝土强度等级不低于 C25，也不宜大于 C40（预应力预制构件除外），受力构件现浇节点区混凝土强度等级不低于 C30，且不低于受力构件自身的混凝土强度等级，灌缝和接缝材料应采用细石混凝土或砂浆，强度等级应比构件强度等级提高两级，并不低于 C25。

当采用轻骨料混凝土预制构件时，非承重墙体轻骨料混凝土强度等级不低于 CL10，梁柱承重预制构件的轻骨料混凝土强度等级不低于 CL25，不高于 CL40，受力构件现浇节点区应采用普通混凝土，强度等级不低于 C30，且不低于受力构件自身的混凝土强度等级，灌缝和接缝材料应采用细石混凝土或砂浆，强度等级应比构件强度等级提高两级，并不低于 C25。

预制楼板或预制叠合楼板宜采用普通料混凝土，预制混凝土和现浇叠合层或梁板节点区宜采用与预制梁相同的混凝土强度等级。

有条件时，现场现浇混凝土的原材料宜与预制构件采用的原材料产地、规格、配合比一致。

钢筋：装配式钢筋混凝土结构的受力构件宜采用 HRB400 级和 HRB335 级钢筋，也可采用 HPB235 级和 RRB400 级钢筋，非承重墙体构件的构造配筋可采用冷拔低碳钢丝、刻痕钢丝、光面螺旋肋钢丝。

混凝土外加剂：混凝土外加剂的使用必须符合国家现行规范标准的规定要求。

3 装配整体式钢筋混凝土结构房屋体系设计要点

装配整体式钢筋混凝土结构房屋体系主要是根据不同建筑结构形式的受力特点，为了提高质量、加快工期、减少浪费、节约成本、降低污染，采用预制生产和装配作业替代传统的湿作业生产工艺而产生的一种新型的建筑体系。

其主要特点是：基本不改变建筑结构的受力特点，可以依据现有国家规范进行设计，将大量的湿作业施工转移到工厂内进行标准化的生产，并将保温、装饰整合在预制构件生产环节完成，构件质量好，现场装配式施工速度快，原材料和施工水电消耗大幅下降，劳动强度降低。

根据装配整体式钢筋混凝土结构房屋的生产、施工工艺，结合各种不同的结构形式，应分别把握以下设计要点：

1. 取代传统砖混结构

由于砖混结构设计简单、传力路线清晰、造价低廉，在我国经济欠发达地区仍然被市场广泛接受，适用于底层、多层住宅的建设。

当采用装配整体式结构取代传统的砖混结构建筑时，应保持建筑的受力特点不变，设计时应把握以下原则：

（1）采用钢筋混凝土材料预制成整间的大墙板，取代传统的砌筑湿作业，加强了墙体的整体性，施工速度快、质量有保证、表面平整节省抹灰砂浆。一般外墙可采用 200～250mm 厚的双排垂直孔墙板，降低材料热传导性能，并可在双排孔之间填充聚苯隔热材料，外表面在工厂做好装饰层，内墙可采用150mm厚单排垂直孔墙板，也可采用预制轻质实心条板或预制轻质混凝土空心条板。根据砖混结构主要靠墙体承重和抗震的特点，如果采用空心墙板，建议每间隔600mm宽度设置一个暗的"芯柱"，将该孔穿插钢筋并灌实，暗芯柱的最大间距不得大于1m，上端锚如预制圈梁内，下端与插筋搭接长度不小于300mm。

（2）采用预制圈梁、预制梁配合现浇节点，取代传统的现浇圈梁，可节省80%左右的圈梁模板，湿作业少、效率高。一般圈梁高度可采用200，宽度同墙宽，配筋按照现行抗震规范要求设计。

（3）在所有墙体交接部位设置L形、T形预制空心柱作为墙体的加强暗柱，内穿钢筋贯通节点；根据抗震规范设计L形、T形现浇构造柱，当墙长大于4m时，在墙体中部孔洞处设一个加固暗柱，内穿一根钢筋并用灌浆料灌实，加强暗柱、加固暗柱、构造柱与圈梁形成空间骨架以大大提高建筑物的抗震性能。配筋按照现行抗震规范要求设计。

（4）采用"预制叠合楼板"或"预应力空心楼板＋叠合层"楼面，取代传统的现浇楼板，可以节省楼面模板和架管等周转材料和人工。

（5）预制墙体不再采用马牙槎，墙体侧面需做成"水洗面"，以保证构造柱对墙体的约束有效。

（6）设计和预制构件生产过程应考虑水电管线的走向和预留预埋问题，避免"错漏碰缺"的发生。

2. 取代传统钢筋混凝土框架结构

钢筋混凝土框架结构建筑的受力特点是：钢筋混凝土框架为主要竖向承重构件，墙体为非承重构件，填充墙体一般为砖、砌块和砂浆组成，楼面一般为现浇或预制钢筋混凝土楼板，建筑物的抗震主要靠框架梁柱的变形能力消耗地震能量，填充墙体与框架柱设有拉接钢筋防止墙体过早破坏，以增强抗震性能；框架结构的传力路线为：楼板—框架梁—框架柱—基础；框架结构虽然造价和施工难度高于砖混结构，但由于框架结构抗震性能好，在城市住宅开发中已经得到普及，主要用于多层、小高层、高层建筑。

当采用装配整体式结构取代传统的框架结构建筑时，根据"强柱弱梁"、"强剪弱弯"、"节点更强"的设计原则，概念设计时应符合以下要求：

（1）采用钢筋混凝土材料预制成整间的非承重大墙板，取代传统的砌体填充墙，增强了墙体的整体性，一般外墙可采用120～200mm厚的钢筋混凝土保温装饰墙板，降低材料热传导性能，内墙可采用120～150mm厚实心或空心墙板，墙板端部与框架柱连接部位做成"水洗面"，并预留与框架柱的连接钢筋（俗称"胡子筋"），也可采用预制轻质实心条板或预制轻质混凝土空心条板，在框架连接成整体后再安装隔墙板。

（2）先安装墙板和预制梁，在框架柱部位现场绑扎钢筋，依靠墙板上预留的螺栓孔固定柱模板防止胀模，浇筑框架柱，使墙体与框架柱整浇在一起，框架柱截面和配筋按照现行抗震规范要求设计。

（3）采用预制框架梁配合现浇节点，取代传统的现浇框架梁，可节省80%左右的梁模板，湿作业少、效率高。框架梁界面根据设计计算确定，配筋和构造按照现行抗震规范要求设计。

（4）采用"预制叠合楼板"或"预应力空心楼板＋叠合层"楼面，取代传统的现浇楼板，可以节省楼面模板和架管等周转材料和人工，加快施工进度。叠合楼板应根据规范进行施工工况和使用工况下的二阶段验算。

所有的预制构件经过节点部位的整浇连接，使结构形成空间受力体系，每一个房间成为倒扣的、相互连接的"钢筋混凝土盒子"，并且每一层形成整体结构，整体性和抗震性能远高于传统钢筋混凝土框架结构，并且可以杜绝外墙的渗漏。

（5）设计和预制构件生产过程应考虑水电管线的走向和预留预埋问题，避免"错漏碰缺"的发生。

框架梁可以与非承重墙整体预制，也可以采用分体预制，当采用分体预制时，梁墙之间留有相互配合的凹凸槽，以方便施工。

3. 取代传统钢筋混凝土框架—剪力墙结构

钢筋混凝土框架—剪力墙结构建筑的受力特点是：钢筋混凝土框架和剪力墙为主要竖向承重构件，除剪力墙外，其余墙体多为非承重填充墙，填充墙体一般为砖、砌块和砂浆组成，楼面一般为现浇或预制钢筋混凝土楼板，建筑物的抗震主要靠剪力墙承担地震水平剪力，框架梁柱的变形能力消耗地震能量，填充墙体与框架柱设有拉接钢筋防止填充墙体过早破坏，以增强抗震性能；框架—剪力墙综合了砖混结构和框架结构的特点，其结构的传力路线为：框架部分，楼板—框架梁—框架柱—基础；剪力墙部分：楼板—剪力墙—基础，框架—剪力墙结构造价高于框架结构，抗震性能好，主要用于小高层、高层建筑。

当采用装配整体式结构取代传统的框架—剪力墙结构建筑时，根据结构的受力特点，设计时应符合以下要求：

（1）剪力墙可以采取部分预制的方案，即：剪力墙的主体部分为预制空心墙体，端柱（或暗柱）部分为现浇，施工时，先立好预制剪力墙，在空心孔内插入竖向钢筋，将空心孔用细石混凝土或灌浆料灌实，借助剪力墙上预留的螺栓孔固定模板施工端柱（或暗柱）。剪力墙厚度、配筋应经设计计算确定。

（2）框架部分的设计、施工要求同装配整体式框架结构要求。

（3）当建筑高度小于30m时，剪力墙部分允许采用单排竖向钢筋，大于30m小于60m时，应采用双排钢筋，超过60m时，剪力墙应采用现浇。

4. 取代传统钢筋混凝土剪力墙（筒体）结构

钢筋混凝土剪力墙结构建筑的受力特点类似于砖混结构，剪力墙采用钢筋混凝土现浇，主要用于小高层、高层建筑，剪力墙结构在设计时往往将电梯间、楼梯井部位的剪力墙组合成筒体。

当采用装配整体式结构取代传统的剪力墙结构建筑时，根据结构的受力特点，设计时应符合以下要求：

（1）核心筒仍采用全现浇结构，剪力墙可以采取部分具体要求同装配整体式框架—剪力墙结构的剪力墙。

（2）剪力墙的端柱应采用现浇。

（3）剪力墙的截面和配筋应按照现行设计规范确定。当建筑高度小于30m时，剪力墙部分允许采用单排竖向钢筋，大于30m小于60m时，应采用双排钢筋，超过60m时，剪力墙应采用现浇。

4 设计的特殊要求

1. 水洗面。为了保证新旧混凝土的连接能够成为整体，预制构件与新浇筑混凝土的接触面必须做成水洗面，具体要求是：水洗面混凝土的粗骨料干净的外露 1/3～1/2 粒径，使新浇筑混凝土的胶凝材料可以包裹外露骨料，以此来保证新旧混凝土连接成整体。

2. 特殊构造措施。

（1）附加锚固措施。当预制构件受力钢筋在现浇节点内锚固长度不能满足规范要求时，应增设附加锚固措施，如：在受力钢筋端部焊接横向锚固钢筋等。

（2）后装拉结筋。当构件预留钢筋影响现场装配施工时，允许在构件表面预埋螺栓孔，将专用锚固栓钉或钢筋端部套丝后拧入螺栓孔，取代预留拉结钢筋。

（3）预留拉结钢筋。当采用钢筋混凝土墙板镶嵌在框架梁柱之间取代填充砌体墙时，为了抵抗温度应力和防止墙体倒塌，应预留墙板与框架柱的连接钢筋，钢筋直径间距根据抗震设防烈度不同按现行设计规范填充墙体对拉接钢筋的要求设置，为了防止在罕遇地震作用时墙体刚度过大对框架柱的抗震不利，拉接结钢筋的锚固长度按照规范要求减少一半，以保证填充墙先于框架柱破坏，消耗地震能量，形成多道抗震防线。

（4）坐浆。预制构件安装时，为了保证构件安装缝隙的密封，必须先坐软浆，再安装构件，软浆应采用粘结砂浆、水泥砂浆、自流平砂浆等粘接材料，坐浆材料的抗压强度不低于预制构件的设计强度，并保证坐浆严实无空洞。

5 装配整体式钢筋混凝土房屋预制构件生产工艺和技术要求

1. 预制构件生产工艺流程

建筑施工图设计—构件拆解设计（构件模板配筋土、预埋件设计图）—模具设计—模具制造—钢筋加工绑扎—水电、预埋件、门窗预埋—浇筑混凝土—养护—脱模—表面处理—质检—构件成品—运输安装。

（1）建筑施工图设计。应遵循本文件的要求，结合国家现行设计规范进行设计，达到施工图深度，预制构件生产企业应参与施工图纸会审，并提出相关意见。

（2）构件拆解设计。是生产前重要的准备工作之一，由于工作量大、图纸多、牵涉专业多，一般由建筑设计单位或专业的第三方单位进行预制构件拆解设计，按照建筑结构特点和预制构件生产工艺的要求，将建筑物拆分为独立的构件单元，设计过程中重点考虑构件连接构造、水电管线预埋、门窗及其他埋件的预埋、吊装及施工必须的预埋件、预留孔洞等，同时要考虑方便模具加工和构件生产效率，现场施工吊运能力限制等因素。一般每个构件均有独立的构件平立剖面图、配筋图、预留预埋件图、装饰设计图，个别情况需要制作三维视图。

（3）模具设计图。由机械设计工程师根据拆解的构件单元设计图进行模具设计，模具多数为组合式台式钢模具，模具应具有必要的刚度和精度，既要方便组合以保证生产效率，又要便于构件成型后的拆模和构件翻身，图纸一般包括平台制作图、边模制作图、零配件图、模具组合图，复杂模具还包括总体或局部的三维图纸。

（4）模具制造。"模具是制造业之母"，模具的好坏直接决定了构件产品质量的好坏和生产安装的质量和效率，预制构件模具的制造关键是"精度"，包括尺寸的误差精度、焊接工艺水平、模具边楞的打磨光滑程度等，模具组合后应严格按照要求涂刷脱模剂或水洗剂。预制构件的质量和精度是保证建筑质量的基础，也是预制装配整体式建筑施工的关键工序之一，为了保证构件质量和精度，必须采用专用的模具进行构件生产，预制构件生产前应对模具进行检查验收，严禁采用地胎模等"土办法"上马。

图 1　模具制造

（5）钢筋加工绑扎。钢筋加工和绑扎工序类似于传统工艺，但应严格保证加工尺寸和绑扎精度，有条件时可采用数控钢筋加工设备，构件钢筋在模具内的保护层厚度应进行严格控制，采用塑料钢筋马凳控制干净的混凝土保护层厚度。

（6）水电、预埋件、门窗预埋。根据构件设计图纸要求进行水电、预埋件、门窗的预留预埋，并采取防止污损措施，为了保证构件埋件定位准确，必要时应采用临时支架对埋件进行固定。

图 2　水电、预埋件、门窗预埋

（7）浇筑混凝土。应按照混凝土设计配合比经过试配确定最终配合比，生产时严格控制水灰比和坍落度，浇筑和振捣应按照操作规程，防止漏振和过振，生产时应按照规定制作试块与构件同条件养护。

（8）养护。预制构件初凝后开始进行养护，养护过程禁止扰动混凝土，养护分为常温养护和加热养护方式，当气温过低或为了提高模具的周转率需要采取加热养护时，可以采用低温蒸汽养护、电加热养护、红外线加热养护、微波加热养护等形式，加热温度宜控制在 60~80℃，同时要采取有效措施，防止构件表面水分蒸发过快造成干缩，根据工艺要求，可以一次加热养护达到设计强度要求，也可以达到 70%强度后转入自然养护。

（9）构件脱模。当构件混凝土强度达到设计强度的 30%并不低于 C15 时，可以拆除

图 3　浇筑混凝土

图 4　养护

边模，构件翻身强度不得低于设计强度的 70%，且不低于 C20，经过复核满足翻身和吊装要求时，允许将构件翻身和起吊，当构件强度大于 C15，低于 70% 时，应和模具平台一起翻身，不得直接起吊构件翻身。

图 5　构件脱模

（10）构件表面处理。预制构件脱模后，应及时进行表面检查，对缺陷部位进行修补，表面观感质量的要求根据设计和合同要求，同时对水洗面进行冲洗。

（11）构件质量检查。构件达到设计强度时，应对预制构件进行最后的质量检查，应根据构件设计图纸逐项检查，检查内容包括：构件外观与设计是否相符、预埋件情况、混凝土试块强度、表面瑕疵和现场处理情况等，逐项列表登记，确保不合格产品不出厂，质检表格不少于一式三份，随构件发货两份，存档一份。

（12）构件成品包装。经过质检合格的构件方可作为成品，可以入库或运输发货，必

图 6　构件质量检查

要时应采取成品保护措施，如包装、护角、贴膜等措施。

（13）构件运输。构件运输应根据构件特点和运输工具确定合适的方案，包括装车、装运、卸货的方式方法、注意事项等，每一个项目均应该单独制定运输方案，报监理审批。

图 7　构件运输

2. 技术要求

（1）模具精度要求。模具平台的平整度要求控制在千分之二以内，组合后的模内边距误差不大于－5mm～＋2mm，对角线误差不大于－5mm～＋2mm，厚度误差不大于2mm。

（2）外加剂。使用的外加剂品种和用量应符合国家规范要求，并不得对钢筋有腐蚀作用，脱模剂、水洗剂应涂刷均匀、厚度适宜，表面喷洒的水洗剂应在混凝土初凝前完成。

（3）洗水面、毛面、平面要求。洗水面必须保证除了石子外露，表面没有水泥灰污染，毛面必须保证不露筋，装饰毛面应均匀，深浅以 1～2mm 为宜，新旧混凝土连接毛面深度 4～6mm 为宜，外露的清水混凝土平面要求平整光滑无气孔，并把污渍打磨干净，要装饰的平面要去除脱模剂，保证涂料油漆的附着力，水洗面、毛面、平面的部位要严格按照图纸施工，误差不得大于 10mm。

（4）钢筋制作。钢筋制作必须严格保证尺寸，尽量在绑扎好后整体吊入模具，要有防止钢筋被脱模剂（隔离剂）、水洗剂污染的措施。

（5）生产过程的质量控制要点。

● 混凝土振捣要保证密实

- 混凝土在初凝过程中严禁扰动
- 构件强度不足时若需进行场地转移，必须连同模具平台一起吊运
- 吊装预埋件、支撑预埋件的位置误差不得大于 5mm，并有保护措施，其余预埋件位置误差不得大于 10mm

6 安装施工

预制构件的装配施工应制定施工组织设计，设计内容包括场地布置和施工前准备计划（含专用工具）、人员组织计划、进度计划、构件吊装技术方案、构件安装技术方案、质量保证措施方案、安全保证措施方案等，施工组织设计应报监理和建设单位审批后，向操作人员进行技术交底。

（1）场地布置和施工前准备。

现场施工场地应基本平整，方便大型拖车运输构件出入和通行，最好是构件拖车直达建筑周边，吊车从车辆上吊取构件直接安装，减少构件的二次搬运，在运输高峰期要准备足够的构件摆放场地。

吊车的布置应考虑吊装能力与构件重量相匹配，当一台吊车不足以覆盖吊装区域时，应合理增加台数，并满足安装进度要求。

吊装开始前应制备足够数量的安装专用工具和临时脚手架、活动梯架，安装现场具备水电条件，以免影响安装进度。

（2）人员组织计划。

安装前应对安装人员进行必要的岗前培训和试安装操作，使人员熟练掌握专用工具的使用和安装方法、技巧，熟悉图纸和现场情况，做到心中有数，切忌盲目上马而出现质量安全事故。

人员组织应配套，起重工（含指挥）和各工种配合应预先演练，一般每台班吊车应配备一个吊车司机和两名指挥员，一名观察员，其余工种根据安装任务数量和特点确定人数。

（3）施工进度计划。

施工进度计划应考虑现场湿作业的配合情况，合理安排工期，一般砖混结构和框架结构工期以 3～5d 一层为宜，框剪结构和剪力墙结构以 5～7d 一层为宜，尽量做到现浇施工和装配施工不出现作业面冲突，合理安排流水作业顺序，减少人员交叉，提高效率，减少事故风险。

（4）构件吊装技术方案

构件吊装方案应明确构件定位测量、临时固定、构件位置调整、节点连接的方法、临时支撑等内容。

- 构件定位测量。构件定位前应放线，并在地面弹线，准确画出构件位置，并在需要坐浆的区域摊铺软浆，应采用先进的测量工具以保证精度和提高效率。

- 临时固定。构件基本就位后，应采用专用工具临时支撑加固，将构件固定并形成静定结构或超静定结构后，方可摘除吊钩。

- 构件调整。由于构件尺寸偏差和安装误差累积，当构件位置出现误差时，需要对构件的垂直度和水平误差进行调整，调整原则为：外墙大角方正垂直，内墙中线居中。

图 8　临时固定

●节点连接。根据设计要求进行节点位置的钢筋绑扎，并借助墙板固定柱模板，所有转角应保持方正，利用现浇节点消除构件尺寸偏差所带来的安装误差，后浇混凝土应浇捣密实。

图 9　节点连接

●临时支撑拆除。在垂直构件（如柱、墙）安装就位后，为了保证构件的临时稳定，必须对预制构件进行临时加固和支撑，保证构件位置的准确以及临时安全，在现浇节点连接以前，所有的预制构件必须成为静定结构或超静定结构，在现浇连接节点混凝土达到50％以上的强度时方可拆除临时支撑杆件（一般夏天为浇筑后 3d，其余季节不低于 1 周时间）。水平受力构件（如梁、柱、楼梯）安装就位后，应在底部安装临时顶撑，待现浇节点混凝土达到 70％以上设计强度后方可拆除，悬臂构件必须达到 100％设计强度后方可拆除。

（5）质量保证措施。应根据每个项目特点有针对性地制定质量保证措施，重点内容应包括：预制构件成品保护，构件垂直度和尺寸控制，构件安装坐浆环节，现浇柱模板或振

262

捣环节，楼板与梁、墙节点施工环节，叠合层施工等环节，容易出现尺寸偏差、胀模、密实度和平整度不足的问题，防止成为质量通病；总体来说，预制装配整体式房屋由于大量采用专用工具和专用模板，工人的劳动强度大大降低，出现质量问题的机会少于传统建筑施工工艺。

（6）安全保证措施。由于预制构件的体积和重量较大，普遍采用机械化施工，施工的安全显得尤为重要，重点防范吊装环节和水平构件铺设过程出现安全问题，其余安全措施与传统施工方法相同。在构件吊装环节，除防止吊车超负荷工作外，还应对吊装设备和工具经常进行安全检查，特别是钢丝绳和吊钩配件等，以防止构件坠落伤人，施工人员多数为高空作业，应严格按照操作规程施工，加强"三宝四口五临边"的安全管理。水平构件的安装过程，必须在构件下提前架设临时顶撑，构件吊装到位后，应及时调整顶撑高度直至接触构件底面方可进行脱钩操作，防止构件意外塌落酿成事故。

我国目前的建筑工人多以农民工为主，普遍存在技术水平低、质量和安全意识不足，在预制装配方面的施工经验较少的特点，因此必须加强教育和管理，对于施工组织设计的内容，应向所有施工操作人员进行交底并具体落实，指定专人负责过程中的质量和安全巡查，发现问题及时纠正，切忌盲目冒进。

7 可参考的其他技术规范和标准

装配整体式结构房屋由于受力性能与现浇结构基本相同，施工工艺和方法与装配式大板建筑接近，因此可参照我国现行规范进行设计和施工，本文件只是重点阐述与传统设计、生产、施工的区别和需要注意的要点，以及对一些新技术、新材料、新工艺进行集成应用的方法。装配整体式结构房屋可参考已有技术规范和标准。

预制混凝土夹心墙板拉结件的受力分析

李 峥

HALFEN（北京）建筑配件销售有限公司

预制混凝土夹心墙板是由内层混凝土墙板（内叶墙板）、保温层及外层混凝土墙板（外叶墙板）经过预制制造完成的非组合式混凝土墙板。下文将预制混凝土夹心墙板简称为夹心板或夹心墙板。在我国大力推行环保绿色建筑的基础上，在建筑工业化慢慢展开的背景下，预制混凝土夹心墙作为外墙板能够很好地提高整个建筑物的预制率。而且，由于外页墙对于保温层的保护，可以使保温层达到跟主体结构等寿命，从而降低了后期维护的费用。

伴随着夹心墙板的应用范围越来越大，其结构及其受力状况也越来越受到重视。但是现阶段我国夹心墙板的设计、生产、使用都属于初级阶段。本文将结合我国现行规范对混凝土夹心墙板的内、外叶墙板拉结件的受力及计算时的考虑因素进行分析，以帮助大家对夹心墙板的力学特征有更深入、细致的了解。

1. 外叶墙的自重

根据我国现行的规范、图集及实际设计生产情况，外叶墙板的厚度为 5cm 和 6cm。此厚度的混凝土外叶墙板的自重非常大。当外叶墙板与内叶墙板进行连接时，此荷载为主要荷载。在设计及计算时需要重点考虑其传递路径和荷载承担的安全性。

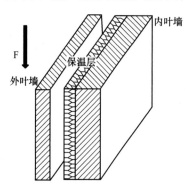 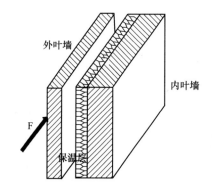

图 1　外叶墙板自重示意图　　　图 2　外叶墙板平面内水平荷载示意图

以 HALFEN 为代表的不锈钢连接件是以外叶墙板的自重作为整体荷载进行考虑，并使用承重拉结件承担荷载。以 Thermomass 为代表的玻璃纤维连接件是将外页墙板自重分区，并使用统一的拉结件承担其荷载。在国家标准图集 15G365-1《预制混凝土剪力墙外墙板》中，都可以找到两种不同产品的设计示例。

2. 平面内的水平荷载

在非抗震区，作用在外叶墙板上，并通过拉结件传递到内叶墙板的平面内水平力是可以忽略不计的。即在拉结件的设计和计算时不需做特殊设计。但是需要对外叶墙板在平面内旋转做出一定的预防措施。由于我国对此无规范上的具体要求，参照欧洲常用方法，在此情况下，可以取自重荷载的十分之一作为平面内水平荷载对拉结件进行计算、选型。

在有抗震要求的地区，作用在拉结件上的外叶墙板平面内的水平荷载为水平地震作用荷载。具体计算可以参照 GB 50011—2011《建筑抗震设计规范》，以确保在水平地震作用下夹心墙板的安全性。

3. 平面外的水平荷载

平面外的水平荷载最为复杂，包括风荷载、水平地震作用下的平面外水平荷载和由于外叶墙板内外温差导致的温度变形应力。

1）风荷载和平面外水平地震荷载

风荷载及平面外水平地震荷载的作用及作用组合可以参照 JGJ 1—2014《装配式混凝土结构技术规程》进行设计和计算。组合后的荷载作为均布荷载施加于外叶墙板。当承担此荷载的连接件同样采用网格均布的方式进行布置时，其受力模型可以简化为点支撑的双向板，并在边缘处有悬挑。具体的计算方式可以参考德国卡尔斯鲁厄大学 Günter Utescher 博士的论文《三层混凝土外墙（夹心墙板）的承载力验算》。

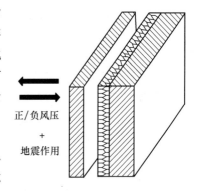

正/负风压
+
地震作用

图 3　外叶墙板平面外风荷载
及地震荷载示意图

2）外叶墙板的内外表面温差导致的变形应力

夹心墙体的外叶墙板在外部环境的影响下，其内外表面之间也是有温度差的。外叶墙板外表面是跟外部环境直接接触的，对环境温度变化比较敏感的，而由于混凝土厚度的影响其外叶墙板内表面的温度变化会有滞后的现象，这样就造成了外叶墙板内外表面之间的温度差。根据欧洲的早期试验研究，当外叶墙板的混凝土厚度为 6cm，外表面的颜色为浅色时，内外表面温度差为 3℃；外表面颜色为深色时，内外表面温度差为 5℃（摘自：德国卡尔斯鲁厄大学 Günter Utescher 博士的论文《三层混凝土外墙（夹心墙板）的承载力验算》）。在此温差的影响下，夹心墙板的外叶墙板会产生近似于如图 3 所示的翘曲现象。翘曲产生的变形应力将对拉结件产生平面外的拉、压作用，而且由此产生的作用力不可忽略。在进行夹心墙板拉结件的设计、计算时，必须加以考虑。

高温区域

低温区域

图 4　外叶墙板内外表面温差变形示意图

4. 外叶墙板平面内的变形

在对夹心墙板拉结件的设计和计算时有一个影响很大的因素是必须考虑到的，那就是外叶墙板在温度变化的影响下，导致的平面内膨胀、收缩。此变形跟由于外叶墙板内外温度差引起的变形相比，是非常巨大的。因为，我们知道夹心墙板是由三层组成，其中夹在两层混凝土之间的保温层起到了非常好的保温、隔热的作用。同时，也正是因此，导致了夹心墙板的外叶墙板跟内叶墙板之间有可能产生巨大温度差。

在我国的东北地区，冬天的室外温度可以达到零下 20℃到零下 30℃；而室内由于取暖设施的应用，可以保持零上 20 多摄氏度。而即使在南方，夏季的时候阳光的曝晒下，外页墙板也可以达到 60℃以上的高温；而在空调房间可以保持同样 20 多摄氏度的舒适温度。这样巨大的温差，导致了外叶墙板跟内叶墙板不可忽视的不同的变形量。此变形如果受到刚性的束缚，将会产生很大的作用力。而且此作用力会因为每天或每年的温度变化，从而产生方向和大小上的多次变化。表 1 为德国卡尔斯鲁厄大学 Günter Utescher 博士的论文《三层混凝土外墙（夹心墙板）的承载力验算》中温度应力值的表格。

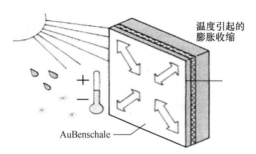

图 5　外叶墙板平面内温差引起的变形示意图

在此表格中，当采用不同直径钢棒两头固结，对于当温差为 35℃，应力达到 10kN/cm² 时，不同钢棒的参数。

钢棒测试的温度应力值　　　　　　　　　　　　　　表 1

长度（cm）	直径（mm）	距定点距离（cm）
8	2	158
	8	45
	14	30
4	2	41
	8	14
	14	10

在此表格中出现了一个概念叫做定点。在一个长方形的混凝土板中，当发生平面内的温度变形时，其变形是越接近边缘处越大，越接近中心处越小。总有一点，其变形量或相对位移为零。这个点即为定点。从表 1 中我们可以看出，在上述实验条件下，直径越大，其刚性越大，在出现同一大小的应力时，距离定点越近。也就是说，越容易造成局部应力很大，从而导致混凝土的破坏。这样一个实验就说明了，我们在保证外叶墙板通过拉结件可以稳固的连接到内叶墙板的同时，还要注意不能在平面内对外叶墙板产生过大的应力，以避免外叶墙板的混凝土开裂问题。

以上几个作用为在夹心墙板拉结件设计和计算时需要考虑到的比较重要的几个作用。希望通过以上的分析，可以对大家的夹心墙板的设计、计算工作起到帮助作用。

综上所述，夹心墙板的受力及其变形是复杂的，有很多情况是多次、循环的。所以希望大家在拉结件的选择上以成熟的产品为首选。

参 考 文 献

[1]　Günter Utescher. 三层混凝土外墙（夹心墙板）的承载力验算. 施工技术，1973，5：163～171.
[2]　GB 50009—2012 建筑结构荷载规范.
[3]　GB 50011—2010 建筑抗震设计规范.
[4]　JGJ 1—2014 装配式混凝土结构技术规程.

叠合板式混凝土剪力墙结构体系技术应用

樊　骅

西伟德混凝土预制件（合肥）有限公司

1　引言

2010 年 8 月，住房和城乡建设部住宅产业化促进中心在黑龙江哈尔滨主办了预制装配式混凝土结构技术交流会，在这次交流会上，国内相关专家，企业都对预制装配式混凝土结构技术进行了广泛的技术交流，效果显著，给国内从事该行业的企业和人员一个广泛的交流平台，大大地加快了预制件结构技术在国内的推广。在这次会上，我代表我们企业作了题为《叠合板装配整体式混凝土结构体系技术》的报告，该报告阐述了叠合板装配整体式混凝土结构体系技术在德国的情况、技术引入中国后本土化的情况、相关技术特点以及应用案例。

对于这次在安徽举行的交流会，本文将简单介绍德国叠合板式结构体系的构成元素，着重介绍引入国内后的叠合板式混凝土剪力墙结构体系的基本特点，从设计、生产以及施工等相关环节详细的介绍该体系技术的应用关键注意点。最后通过案例的介绍明确该体系应用范围。

2　叠合板式混凝土剪力墙结构体系技术介绍

西伟德公司引进到中国的叠合板式混凝土剪力墙结构体系技术主要是服务于住宅建筑工程的预制件体系技术，是涵盖了设计、生产和装配施工的全套技术体系。该预制件结构体系的核心构件是格构钢筋叠合楼板和叠合墙板。该两大类构件可以大量地应用于剪力墙结构建筑和地下车库工程。

2.1　叠合楼板及叠合墙板和其他相关预制元素

叠合板体系的两类重要预制构件为叠合楼板和叠合墙板。该体系的最初发明者为德国 FILIGRAN 公司。该公司 20 世纪 60 年代前是从事于钢结构桁架梁的研发和生产，在叠钢结构经验积累的基础上发明了格构钢筋，对格构钢筋的应用进行积极研发，发明了格构钢筋叠合楼板，在叠合楼板大量的应用过程中，又进一步研发了叠合墙板。也为叠合楼板及墙板编制了规范许可。因而格构钢筋在叠合楼板及墙板中，起着多方面的作用，这点在后文会有涉及。FILIGRAN 公司产品开始大量用于混凝土结构建筑中，现在德国叠合板已占了 70% 的混凝土板的市场。

叠合楼板及叠合墙板已含楼板底筋，墙板内外分布筋，其预制面平整美观，板式构件的大量预制和装配节省了现场大量的现浇作业所需模板，同时省去了大量现场钢筋作业，节省了人工，同时也不需要粉刷找平层，节约了装修成本，同时也杜绝了因为现浇作业砂浆找平层过厚引起的空鼓以及开裂问题。

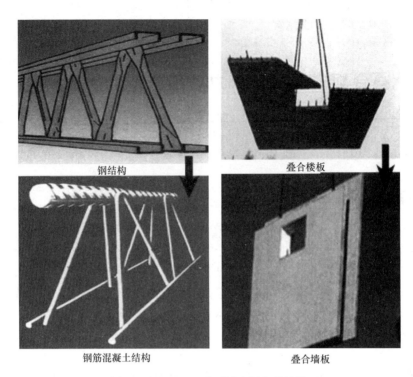

钢结构　　　　　　　　　　　　　　　　叠合楼板

钢筋混凝土结构　　　　　　　　　　　叠合墙板

图 1　FILIGRAN 公司叠合板发明情况

图 2 展示了德国叠合板装配整体式结构体系的组成，包含了以下预制构件产品：

- 叠合楼板
- 叠合墙板，分带保温层和不带保温层两种
- 叠合梁
- 叠合板式阳台及全预制阳台构件
- 预制楼梯梯段及平台板
- 预制内隔墙及山墙，女儿墙

所有这些构件的装配都有自身的连接方式，主要分两种，其一为通过现浇叠合层的空间进行整体连接，其二为通过连接件来实现。整个结构体系的建成相当的标准，构件的质量保证了后续工序的简洁方便。而大量的水电预埋在构件的制作过程中也已同步整合了，减少了现场的很多工作量。

2.2　叠合板式混凝土剪力墙结构体系技术基本特点

叠合板式混凝土剪力墙结构体系技术是装配式混凝土结构体系技术的一种，其讲究设计一体化，生产自动化以及施工装配化。在叠合板式混凝土剪力墙结构体系技术推广应用的过程中，其技术的固有特点体现为以下几点：

2.2.1　由其加工工艺决定的非固定模数的特点决定了叠合板应用的广泛性

由于西伟德公司叠合板生产工艺为大平台钢模流水作业方式，而不是为预制构件进行专门的模具生产，这样构件可以完全按照设计要求进行量身定做，使得构件形状，尺寸，预留预埋相对来说比较自由。因此叠合墙板和楼板不仅可以用于地上住宅还可以用于地下结构，如大型车库等。针对该体系的地上住宅的户型开间的设计也有了很大的空间，而不

会受加工构件条件的限制（图2、图3）。

图2　德国叠合板装配式整体式结构体系　　图3　叠合板自由的几何形状和尺寸

2.2.2　结构体系预制率高

主结构体系的预制率直接体现了该结构体系的装配式程度。预制率高，就直接减少了现浇作业的量，避免了传统现浇作业的弊病，从而有效地提高了主结构的施工质量。如果以混凝土量来计算预制率，叠合板式混凝土剪力墙结构体系的预制率可达45％；如果以结构主体构件感官面积来计算预制装配率的话，叠合板体系的预制装配率可达90％以上。这要归结于叠合墙板和叠合楼板的大量应用。我们提出叠合墙板整合连梁，过梁，门窗洞口的预制方式以及对楼梯间电梯井等部位的预制方式保证了这一点。也正是叠合墙板的特点，其现浇层在两块预制板之间，使得预制件的表面质量和平整度等优点得到充分的发挥，同时也解决了剪力墙等结构构件的装配难题。如果主体结构的现浇部分占很大比例的话，如果现场还出现大量的钢筋作业和模板作业的话，那么就很难将预制件的优点真正发挥出来，传统的施工质量问题还会暴露，其与预制构件的质量反差和矛盾将阻碍装配式结构体系的发展。

2.2.3　装配整体式中的整体概念得到充分实现

由于叠合楼板及叠合墙板均为半预制半现浇构件，其现浇层在节点处起着很重要的作用，各连接节点均可以采取传统的钢筋混凝土的连接方式，其有别于全预制构件的连接，结构整体性得到了保证。虽然是预制构件装配，但最终浇筑完混凝土后与现浇结构无大的差异，整体性强。另外也正是应为叠合板的现浇空间和其他现浇构件的有效结合，使得叠合墙板相比于全预制墙板构件有了自身的优点，即可以允许小量的安装误差，该误差可以通过调整本身拼缝或者与现浇构件接缝处消除，但总的结构精度还是得到了保证。而全预制构件由于其本身的拼缝和安装的精确要求，使得其对现场安装有了很高的要求，要求连接拼缝都要安装精准，这对于初步接触装配式结构体系的人来说有一定难度。

2.2.4　防水理念及防水效果好

在地上建筑部分，由于叠合墙板通过叠合现浇层与结构其他构件如边缘构件结合为混凝土的连续整体，其本身没有全预制构件的自然缝，因而其作为外墙的防水防渗效果就很好，不需要额外的去做自然缝的封堵或其他防水防渗构造。任何附加的防水材料都有一定的寿命，不如混凝土本身自防水的效果；当然混凝土的浇筑质量还是要保证。

在地下建筑部分，当叠合墙板被用于地下车库挡土侧墙的时候，会有很多人对预制构件作为挡土墙是否能防水提出疑问。而在德国，叠合墙板做地下室的挡土墙已是非常成熟的体系，叠合墙板的建造方式占了地下室建设的大比例。这要归结于叠合墙板的防水理念：有目标式的防水理念。我们传统的现浇混凝土地下室的施工，挡土墙都是整浇为一个整体，设后浇带，再设附加外防水层，即多道防水。不均匀沉降，温度变形等外力因素会造层混凝土开裂，但我们不知道什么地方会开裂，所以希望两道防水起到作用，所以要把整个地下室外墙做外包防水。而叠合板体系地下室，侧墙的叠合墙板的拼缝虽然是整体连接，但相对于墙板本身位置来说总还是为薄弱处，因而外力作用下要开裂，都会在墙板拼缝处开裂，所以用好的防水方式及材料处理好拼缝就能保证地下室的防水。这个理念既保证了防水的效果还少化了外墙外防水措施的费用。可谓一举两得。图 4 即为德国的处理方式。

拼缝外防水处理

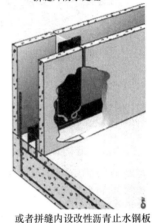

或者拼缝内设改性沥青止水钢板

图 4　德国叠合板体系
地下室外墙防水构造

2.2.5　施工速度快，精度高，便于主体结构的质量控制

由于叠合板式混凝土剪力墙结构体系预制装配率高，因而在现场的模板作业量及钢筋作业量较少，装配速度快，采用专用支撑体系保证构件安装精度，直接决定了之后整浇完毕后主结构的质量。减少人为因素带来的施工误差，更便于质量控制。

2.2.6　质量通病少，全寿命周期维护成本大大减少

叠合板式混凝土剪力墙结构体系预制装配率高，大量的粉刷找平作业没有，因而在预制件面上可以直接批腻子，刷涂料，做外保温。建筑表面的裂缝，空鼓等质量通病大量减少。外加质量的提高使得建筑物全寿命周期的维护成本大大减少。

2.2.7　整合其他部品部件的空间大

叠合板装配整体式混凝土结构体系有着很大的整合其他部品部件的空间，整合程度越大，经济性优势就越明显。结构体系的实现是第一步，在结构体系实现的基础上，叠合板可以整合以下几大类的产业链部品部件：

- 外墙外保温系统即在工厂就完成外墙保温的整合；
- 叠和墙中间夹层保温系统；
- 外墙装饰材料：面砖，涂料等；
- 水电预埋：强弱电箱，等电位端子箱，线盒，线管，穿墙套管；
- 门窗整合的可能性；
- 其他预埋连接件，方便后续室内装修工程等。

3　叠合板式混凝土剪力墙结构体系技术的应用

一个新的混凝土结构体系技术引入国内，必然面临着如何本土化的过程，在这个过程中我们要清楚地认识到这个体系技术的优点，加以吸收发扬。也要充分认识到我们国家的

特殊国情，分析出这个体系在推广的过程中会面临的问题，并考虑解决问题的办法，结合市场规律，这样才能将叠合板装配整体式混凝土结构体系技术有效的推广开来。因而，叠合板结构体系技术的应用，也因该从项目立项、设计、生产、施工及交付使用等各个方面结合国情地情，应用中实践，完善。下面，我主要从设计、生产和施工环节简单地介绍下叠合板式混凝土剪力墙结构体系的应用。

3.1 叠合板式混凝土剪力墙结构体系的设计

叠合板式混凝土剪力墙结构体系的设计在安徽省应符合《叠合板式混凝土剪力墙结构技术规程》的要求。

国内现有的叠合板剪力墙结构建筑案例，由于尚缺少专业的设计该结构体系的设计院，因此多为我方设计部人员提前参与设计院的设计，进行相关的沟通和指导。所设计的建筑为精装修要求的建筑，而且现有的叠合板剪力墙结构体系预制件采用工业化生产，水电管线、强弱电箱、线盒、穿墙套管等都是预理到预制件里，施工完成后不提倡二次改动。这点对该体系建筑的设计提出了很高的要求。

在西伟德叠合板结构体系推广试验楼里，我们提出了以下设计流程：

建筑设计→装修设计→施工图设计→图纸送审→深化设计→图纸转换→图纸复核

以上流程中的任何一个阶段，和传统建筑设计相比都有很大的区别，业主方、设计专业各方、生产厂家在任何一个阶段都是在充分的交流和沟通。当中有条主线是预制件要求的特点必须被没有错误地在设计中被贯彻，各个专业设计的矛盾点不容许在设计中大量出现，防止以后预制件生产的尺寸及预埋件的位置出现大的错误。

和传统设计相比，该流程中的装修设计提前以及深化设计环节是叠合板式剪力墙结构体系住宅能否实现的关键设计环节。需要参与方都高度重视。

3.2 叠合板式混凝土剪力墙结构体系预制件的生产

叠合板式混凝土剪力墙结构预制件主要分为两类，一类是板式构件，包括叠合楼板、叠合墙板、预制叠合式阳台板、空调板；一类是非板式预制件，包括叠合梁、预制楼梯梯段等。

板式构件一般采用平整度很好的大平台钢模自动化流水作业的方式来生产，如同其他工业产品流水线一样，工人固定岗位固定工序，流水线式的生产构件，人员数量需求少，主要靠机械设备的使用，效率大大提高。主要流水作业环节为：

1) 自动清扫机清扫钢平台模板桌；
2) 电脑自动控制的放线；
3) 钢平台的上放置侧模及相关预埋件，如线盒、套管等；
4) 脱模剂喷洒机喷洒脱模剂；
5) 钢筋自动调直切割，格构钢筋切割；
6) 工人操作放置钢筋及格构钢筋，绑扎；
7) 混凝土分配机浇注，平台振捣（若为叠合墙板，此处多一道翻转工艺）；
8) 立体式养护室养护；
9) 成品吊装堆垛。

非板式预制件一般采用固定模具来进行生产。其工艺和传统做法类似。

对于带保温层的板式构件，需要指出的是在其生产的过程中有一道附加保温层的工序。

3.3 叠合板式混凝土剪力墙结构体系预制件的安装和施工

叠合板式混凝土剪力墙结构体系预制件的安装主要是大量的叠合楼板和叠合墙板的安装。其使用专业的支撑体系，辅助工具。安装速度快，效率高。双层皮的叠合梁更是简化了梁墙，梁柱节点的连接，同步提高了整个效率。

叠合板式混凝土剪力墙结构体系的施工在安徽省应符合《叠合板式混凝土剪力墙结构施工及验收规程》的要求（图5）。

3.3.1 装配式施工流程

标准楼层的施工流程见图6。

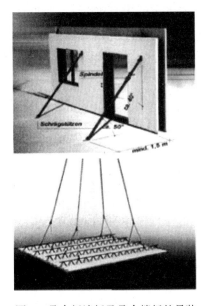

放线及验线 →墙板插筋位置调整→墙板吊装就位

墙板支撑安装 → 现浇部位钢筋、模板安装

→ 楼板支撑安装→楼板吊装（包括叠合梁及预制楼梯）

→墙、楼板拼缝处理

→楼板钢筋安装 → 检查验收→浇注混凝土

→水电管线预埋

养护→循环上述工艺流程进行那个下层结构施工

图5 叠合板墙板及叠合楼板的吊装   图6 标准楼层的施工流程

叠合墙板安装及施工流程：

放建筑轴线、墙板位置线并验线→检查调整墙体竖向钢筋位置→固定墙板位置控制方木→测量放置水平标高控制垫块→墙板吊装就位→安装固定墙板斜支撑→安装附加钢筋→现浇部分支护模板（包括墙板底部、门窗及预留洞口、预留线盒）→拼缝处理→检查验收

叠合楼板安装及施工流程：

楼板支撑架设→楼板（楼梯、预制梁）吊装就位→楼板下层钢筋安装

→水电管敷设、连接→楼板上层钢筋及上层墙板插筋安装→预留洞口支模及加固→楼板拼缝处理→检查验收→浇注混凝土→养护

3.3.2 质量控制点

叠合板式混凝土剪力墙结构工程的施工质量要求主要体现在预制构件的安装，预留预埋的连接和现浇工程的质量三方面。

对于整个叠合板式混凝土剪力墙结构体系建筑的施工的质量控制，有以下关键控制点：

1）底板平整度及插筋位置的准确度；

2）预制叠合板的生产质量控制；

3）安装前放线，支撑位置标高的控制；

4）安装过程预制叠合墙板的平整度和垂直度控制；

5）浇筑混凝土前的预制件的位置，垂直度校核；

6）关键连接部位的附加钢筋配筋检查；

7）线盒线管连接到位的检查；

8）混凝土浇筑速度要求及质量的控制；

9）其他常规现浇作业中的控制关键点。

4 叠合板式结构体系技术应用案例

4.1 叠合板结构体系技术在地上建筑的应用

● 西伟德叠合板结构体系试验楼1项目情况介绍：建筑物为三层建筑，总建筑面积381m²，剪力墙结构体系，剪力墙连接均采取边缘构件 T、L 的新方案。楼板部分为单向板，部分为双向板。目的：内部验证 T、L 新方案的设计，生产，施工的可行性。为 T、L 新方案的抗震实验做施工可行性的准备工作（图7）。

图7 西伟德叠合板结构体系实验楼1

● 东海花园五代样板房

项目情况介绍：东海房地产第五代样板房，地下一层，地上一层。建筑面积155.8m²。剪力墙结构体系，构造节点类似试验楼1（图8）。

● 西伟德试验楼2

试验楼2情况：户型基本按照滨湖新区拆迁恢复楼的现浇设计方案。

建筑物为5层，建筑面积1750m²，其设计完全按照18层住宅的设计，但只造5层。其结构设计参考了 T 形、L 形新方案的构造做法，使得室内预制面积大大增加。

图8　东海花园5代样板房

　　本次试验楼也将会对两片叠合的梁的可施工性进行实践和论证。也会设置双向板，消化吸收德国的做法（图9、图10）。

图9　西伟德叠合板结构体系推广试验楼2建筑平面

图10　西伟德叠合板结构体系推广试验楼2

4.2 叠合板结构体系技术在地下建筑的应用

● 合肥滨湖新区康园地下车库

项目情况：建筑面积为 17000m² 的单体地下车库，叠合墙板应用于挡土侧墙，叠合楼板应用于地下室顶板的案例（图11）。

图 11　康园地下车库

● 合肥高新区合芜蚌试验区创新公共服务和应用技术研发中心大楼地库

项目情况：叠合墙板用于主楼下地下车库挡土侧墙的案例（图12）。

图 12　合肥高新区合芜蚌实验区创新公共服务和应用技术研发中心大楼地库

5　叠合板装配整体式混凝土结构体系技术的前景

随着叠合板装配整体式混凝土结构试验楼的建造，会有更多的人对叠合板剪力墙结构体系有新的认识，也会有更多的施工企业可以了解到这种结构体系的施工方法。在主结构体系设计—生产—施工逐渐成熟的过程中，我们也会积极地研发其他的配套构件产品，研发整合相关部品部件，向住宅产业化终极目标不断前进。

展望未来，在从住宅原始粗放型建设到低碳节约型建设的转型过程中，叠合板装配整体式混凝土结构体系技术定会有展现的舞台，不断完善，不断发展。

参 考 文 献

[1]　Dr. -Ing. Herbert Kahmer：Die Technik zu Decke und Wand. Syspro 德国.
[2]　DIN 1045-1 2001-7 Tragwerke aus Beton，Stahlbeton und Spannbeton 德国.
[3]　Dip. -Ing. Ulrich Bauermeister：Werkbesuch Filigran Traegersystem GmbH&Co. KG 德国.
[4]　樊骅. 装配整体式混凝土结构体系技术研究[J]. 住宅科技，2010，30(12)：27～33.
[5]　安徽省建设厅. 叠合板式混凝土剪力墙结构技术规程 DB 34/T 810—2008，2008.09.

轻质高强自保温装饰一体化外墙板

王术华　周　全

中民筑友有限公司

轻质高强自保温装饰一体化外墙板是在以页岩、淤泥、黏土陶粒等为粗骨料，以陶砂、细砂为细骨料，硅酸盐水泥为胶凝材料，掺入粉煤灰、高性能混凝土外加剂以及引入一定数量微小气泡拌制而成轻质高强混凝土，表面加以装饰复合而成的具有防火、隔声、自保温、装饰等功能的轻质外墙板。

图 1　陶粒与陶粒混凝土

1　特点及优点

1. 轻质高强

轻质高强自保温装饰一体化外墙板采用的混凝土密度约为 $800\sim1200\mathrm{kg/m^3}$，相应的混凝土抗压强度为 $10\sim30\mathrm{MPa}$，而相同标号的普通混凝土的密度却高达 $2400\mathrm{kg/m^3}$，二者相差近 $1200\sim1600\mathrm{kg/m^3}$。

2. 自保温

轻质高强自保温装饰一体化外墙板采用的混凝土是一种优良的保温隔热材料，可以大大减少建筑物能耗损失，对建筑节能尤为重要。目前，我公司生产的外墙板热工性能：20cm 厚的墙板传热系数：0.98 $\mathrm{W/(m^2 \cdot K)}$，蓄热系数为 4.43 $\mathrm{W/(m^2 \cdot K)}$。而自保温系统不受施工质量的影响；施工作业简单，无需二道工序，排除了外保温材料耐久性不能与建筑物使用寿命相一致的矛盾，费用比较经济。

3. 抗震性能好

轻质高强自保温装饰一体化外墙板由于质量轻，弹性模量低，抗变形性能好，故具有较好的抗震性能。

图 2　陶粒轻质混凝土断面

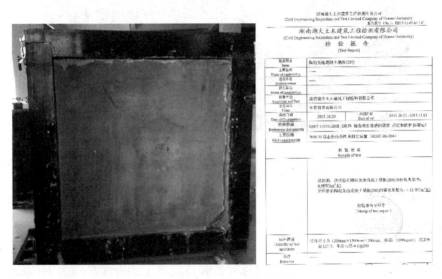

图 3　轻质墙板热工性能测试

4. 耐火性、抗冻性能、碱集料反应性能及耐久性能等优异

轻质外墙板属于 A 级防火，在 650℃的高温下，轻质高强自保温装饰一体化外墙板能维持常温下强度的 85%；轻质高强自保温装饰一体化外墙板的耐酸、碱腐蚀和抗冻性能优于普通混凝土墙板；轻质高强自保温装饰一体化外墙板具有优异的抗碱集料反应能力，可在一定程度上增加安全性，延长建筑物的使用寿命。

5. 具有优异的装饰效果

主体装饰一体化，装饰层在工厂预制，与结构层紧密结合永不脱落，可以用无机矿物颜料着色、清水混凝土效果、露骨料技术、反打瓷砖技术及制作特殊肌理效果的表面装饰，使墙面富有装饰性、艺术性、耐候性和优异的耐紫外线性能。

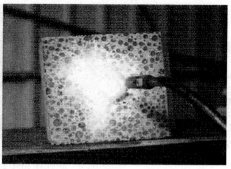

图 4　轻质墙板耐火试验

图 5　轻质墙板外装饰

6. 预制装配工艺优势特色明显

模具成型方便灵活，便于机械化生产；装配式安装，施工简易便捷；每道工序都可以象设备安装那样检查精度，保证质量；干法作业，湿作业少，装配阶段不受季节限制；明显减少了运输车辆和施工机械噪声，施工现场文明，有利于环境保护。

7. 经济效益显著

多功能聚为一体，减少了施工环节，降低了工序成本和相应的维护成本；自重轻，有效地减轻了建筑物的外墙荷载，减少了抗震设防费用，降低了基础造价；施工进度快，降低了工期成本，节省了水电消耗，从而达到节能减排的效果；现场安装方便快捷，投入的工人减少，降低了劳动力成本，加之墙板原材料低廉，加工工艺简单，单位面积造价要低于同等条件的其他材质墙体。

图 6　轻质墙板模具组装与成品吊装

2　现状及存在的问题

1. 轻质高强自保温装饰一体化外墙板的品质决定于陶粒等轻骨料混凝土的品质，而有些陶粒的粒型不好，大小不均匀，密度不均匀等特点，可以看出在生产中，陶粒的制粒不均，烧制温度控制不均。颗粒大小的离散和密度的离散都会造成陶粒混凝土质量的离散，使质量不易控制。

2. 与传统的墙体材料相比，轻质高强自保温装饰一体化外墙板保温性能优越，同时还可以减少对耕地资源的破坏，具有显著的经济效益和社会效益。然而轻质高强自保温装饰一体化外墙板在某些方面仍有一定的不足，如强度普遍不高，不适合用于承重结构；轻质混凝土采用的陶粒等生产耗能较大等问题都有待进一步解决。

3. 轻质高强自保温装饰一体化外墙板适用于工业与民用建筑框架结构建筑，尤其适用于支撑体系的节能住宅。这种墙板吸取了大型墙板的工厂预制、现场组装、干法作业的优点，有很好的保温隔热性能，但节点的结构问题、保温及防水问题需进一步研究和完善。

4. 轻质高强自保温装饰一体化外墙板采用的混凝土是一种优良的保温隔热材料，但由于材料本身的限制，其导热系数等远达不到聚苯板等有机保温隔热材料的水平，在对节能要求日益严格的形势下，需对陶粒混凝土进行进一步的性能优化。

3　结语

根据对常用墙体综合性能分析，我们发现与其他外墙技术体系相比，轻质高强自保温装饰一体化外墙板技术体系具有工序简单、施工方便、安全性能好、便于维修改造和可与建筑物同寿命等特点，在保证建筑工程质量，提高安全、防火、耐久性能，降低建筑物综合造价等方面具有显著优势。发展墙体自保温技术体系，可进一步改善墙体材料性能，特别是积极发展节能的新型墙体材料，能极大地带动墙材产业技术进步和发展。

就现在而言，轻质高强自保温装饰一体化外墙板技术正处于发展阶段，要努力提高产品质量，要提高产品的质量标准，向国际先进标准靠拢。并通过在实际工程中应用，不断去完善技术，大力推广、应用技术，相信随着建筑科技的发展，轻质高强自保温装饰一体化外墙板会在我国的建筑墙体的应用比例将会进一步地加大，对建筑节能事业的发展作出更大贡献。

建筑信息模型技术（BIM）在预制行业的应用

内梅切克软件工程（上海）有限公司

1 建筑信息模型技术：让建造更高效

建筑信息模型技术（BIM）涵盖结构和建筑计划、建造与管理的整体流程，旨在促进各相关方面在建筑过程中的顺利合作。它基于一个统一的数据平台－虚拟建筑模型。这一模型借助三维立体、物件导向的 CAD 软件创建而成，整合所有几何和描述性信息，并通过整个计划过程的参与方提供的信息不断完善；变动自动更新。其带来的后果是：计划和执行时间更短，物料消耗得到优化，成本也更低。

BIM 在预制行业发挥着其他行业几乎无法比拟的重要作用。包括设计和细节设计、生产、施工现场管理等在内的所有流程都需要合理组织成为一个高效运行的同质单元。如想提升预制混凝土的各项优点，如质量、生产率、贯穿项目开始到完成高效的成本和价值管理，与不同行业和软件系统、架构师和设计机构、厂家和机械控制单位以及 ERP 和物流系统之间良好的数据交换必不可少。

位于奥地利的内梅切克工程有限公司是内梅切克集团的一家全资子公司，致力于满足预制混凝土行业的一切需求。以"工业化计划"为关键词，公司创建了一种软件解决方案，可使从低成本系列生产到复杂建筑元素和专家预制件等不同层次的生产实现高效自动化的预制构件设计。其根源可追溯到 20 世纪 80 年代。当时，德

图1　内梅切克大楼，德国慕尼黑

注：内梅切克是一家全球领先的建筑、工程和建筑市场（AEC）软件供应商，总部位于德国慕尼黑。通过麾下的十大品牌，其中包括内梅切克 Allplan、Scia、Vectorworks 以及 Graphisoft，和 40 家分公司为来自 142 个国家的 300 000 名客户提供服务。公司于 1963 年由 Georg Nemetschek 教授创立，致力于面向未来建筑市场的 Open BIM（智能建筑发起的一项国际化行动；www.buildingsmart.com）创新。自 1999 年上市以来，至 2012 年，内梅切克已实现收入 1.75 亿欧元。

国和奥地利国内市场开始出现预制混凝土构件自动化生产，因而需要一种合适的 CAD 工具。如今，Allplan 预制软件系统的使用范围已扩大至全世界 3000 多个工作站，实现超过 15 种语言的本地化，并与主要建筑标准相匹配。作为设计输出成果，Allplan 预制不但能够输出图表，还会生成完整的生产和发票数据，从而为一体化流程奠定基础。

2 从第一张草图到预制构件

直到几年前，大多数预制工厂的设计师和计划师一直都在采用传统的 2 维方式工作。

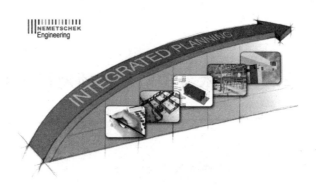

图 2　内梅切克工程有限公司

注：内梅切克工程将一体化计划的目标定义为贯穿从草图到工厂和组装整个流程的数据和信息的一致性。

然而，Allplan Precast 作为三维 CAD 软件的先驱，同时支持独特的 3D 模型和 2D 绘图混合设计方法。

如今，人们几乎难以想象缺少 3D 模型的预制设计。假设我们能够一直掌握对于整个项目的永久性概述，且包含所有细节，那么该系统的优势就不会仅限于实施一贯性修改的可能性以及简单可视的控制选项。此外，3D 模型提供根据数量、成本和时间标准确定数据的选项。不但工作过程中需要该信息，在完整的业务及资源计划中它也必不可少。

作为内梅切克工程公司预制部件专用 CAD 应用软件，Allplan Precast 基于 Allplan 建立。后者是面向架构师和工程师的完善的软件系统，在德国销量领先，使用范围遍及全球100 000 多个工作站。用户在 Allplan Precast 界面中可实现从第一张草图到成品模型的全部架构设计。

负责独户住宅以及城市开发项目计划和整体执行的建筑承包商通常会选择这种操作方式。然而，在劳动分工明确的当今世界，预制混凝土工厂在多数情况下会采用已有的图纸。为此，Allplan Precast 还提供从其他系统（DXF，DWG，DGN，PDF，IFC 等）引进的全面选项。

无论是处理地板、墙体或结构要素，在计划第一步会生成 1 个 3D 模型。随后，生成要素流程启动：智能对象，即，预制构件随之开发出来。各区域自动分离成适合建筑、生产、运输和组装相应的预制构件。设计、产品和生产之间复杂的相互关系在系统的目录和库中均有说明。在那里，指定参数会设置预制厂的个别标准。此外，他们还确保设计和生产之间能够相互作用，且钢筋等自动流程能够顺利进行。

特殊要求屡屡发生。为此，设计师可选择性介入，在自动生成的结果中添加要求的细节。设计结果取决于向后续部门提供的数据和图纸。自动数据生成工具导致预制混凝土工厂巨大的协同效应。耗时且容易出错的手工数据输入得以避免，数据被直接输入到工厂控制系统或机械中，而 ERP 系统则获得了每个单独预制构件的所有相关商业信息。

无论是现在还是将来，计划和图纸都不可或缺。为此，需要规定一些特征，以确保图纸、列表和报告的自动生成。Allplan Precast 提供总体布局、安装计划、模板及钢筋计划、安装部件列表等。

Allplan Precast 带来的优秀设计成果之一是 "Elementplan"。Elementplan 模块解决

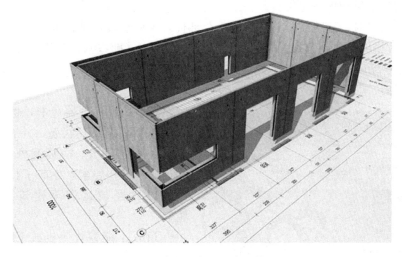

图 3　内梅切克工程有限公司

注：世界上唯一的结合计划和模型导向的绘图方式，有助于提升设计单位的工作效率。

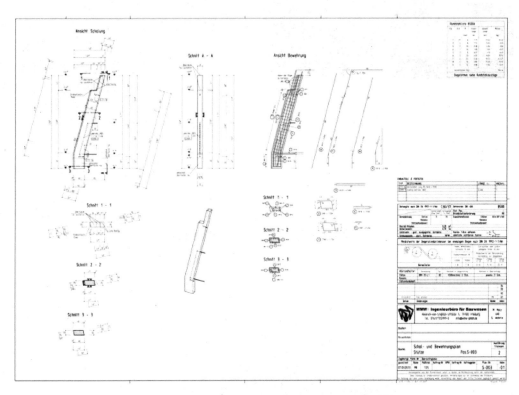

图 4　Allplan Precast 生成的预制柱模板和钢筋计划

了自动创建几何和钢筋图纸的任务。该图纸可被任意修改和补充，独特机制确保模型和图纸始终保持一致。这意味着对模型的每个修改都能立即通过得到执行，反之亦然。Elementplan 的布局可根据各预制工厂的具体要求进行修改。

通过可视化实现简化为方便后续部门优化利用 CAD 计划的详细结果，内梅切克工程通过 TIM 提供信息和可视化工具。

　　"作建筑用途时，建筑结构需分解成单个部件，工作步骤需加以限定，数量需先行确定，建造日程也要提前制定好。因此，我们开发了 TIM，即技术信息管理器"，内梅切克工程总经理 Werner Maresch 如是说。"我们已经意识到可视化方法能够使我们的工作更轻松、更快捷，同时犯错更少。"

图5　可视化工具

在"状态管理器"中，例如，它可以提供每个元素及其状态，并在 3D 模型中以某种颜色显示。一眼就可以看到 CAD 中计划了哪些要素，生产了什么产品，哪些构件已经被运送至建筑工地并完成组装。

　　TIM 不能替代主机或 ERP 系统。其目的在于提供项目和要素信息，使工作流程、状态管理和报告生成可视化，并提供生产、ERP 和 BIM 应用数据。

　　交付单位的日程安排也可通过点击鼠标在"交付管理器"中以图表形式实现。单个构件被拖动到虚拟净荷区域并准确定位。这样就避免了建筑构件与突出的钢筋发生碰撞，可用的场所也严格按照允许的运输重量得到最优的利用。软件生成的结果为包含项目和构件的所有相关信息以及运输单位可视化选项的交付日程。

　　早在 2013 年 1 月，采用 IFC 数据格式导出包括所有预制构件和钢筋在内的完整建筑模型的模块已经进入市场。除该模块外，TIM 也针对市场上可用的其他 BIM 应用提供数据。TIM 的下一步计划是推出移动 TIM 应用，使 TIM 应用不受地点约束，在例如建筑

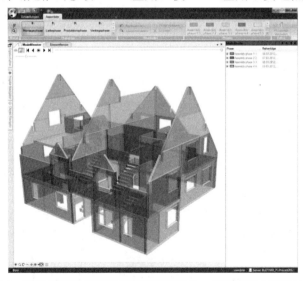

图6　TIM 汇编器使建造步骤实现可视化，显示了整个建造过程

工地、平板电脑和智能手机上等直接使用。

3　结论

内梅切克工程有限公司已经投身预制混凝土行业 20 多年，因而能够利用技术领先的发展，如首款基于 PC 的预制板 CAD，全球范围内第一条高速传送带系统的生产数据，预制工厂第一台网格焊接机器人的控制，以及世界上独一无二的模型结构和生产图纸的结合体等。

BIM 在装配式建筑设计研发中的应用

张金树　苏　同　李成广　袁国栋

中铁十四局集团建筑科技有限公司研发设计中心 BIM 中心

1　前言

在目前人口红利逐渐消失和人工成本逐年上升，环境污染日益严重，资源紧缺等因素的影响下，近十年间，国内停滞 20 多年的装配式建筑逐渐兴起。

从 2002 年美国 Autodesk 公司提出 BIM（Building Information Modeling）的概念到现在，在当前电脑软硬件快速发展的情况下，BIM 技术已越发成熟，越来越多地被应用于装配式建筑的设计与研发。

下面以一栋装配整体式宿舍楼为研发目标，应用 BIM 技术进行设计研发。

2　应用案例

2.1　设计概况

（1）建筑产业化基地内的装配式宿舍楼占地面积 540.3m²，共四层。建筑层高 2.9m，建筑面积 2123.05m²。本单体中共有房间 58 间，住宿总人数 232 人。

宿舍楼采用剪力墙结构设计，设计使用年限为 50 年。设计等级分类为三级。钢筋混凝土剪力墙为预制，剪力墙约束构件为现浇。填充墙为整体预制，框梁即为墙体暗梁。外填充墙为"三明治墙"。楼板为单向、双向叠合桁架楼板。楼梯为预制钢筋混凝土。女儿墙为现浇钢筋混凝土。

（2）主要工程量

预制混凝土 483.496m³、现浇混凝土 392.56m³；钢筋：56.16t；半灌浆连接套筒 496 个；聚苯保温板 832.5m²；Thermomass 连接件 7260 个；吊钉 656 个；内螺纹螺栓 476 个。

2.2　建立 BIM 模型

2.2.1　设计标准及原则

（1）构件设计：遵守《建筑结构荷载规范》GB 50009、《混凝土结构设计规范》GB50010、《装配式混凝土结构技术规程》JGJ 1—2014 的要求，参考 15G365、15G366 等标准图集的规定要求。

（2）节点连接：剪力墙与填充墙之间采用现浇约束构件进行连接。剪力墙纵向钢筋采用"套筒灌浆连接"，I 级接头。预制叠合板与墙采用后浇混凝土连接。

（3）构件配筋：将软件计算及人为分析干预计算后的配筋结果进行钢筋等量代换，作为装配式混凝土预制构件的配筋依据。

2.2.2 构件模型设计

（1）构件设计

根据建筑结构的模数要求，对宿舍楼结构进行逐段分割。其中外墙围护结构划分出由"T"、"一"、"L"节点连接的外墙板节段。内墙分隔结构划分出由"T"、"一"节点连接的内墙板节段。其中走廊顶设置过梁。卫生间阳台采用降板现浇设计。

装配式结构设计规划完成后，对原建筑外形重新进行修正，使建筑图符合结构分割需要。

（2）建立族库

根据预制构件所采用的钢筋型号、各类辅助件具体设计参数，建立各类钢筋和预埋件族库，方便建模时插入使用。例如：钢筋连接套筒、三明治板连接件、吊钉、内螺旋、线盒等。

（3）建立构件模型

有单向叠合板、双向叠合板、三明治剪力墙外墙板、三明治外墙填充板、内墙板、叠合梁、楼梯、外墙转角、空调板。共九种类型的预制板，共计663块预制构件。

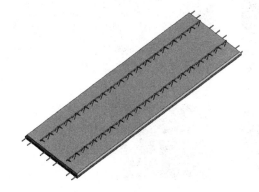
图1 单向叠合板

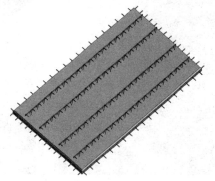
图2 双向叠合板

2.2.3 模拟组合装配

根据宿舍楼设计方案，采用Revit进行空间模拟装配组合如图3、图4所示。

图3 一层总装配图

图4 整栋四层装配渲染图

2.2.4 节点模型

模拟装配后，每层宿舍楼整体结构中呈现出结构切割设计时的各种节点模型。"L"

形、"T"形、"一"形节点模型如图 9～图 12 所示。

图 5 外墙板"T"形节点

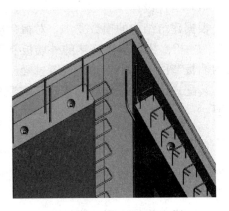

图 6 外墙板"L"形节点

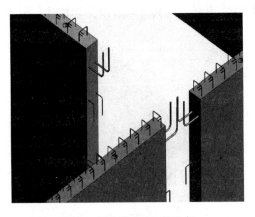

图 7 内墙板"T"形节点

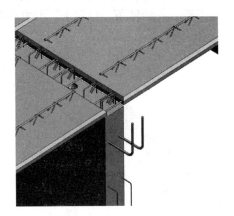

图 8 叠合板"一"形节点

2.3 结构及安装碰撞检测

在各个构件模型模拟装配完成后，导入 Navisworks Manage 中检查每个节点，是否有碰撞和漏空。发现错误后，重新设计构件模型，以期达到符合设计规范要求。

构件模型经再次碰撞无误后（图 9），将已建成的水、电、暖、气等安装模型依次导

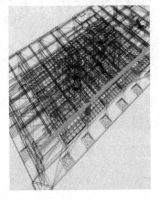

图 9 管线与结构碰撞

入结构模型中，进行管线之间、管线与结构之间的碰撞检查。对出现的管线之间的碰撞、管线与结构的碰撞进行调整和重新设计，直至整个模型的结构与管线碰撞无误。

2.4 相关计算

2.4.1 结构安全计算

采用 PKPM 计算软件进行计算，输出计算书。计算书包括设计总信息、地震、位移分析、构件应力简图、轴压比、梁挠度、剪力、弯矩图、板弯矩、挠度、裂缝等内容。

经计算，全部符合设计规范要求。部分受力图示如图 10、图 11 所示。

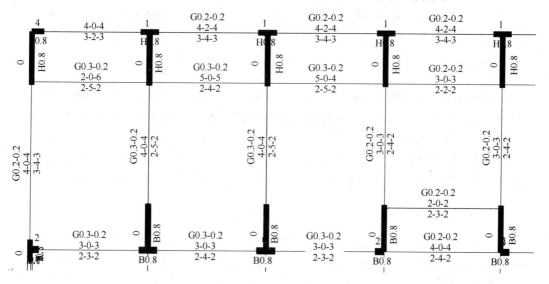

图 10　构件应力简图

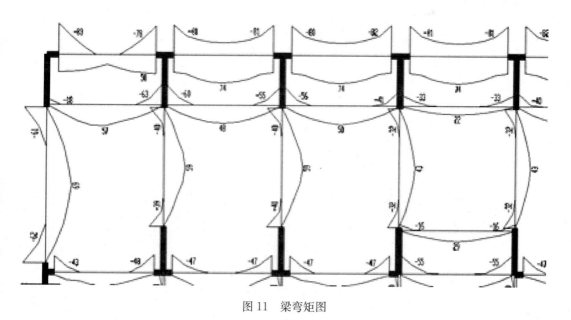

图 11　梁弯矩图

2.4.2 预制率计算

根据济南市相关规定，计算预制率、装配率。经计算，本楼的预制率＝55.19％，装

配率 $S=105.2\%$。

3　阶段性成果

以建筑产业化宿舍楼的建筑图、结构图为设计研发基础，完成了此楼所有构件的研发设计，包括各类构件、钢筋、吊点、预埋件等，并建立相应 BIM 模型的族库。

绘制了总装配图以及节点的设计图。对节点设计进行了优化，并建立了宿舍楼的整体 BIM 模型，完成结构计算。

此栋装配整体式宿舍楼的设计资料建立起了符合审图要求的技术框架。对构件进行再次校核审定后，可出图用于开模工艺设计，进入到具体的预制工艺阶段。

4　结束语

BIM 技术将以往人们在设计研发中，凭借经验逐步摸索和进行空间想象的通常做法，升级变为了可视性极强的 3D 空间模拟。在解决装配式建筑设计研发中发生错碰漏问题上，BIM 有着无可替代的优势。

将 BIM 技术应用于装配式建筑前期的设计研发中，将会极大地提高工作效率和减少设计研发的失误，明显缩短设计研发项目的工作周期，显著提升企业的经济效益。

参　考　文　献

[1] 黄亚斌. 企业级 BIM 应用实施步骤[J]. 土木建筑工程信息技术，2011(4)：43
[2] 周文波 蒋剑 熊成. BIM 技术在预制装配式住宅中的应用研究[J]. 施工技术，2012(377)：72
[3] 上海城建集团上海市地下空间设计研究总院有限公司. BIM 技术在预制装配式住宅中的应用[R]. 企业，2013(11)：45

BIM 技术在建筑工业化全过程中的应用方法研究

龙玉峰　　张博为　　谌贻涛

深圳市华阳国际工程设计有限公司；深圳市华阳国际建筑产业化有限公司

1　前言

BIM（Building Information Model）是"建筑信息模型"的简称，其技术核心是一个由计算机三维模型所形成的数据库，不仅包含了设计阶段的设计信息，而且可以容纳从设计到建成、使用的全过程信息，并且各种信息始终是建立在一个三维模型数据库中。近年来在国内建筑行业 BIM 技术已得到越来越多的应用，但范围较集中在重要、复杂的公共建筑，在发达国家工业化建筑中应用 BIM 较为普遍，国内尚属试验阶段，希望通过本文能与大家更多交流。

2　BIM 技术的特点

可视化：BIM 将常规的二维表达转为三维可视模型，表达信息形象、直观，可视化帮助非专业人员通过清晰的模型理解建筑创意，协助各方及时、高效地决策。

协调性：采用 BIM 的项目，各专业间、各工作成员间都在一个三维协同设计环境中共同工作，设计深化、修改可以实现联动更新。这种无中介即时的沟通方式，很大程度避免因人为沟通不及时而带来的设计错漏，轻松有效地提高设计质量和效率。

模拟性：通过 BIM 可以模拟真实建造过程及场景，并可通过此过程预先发现可能存在的问题，最大限度减少因设计或施工方面的失误所带来的遗憾。

基于 BIM 以上特点，才真正使得设计优化成为可能，基于 BIM 成果生成的施工图纸和统计的数据，才能确保建筑信息的准确无误。

3　BIM 在工业化建筑设计阶段的应用

1. 工业化住宅建筑设计特点

（1）设计协同难度大；工业化建筑设计比常规建筑需协同的专业和环节更多，设计对土建、装修、部品设计同步要求较高，在设计中协调各专业高效开展工作已成为设计难点。

（2）设计质量要求高；工业化生产对构件、部品设计要求高，不允许出现设计错误和遗漏。

（3）设计内容要求全；构件图设计是工业化项目增加的环节，从方案设计到构件图设计能较好地贯彻设计理念，是目前社会上普遍较普遍的设计方式，构件图深化设计要求精细、表达全面，需协调生产、施工等环节要求，设计易出现错漏。

（4）对设计建造成本控制严；传统项目在方案阶段采用估算、初设阶段采用预算的形式对设计图纸进行测算，无法满足工业化项目即时成本方便对比、测算的需要，提升效率、提高质量、控制成本成为设计需实现的多重目标。

工业化建筑设计特点与BIM的特点有很好的互补性，在工业化建筑中应用BIM具备先天优势。

2. 设计阶段 BIM 应用

结合工业化住宅建筑设计特点，设计阶段需对应用 BIM 技术进行综合策划，明确项目应用目标和技术路径，一般情况下 BIM 应用有两种方式：一为初级应用，应用的特点是：设计流程设计仍按传统开展，BIM 作为设计的辅助，通过应用其一项或多项技术来实现如：设计过程的可视化、性能分析、仿真模拟等工作目标；二为高级应用，BIM 完全融入项目流程，成为项目设计、施工、运营的日常工具，BIM 的服务主要是对项目各方提供的 BIM 模型和数据的合理性、正确性、一致性、完整性等的审核和项目完整信息的集成。这种应用方式现阶段在国外较多见，目前在设计阶段的应用主要集中在初级应用，涉及部分高级应用内容，具体如下：

（1）构建建筑 BIM 模型，进行建筑性能初步分析

从概念设计开始，设计可以通过建立 BIM 体量模型，导出进行初步的性能分析，如：小风环境分析、可视度分析，分析结果可以帮助调整建筑布局形态，实现较舒适的自然通风环境和最佳视野。

随着方案设计深入，建筑外墙、楼板、屋顶等相关数据信息的输入，BIM 三维模型逐步丰富，可协助建筑师与各方进行直观的方案交流、沟通，并协助设计师进行经济指标统计、建筑日照分析、小区太阳辐射分析等功能，为深化方案设计提供科学的判断。

进入方案深化设计阶段，可将模型导入专业分析软件进行深入的性能分析，包括：室内通风环境分析、大进深房间的采光分析、空气龄分析及能耗分析等，分析结果及时帮助建筑师进进一步优化，提高设计产品的综合性能。

（2）基于 BIM 模型，进行管线综合碰撞检查

通过运用三维信息模型可视化碰撞功能，可以检查建筑、结构、给排水、电气、暖通等各专业设计中各种碰撞问题，协助优化设计错漏，实现有限空间里面最合理的管线布局方案（图1），同时对各种空间装修完成的净高提供检查，可帮助提升设计品质。在工业化建筑中用来检查预制构件的钢筋定位、分析连接节点部位钢筋安装可行性（图2）有重要帮助，通过分析优化可以提前把施工阶段可能发生的错误提前避免，保证施工进度。

图 1 综合管网三维视图 　　　　　　　　图 2 节点部位钢筋检查示意

（3）基于 BIM 模型，进行工程量统计和经济性分析

BIM 模型可将关联的建筑信息进行有效分类、保存，使项目信息形成了一个有机整体，设计师可以随时通过模型导出所需的信息报表，如：进行门窗统计表、部品数量统计表、各类预制件混凝土体积统计、构件种类统计等等。通过对相关数据的收集，可以辅助设计师快速、高效的对设计中的项目主要经济指标进行比较判断，且模型数据会随着设计深化自动更新，确保项目统计信息的准确性。（图 3 万科第五园第五寓，竖向墙柱现浇，其他部件全部采用预制，设计阶段应用 BIM 辅助）

（4）采用三维构件设计，简化二维构件深化图

BIM 技术把传统的二维构件设计用三维可视化设计替代，项目设计中的各种预制外墙（图 4）、预制梁（图 5）、楼梯（图 6）、楼板中等预制构件，均采用标准的设计族插入模型应用，工业化项目的构件图设计阶段仅需采用三维模型导出二维图形，经过简单的图面补充处理，既可完成构件的平、立、剖面图，且图中预留、预埋信息健全，大幅降低了构件深化图设计绘图的工作量和避免了设计多变时设计错漏的问题，保证了设计图纸的高质量。

图 3　BIM 模型示意图

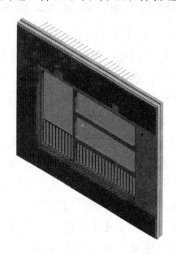

图 4　预制外墙构件族示意

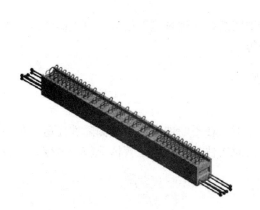

图 5　预制梁构件族示意

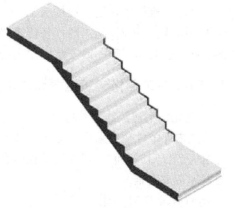

图 6　预制楼梯构件族示意

图7 内部精装修模型示意

（5）构建装修模型体系，提供装修套餐可视化

把不同的装修方案建立精装修模型（图7），通过 BIM 的渲染、动画漫游等功能，把设计师的创意真实地呈现给用户，装修模型族中包括：各种材料、灯光、设备、家具、洁具等，通过建立可变的装修模块来实现即时的组合、风格、色彩等的变化，在工业化住宅建筑中（特别是保障性住房项目）可以给用户提供多宗套餐装修解决方案，实现及时沟通、互动，且不同方案所涉材料的清单、经济数据等可以即时获取，方便、实用。

4 BIM 在工业化建筑施工阶段的应用

1. 工业化住宅建筑的施工特点

工业化住宅因构件预制对现场施工场地组织与时间组织均会有较高要求，构件堆场、施工道路组织、塔吊位置及覆盖范围、生产周期、运输、吊装周期等均需作周密的考虑，因此工业化住宅施工难度相对较大，出错几率相对较高。

2. 施工阶段 BIM 应用

（1）结合施工进度模拟（4D），优化调整施工方案施工单位可以将计划进度与 BIM 模型加以数据集成，便可以模拟真实施工进度及状况，预演施工场景以便分析不同施工方案的优劣，并及时作出调整，从而获得最佳施工方案。在工业化建筑中，也可以对项目中的重点或难点部分进行实时可建性模拟，进行诸如材料的运输堆放安排、建筑机械的行进路线和操作空间、土建工程的施工顺序、设备管线的安装调试等施工安装方案的优化。

（2）结合进度和造价模拟（5D），优化调整施工组织

项目建设资金的投入是逐步进行的，通过 BIM 与施工进度和工程量造价结合，可以实现 5D 应用，做到施工现场"零库存"施工，充分发挥业主的资金效益。

（3）应用三维模型，指导现场施工

应用 BIM 模型和 3D 施工图代替传统二维图纸指导现场施工吊装，可以避免现场人员由于图纸误读引起施工顺序或安装固定出错等。

5 BIM 在工业化建筑运营阶段的应用

1. 工业化住宅建筑的运营特点

目前国内保障性住房采用工业化建造的比例正在不断加大。由于保障性住房中的廉租房、公租房产权归属政府，仅提供被保障者暂时居住，因此，运营情况较为多变，给各种信息的管理带来困难。

2. 运营阶段 BIM 应用

（1）帮助物业进行监测和及时更换

在建筑全生命周期的运营管理阶段，BIM 可同步有关建筑使用情况或性能、入住人

员与容量、建筑已用时间以及部品、材料剩余使用寿命的等信息，通过预警，帮助物业进行监测和管理。

（2）帮助物业提高管理水平

BIM 可提供数字更新记录，并改善搬迁规划与管理。在空间管理上可对租金、物业费、租约、装修清单实景模型、改造信息等进行更新，定期访问这类信息可以帮助提高建筑运营过程中的收益与成本管理水平。

（3）应急管理培训模拟

BIM 可提供物业模拟灾难疏散场景，断水断电的紧急处置方案模拟，模拟结果可为物业管理提前预警，采取预防措施。

6　总结

CAD 让中国设计师成功的"甩掉图板"，今天的 BIM 已经带来了一场思维模式和管理方式的重大变革，期待在工业化建筑工程领域，从设计、建造、施工、销售、运营等各个环节，都会用 BIM、用好 BIM，让 BIM 无处不在。

信息化技术在 PC 建筑生产过程中的应用

樊骅

西伟德混凝土预制件（合肥）有限公司

1 引言

党的十八大报告提出："坚持走中国特色新型工业化、信息化、城镇化、农业现代化道路，推动信息化和工业化深度融合、工业化和城镇化良性互动、城镇化和农业现代化相互协调，促进工业化、信息化、城镇化、农业现代化同步发展。"

所谓新型工业化就是坚持以信息化带动工业化，以工业化促进信息化，是科技含量高、经济效益好、资源消耗低、环境污染少、人力资源优势得到充分发挥的工业化道路。新型工业化中的一个重要问题就是处理好信息化与工业化的关系，信息化与工业化不是对立、排斥、取代的关系，而是并存、促进、互动的关系。建筑工业化又是新型工业化中的重要板块，因此信息化技术在建筑工业化中的应用是很重要的环节，自然作为建筑工业化某个核心环节；PC 建筑的生产，又最具备信息化与工业化结合的特征。以下主要介绍信息化本身在生产中的应用以及未来的方向。

2 信息化与工业化、建筑工业化以及 PC 装配式建筑的关系

从图 1 可以清楚地看出工业化、建筑工业化以及 PC 预制装配式建筑三者之间的关系：PC 预制装配式建筑只是建筑工业化的组成部分，而建筑工业化又是工业化的一个行业板块。

（1）工业化：指一个国家和地区国民经济中，工业生产活动取得主导地位的发展过程。

（2）建筑工业化：是指通过现代化的制造、运输、安装和科学管理的大工业生产方式，来代替传统建筑业中分散的、低水平的、低效率的手工业生产方式。采用上述方式完成的建筑可以有不同的结构类型，主要有钢筋混凝土结构、木结构、轻型钢结构等。

（3）PC 预制装配式建筑：是用工业化的生产方式来造建筑物，将建筑的部分或全部构件在工厂预制完成，然后运输到施工现场，将构件通过可靠的连接方式组装而造成的建筑。只是部分零部件进行了预制，到施工现场也要和传统建筑一样浇筑，并不是想象中的"搭积木"。因此房屋建成后从外观根本看

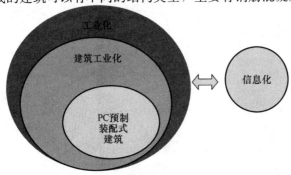

图 1　工业化、建筑工业化以及 PC 建筑与信息化的关系

不出区别。

（4）信息化：是指培育、发展以智能化工具为代表的新的生产力并使之造福于社会的历史过程。

建筑工业化正是将传统建筑业的湿作业建造模式转向制造业工厂生产模式。制造业信息化将信息技术、自动化技术、现代管理技术与制造技术相结合，可以改善制造企业的经营、管理、产品开发和生产等各个环节；提高生产效率、产品质量和企业的创新能力，降低消耗，带动产品设计方法和设计工具的创新、企业管理模式的创新、制造技术的创新以及企业间协作关系的创新。从而实现产品设计制造和企业管理的信息化、生产过程控制的智能化、制造装备的数控化以及咨询服务的网络化，全面提升建筑企业的竞争力。

3 信息化技术的分类

广义而言，信息技术是指能充分利用与扩展人类信息器官功能的各种方法、工具与技能的总和。该定义强调的是从哲学上阐述信息技术与人的本质关系。

中义而言，信息技术是指对信息进行采集、传输、存储、加工、表达的各种技术之和。该定义强调的是人们对信息技术功能与过程的一般理解。

狭义而言，信息技术是指利用计算机、网络、广播电视等各种硬件设备及软件工具与科学方法，对文图声像各种信息进行获取、加工、存储、传输与使用的技术之和。该定义强调的是信息技术的现代化与高科技含量。

4 信息化技术在建筑工业化领域的全流程管理

在建筑工业化行业中为实现设计、生产、物流、施工、运营等环节全流程的有效管理，需要建立在信息化的平台上（图2）。

4.1 全流程信息化管理的内涵理解

对于全流程信息化管理的内涵，可以概括为以下三个方面：

（1）信息化管理是为达到企业目标而进行了的一个过程。

（2）信息化管理不是 IT 与经营管理简单的结合，而是相互融合和创新。

（3）信息化管理是一个动态的系统和一个动态的管理过程。

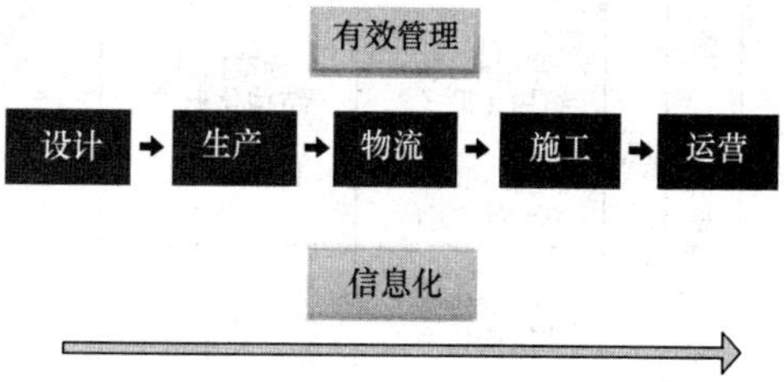

图 2　叠合板自由的几何形状和尺寸

4.2 全流程信息化管理的意义

对于全流程信息化管理的意义，主要体现在这些方面：①改变获取方式；②改变存储方式；③提高处理效率；④改变传递方式；⑤提高信息集成；⑥提高信息价值；⑦改变工作方式。

4.3 全流程信息化管理的精髓

信息化管理的精髓是信息集成，其核心要素是数据平台的建设和数据的深度挖掘，通过信息管理系统把设计、采购、生产、物流、施工、财务、运营、管理等各个环节集成起来，共享信息和资源，同时利用现代的技术手段来寻找自己的潜在客户，有效地支撑企业的决策系统，达到降低库存、提高生产效能和质量、快速应变的目的，增强企业的市场竞争力。

5　PC预制装配式建筑中信息的内容

5.1　PC预制装配式建筑信息模型BIM的内容以及信息格式

5.1.1　PC预制装配式建筑信息

BIM的英文全称是Building Information Modeling，国内较为一致的中文翻译为：建筑信息模型。目前能够看到的BIM资料，特别是中文资料，基本上以介绍软件和案例为主，对信息方面的介绍资料相对比较少，成系统的就更是凤毛麟角了。但我们要清楚地认识到软件只是BIM的手段，而其中的Information（信息）才是目的，才是最核心的东西。按照信息的维度，这些信息又可以分为以下维度类别：①1D，颜色、材性……；②2D，尺寸、布局、平面……；③3D，协同、立体模型、碰撞冲突；④4D，流程、进度、时间……；⑤5D，量、成本、ERP……；⑥ND，……。

在多维度的信息基础上，虚拟仿真施工技术就是基于虚拟模型技术而提出的用于建筑项目设计与施工过程模拟与分析的数字化、可视化技术，其扩展了4D（3D+时间）技术，即不仅考虑了时间维，还考虑了其他维数，如材料、机械、人力、空间、安全等，因此可称之为"ND"技术。

而PC装配式建筑的实施，离不开土建范畴的BIM，也离不开装饰装修范畴的BIM，更离不开部品部件的BIM，对于预制构件、整体卫生间、幕墙体统、门窗系统等等，都是BIM模型的元素体现，这些元素本身都是小的系统，也是个BIM，把这些元素的生产、装配以及施工管理串联起来，摆在面前就是如何有效地使用这些元素所富含的信息。

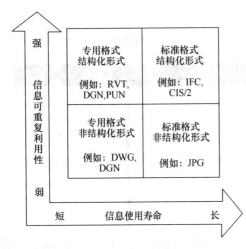

图3　建筑信息的形式和格式

5.1.2　建筑信息的形式与格式

不同形式和格式的信息在使用过程中的特点可以用图3表示。其中格式决定信息可以保存、传递、使用的寿命，一般来说，标准格式比专用格式的寿命长；形式决定信息可重复利用的能力，当然结构化形式比非结构化形式信息的可重复利用的能力要强。

5.2　管理PC构件生产全流程的信息

对于管理PC构件生产的全流程，是大的BIM项目流程中的一个部分，是PC构件模型的信息以及流程过程中的管理信息交织的过程，是有效进行质量、进度、成本以及安全管理的支撑，主要体现在以下几方面：①预制构件的加工制作图纸内容理解与交底；②预制构件生产资料准备，原材料统计和采购，预埋设施的选型；③预制构件生产管理流程和人力资源的计划；④预制构件质量的保证及品控措施；⑤生产过程监督，保证安全准确；⑥计划与结果的偏差分析与纠偏；⑦科学组织场地堆放和物流；⑧与施工现场保持畅通的信息交换。

6 信息化技术在 PC 构件生产过程中的应用

这里主要介绍我国现阶段 PC 构件生产的普遍状况和面临的问题，以宝业西伟德预制构件工厂的信息化应用实例介绍来展现其应用的空间。

6.1 现阶段 PC 构件生产的普遍状态及问题

随着越来越多的企业开始重视建筑工业化的转型，一些 PC 构件的生产加工工厂也纷纷建立起来，但现阶段，所有的工厂都有面临着以下的问题：

（1）对于产品种类的不确定性导致工厂规划的不科学性。对于预制工厂在建立前的产品种类选型与定位，必须要对市场需求有一个清楚的认识，以满足市场需求为前提才是生存下去的硬道理。提前对产品的近期需求与中远期需求进行总体规划，才能保证其经济性与科学性。

（2）仅实现工厂化，未实现机械化。达到工厂化的制造方式并不困难，可以简单地理解为将工地的工作搬到了工厂车间内去完成，改变了工作场地，改善了工作环境。但是并没有提高太多的生产效率，依然还是人海战术进行作业，对于产品质量无法很好控制。

（3）仅实现机械化，未实现自动化，在预制件的工厂化生产中引入机械化的方法后，提高了工作效率，减少了不良品的出现频率。但是在整个生产流程中都是以工作站点的形式存在，对于管理方面造成很多不便，同时也不利于工艺技术的革新。

（4）仅实现自动化，未实现集团管理信息现代化。预制件自动化的流水线在如今已经逐渐被各家 PC 工厂所引进和使用，其特点是占地面积相对较少就能够达到较高的产能，同时人工数量也大幅度减少，对于质量控制、安全管理等方面都有很好的表现。但是在集团跨区域统筹管理多个 PC 工厂时，存在的诸多问题也正是当前各大型集团公司所面临急需解决的问题。

由于上述问题的存在，值得我们要关注和思考的是：效率、质量、成本、安全、控制、大数据这些该如何实现？而且，以上问题的描述也是信息化管理发展过程中的不同阶段，即信息技术的使用度问题。现阶段大部分构件生产停留在工厂化和局部机械化的阶段，信息技术使用匮乏，因此效率很低，质量管理无法大规模管控。

6.2 信息化提升 PC 生产的效率与流程组织科学性

6.2.1 关于生产前期准备阶段

运用信息化的手段生成准确的物料清单、3D 图纸以及其他数据，能有效帮助预制件在生产技术交底、物料采购准备、生产计划的安排、堆放场地的管理与成品物流计划的整个生产流程中，提前解决和避免出现的异常状态，体现了计划、执行、检查、纠偏的（PCDA）循环管理方法在预制件管理中的应用。

6.2.2 生产加工制作图

设计人员将深化拆分设计完成后的图纸、表格、文件等信息以数据的形式传输到服务器，转换成机械能够识别的读懂的格式后进入生产阶段。通过控制程序实现自动化，减少人工及出错的可能性（图 4）。

6.2.3 通过控制系统对生产实时监控

预制件生产的主要流水作业环节见图 5。

对上述生产过程中产生的故障、拖延等一系列非正常情况，通过控制系统进行有效的

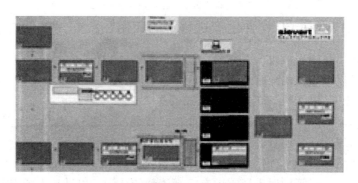

图 4　全流程可视化管理

监控，及时反映给管理人员作出判断，避免人为原因造成失误等问题。

6.2.4　自动总结各种产品的生产效率与人工，便于管理

预制件生产过程中控制系统会记录每一块构件的信息，包括流水节拍、构件尺寸、预留洞口及预埋件、消耗工时数等，按照不同项目、不同日期、不同构件种类进行分类记录并统计，便于管理人员后期有针对性的分析改进。

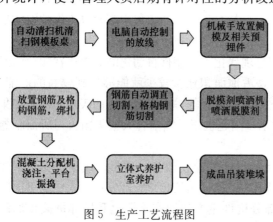

图 5　生产工艺流程图

6.2.5　能有效建立预埋件及设施设备库与设计软件无缝对接

在针对不同项目的深化设计时，会产生和建立不同的预埋件，因为每个项目都有部分内容是其独有的，有一些特殊的处理方法方案。所以此时在与设计软件对接方面就需要数据无损传输和读取，才能保证后续的工作顺利进行。

6.2.6　让生产变得有序，尽管生产的构件形状不同，但效率不低

由于预制件生产的流水线采用了信息化的控制系统，从源头就开始运用数字化的控制方式，所以在生产时机械设备读取的是数据格式文件，在精确程度控制方面可以达到毫米级以内的同时，某种程度上来说，生产构件自由变化的程度也能够以毫米为单位变化。

由此可见，传统意义上所谓的"模数化限制"在这里就不存在了，突破了个性化设计与工业化生产之间的矛盾，最终达到尽管生产的构件形状不同，但效率不低，让生产同样有序的目的。

6.2.7　科学的物流管理系统，保障物流管理可靠

将正确的数量和类型规格的预制构件或部品件，直接运送到项目工地现场。要实现这一点，就需要信息控制系统与 ERP 进行联动，实现信息共享。ERP 把项目现场待安装的预制构件需求反应给信息控制系统，以便管理人员能够及时做好准备工作，了解自己的库存能力，并且实时反映到系统中，提前完成堆放等作业，然后准时完成直接送达项目现场的任务（图 6）。

6.2.8　生产管理与 ERP 的对接

对生产订单进行管理，包括维护生产订单，显示订单列表。可以按照不同订单、物料以及

车间对不同的物料进行备料准备，反映现有库存对生产订单的保证情况，列示缺料明细，提醒管理人员及时跟踪或催收所缺物料，不致发生生产订单下达后却因缺料而无法生产（图6）。

图6　ERP系统物料管理

6.3　信息化在宝业西伟德预制工厂业务流程中的体现（图7）

6.3.1　订单到前期准备

（1）接洽项目后签订合同，根据产能规划安排订单处理方案。

（2）由设计院完成传统的结构施工图设计，深化设计团队接受全套图纸及相关资料进行转化拆分设计，深化设计完成后的图纸交于设计院作为施工图的一部分送审，审图通过后开始传统的项目流程。

（3）预制构件工厂开始进行该项目的物料采购，生产计划安排，成品堆场整理准备等工作。

6.3.2　生产规划、控制到物流

设计人员将深化拆分设计完成后的图

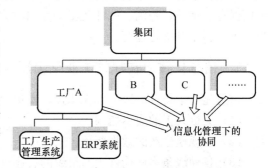

图7　SAP系统全过程管理展示

纸、表格、文件等信息以数据的形式传输到服务器，项目施工管理人员根据项目布置图规划安排施工安装顺序，并以任务委托书的形式提交给生产管理人员并确定生产时间。

生产管理人员根据深化设计的数据完成构件堆放与排产设计，同时准备各项生产用数据资料（如标签、堆放表、钢筋加工单、纸质图纸、技术资料等）提交给车间管理人员准备生产。根据生产计划与工作日程安排，将深化设计数据转换成机械能够识别的格式后进入生产阶段。预制构件成品下线后按照堆放设计的计划进行有序堆放，确保发货后到工地

现场安装时能够顺利完成。

6.3.3　物流到安装到结算

项目施工管理人员根据项目总体进度要求和现场施工条件安排工厂发货时间，生产管理人员根据布置图的安装施工顺序以及堆放设计开始发货。项目现场安装时，每一块预制构件都有独一无二的标签代码。信息控制系统会记录现场安装的每一块预制件，提供关于进度的信息，能马上以虚拟化模型或表格的形式将内容可视化，甚至运输和安装计划也能图像化运行。项目安装完毕后信息控制系统与 ERP 进行联动，实现信息共享财务开票。

6.3.4　从构件图纸到生产数据

设计的精髓在于预见实现过程中的困难。这个目标符合我们将设计、评估、生产及流程视图信息化的理念。设计不仅意味着绘图，还涉及数据。这些数据可以以一对一模式被自动分析并应用到生产、物流和结算上。设计不仅指纸质形式的文件，也包含一些我们可以视图化的对象，这些对象包含相关数据和视图信息。

在项目的全流程中，制作建筑、结构、机电等专业能够在同一平台上工作，可同时计算关于量和成本的信息。由于具有 2D 制图和 3D 建模切换的特征，由此，可根据项目的阶段或类型选择 2D 和 3D，随时选用最适合的表现形式。

Allplan 可以没有错误地与其他软件之间进行数据的传递，从设计到工厂和安装不间断的数据和图纸传送，完成制模和配筋图纸、生产图纸、项目清单和数量计算。将数据自动传输到总控系统、工厂机器和公司资源计划系统。其准确无误的特性避免了多次输入和多次数据计算。

6.3.5　生产的中央控制系统

生产管理信息中央控制系统采用标准商用以太网，网络覆盖工厂的各生产管理部门。系统可以对生产线上的设备状态、工艺参数等情况实施监视，并且可以以图表的形式显示在屏幕上。系统科根据所采集到的各种生产数据，用多种方式分类列表，达到对这些数据提供保存、维护、查询、统计及多元性回归分析对比等目的。同时系统可完成生产报表的统计，材料库日常管理等。

7　信息化技术在建筑工业化领域应用中未来的方向

信息化技术将突破以下五大瓶颈，实现 PC 构件科学高效的生产管理：
（1）大量人工的成本瓶颈。
（2）大规模生产的效率瓶颈。
（3）各种线条多样构件生产组织的有序性瓶颈。
（4）人为错误的瓶颈。
（5）管理失控的瓶颈。

8　结语

随着信息化技术在建筑工业化过程中的普及，其信息化管理会使设计、生产、物流、施工以及运营这个流程变得高效、可控、可追溯。在 PC 装配式建筑所需构件的生产这个环节上，信息化手段还有巨大的发展空间。展望未来，信息化一定会大势所趋，结合工业化在装配式建筑市场上一展风采！